ARROZ

Blucher

Maurício de Oliveira
Gilberto Wageck Amato
organizadores

ARROZ

Tecnologia, processos e usos

Arroz: tecnologia, processos e usos

Editora Edgard Blücher Ltda.

Publisher Edgard Blücher
Editor Eduardo Blücher
Coordenação editorial Jonatas Eliakim
Produção editorial Isabel Silva
Preparação de texto Cátia de Almeida
Diagramação Taís do Lago
Revisão de texto Gabriela Castro
Capa Leandro Cunha
Imagem da capa iStockphoto

Blucher

Rua Pedroso Alvarenga, 1245, 4° andar
04531-934 – São Paulo – SP – Brasil
Tel.: 55 11 3078-5366
contato@blucher.com.br
www.blucher.com.br

Segundo Novo Acordo Ortográfico, conforme 5. ed. do *Vocabulário Ortográfico da Língua Portuguesa*, Academia Brasileira de Letras, março de 2009.

Dados Internacionais de Catalogação na Publicação (CIP)
Angélica Ilacqua CRB-8/7057

Arroz : tecnologia, processos e usos / organizado por Maurício de Oliveira, Gilberto Wageck Amato. – 1. ed. – São Paulo : Blucher, 2021.
224 p.

Bibliografia
ISBN 978-65-5506-260-1 (impresso)
ISBN 978-65-5506-261-8 (eletrônico)

1. Arroz - Cultivo - Brasil 2. Arroz - Processamento 3. Arroz - Consumo 4. Arroz parboilizado 5. Arroz - Subprodutos I. Oliveira, Maurício de. II. Amato, Gilberto Wageck.

21-0955 CDD 664.725

Índices para catálogo sistemático:
1. Arroz

APRESENTAÇÃO

Esta obra, assinada por dezesseis autores, com as mais diversas *expertises* na área de pós-colheita do arroz, foi pensada para servir de leitura geral e, principalmente, de fonte para consultas pontuais de pesquisadores, estudantes e pessoas interessadas no tema. Nasceu no Laboratório de Pós-Colheita, Industrialização e Qualidade de Grãos (Labgrãos), da Universidade Federal de Pelotas (UFPel), no Rio Grande do Sul, epicentro da agregação de valor ao arroz no Brasil.

Ancorado em centenas de referências bibliográficas, o livro sintetiza o conhecimento direcionado para a difusão do saber focado em um cereal muito importante para alimentação humana: o arroz nosso de cada dia! A obra abrange amplos aspectos da qualidade do grão, que vão do engenho ao prato do consumidor. Quando trata do processamento, concentra-se na demanda em cada um dos caminhos do arroz, direcionados a aspectos fundamentais, como a saúde do consumidor. Assim, trata do beneficiamento para a obtenção de cada um de seus subgrupos, como o arroz natural branco e o parboilizado, tanto polido quanto o integral. Foca ainda o aproveitamento total, dentro do espírito do ditado popular que diz que "do gado se deve aproveitar até o berro para fazer buzina".

Abrange os produtos derivados do beneficiamento, em especial a casca, o farelo e o óleo do farelo. Cabe lembrar a importância da casca como energia para secagem e beneficiamento, principalmente por estar a uma "distância zero" da demanda.

Nos componentes do grão, descreve-se a proteína do arroz, que, por equilíbrio em seus aminoácidos constituintes, é a mais nobre entre os cereais de grande consumo, como milho e o trigo. Além de processos de obtenção, a obra trata da caracterização e aplicação atual e do potencial, com novas opções para o mercado. Entre os constituintes do grão, estuda-se o amido e suas infindáveis aplicações em razão de aspectos como singularidade dimensional. Das quireras resultantes da etapa de polimento do arroz branco convencional, aborda-se a farinha e suas aplicações.

Tomando temas do arroz mais intenso em tecnologia, neste livro são apresentadas as oportunidades de fortificação, biofortificação e aditivos. Migrando do engenho para o prato, também são reservados capítulos que tratam de formas e hábitos de consumo. Para finalizar, destaca-se um aspecto ainda pendente de maior divulgação, que é a decodificação das vantagens do arroz sobre os demais cereais na área da saúde humana.

Boa leitura e boas pesquisas!

Maurício de Oliveira
Gilberto Wageck Amato

CONTEÚDO

CAPÍTULO 1
QUALIDADE PAUTADA PELA DEMANDA

Gilberto Wageck Amato
Maurício de Oliveira

1.1 CONCEITOS BÁSICOS FRENTE À PRÁTICA[1]

Historicamente, a busca pela qualidade por parte do setor agroindustrial é vista como uma alternativa para a otimização do negócio, objetivando a competitividade e a otimização do capital aplicado. Em se tratando do arroz, a observação do comportamento cíclico dos preços tem mostrado outra face a ser levada em consideração: a qualidade para sobreviver nas situações de baixa demanda. Assim, quem tem produto de qualidade ganha; quem não tem, perde.

1.1.1 DEFININDO

Entende-se qualidade como o conjunto de características de um produto que serve para diferenciar uma unidade de outras e que tem um significado na aceitação do mesmo pelo consumidor. Uma vez caracterizada a qualidade de um produto, desenvolve-se um esforço para aprimorá-la ou mantê-la e lança-se mão de dois conceitos clássicos: um tradicional, o controle de qualidade, e outro mais recente, a qualidade total.

---

[1] O processamento do subgrupo parboilizado, mais atrelado ao conceito de indústria de alimentos, é mais complexo que o do subgrupo do arroz natural. Assim, o parboilizado ocupa importante espaço neste capítulo por se prestar didaticamente a comparações.

1.1.2 ABORDANDO A QUALIDADE PERCEBIDA PELO CONSUMIDOR

Ao abordar a aceitação pelo consumidor, pode-se dizer que uma combinação de atributos comanda o grau dessa aceitação, sendo o resultado final traduzido no condicionamento do valor comercial. Há fatores percebidos prontamente pelo consumidor no momento da aquisição, como grão manchado ou fator sensorial negativo percebido na gôndola do supermercado. Exemplificando por meio da percepção visual positiva, está a homogeneidade de tamanho e de coloração.

Didaticamente, pode-se dividir os fatores de qualidade, com relação à percepção pelo consumidor, em dois grupamentos de fatores, descritos nos tópicos a seguir.

1.1.2.1 Qualidade embutida em fatores internos

Neste grupo, encontram-se os fatores não percebidos pelo consumidor.

O valor nutritivo é um caso clássico, podendo ser representado pela capacidade em aportar calorias. E não apenas pela concentração de carboidratos e gorduras, além das proteínas (mas não como tendo a função precípua de aportar calorias), como também componentes corresponsáveis pelo efetivo aporte energético, como fibras e vitaminas.

A pureza também se enquadra no grupo. O consumidor, só muito remotamente, pode ter sensibilidade para detectar presença de contaminantes ou de aditivos inadequados, como pesticidas e metais pesados. Igualmente ocorre em relação à sanidade, pois o consumidor é capaz de deixar de perceber a presença de fragmentos de insetos e roedores e até de grãos mofados.

Nesses aspectos intangíveis à percepção humana, é fundamental e insubstituível a presença fiscalizadora governamental.

1.1.2.2 Tratando dos fatores externos

Os fatores externos aos alimentos, de percepção mais clara por parte dos consumidores, são representados, basicamente, pelas características sensoriais captadas pelos sentidos humanos.

Destaca-se o aspecto, por meio do sentido da visão, pela percepção de atributos como cor, forma e dimensões. O aspecto é o fator que mais atemoriza os comerciantes de arroz parboilizado, principalmente nos locais onde o referencial é o arroz branco polido convencional, como no comércio da cidade de São Paulo (SP). Os supridores têm despendido grandes esforços para a alteração desse paradigma.

Por ocasião do preparo em casa, o *flavor*, englobando sabor e aroma, constitui-se no fator sensorial percebido logo após o aspecto. No parboilizado, tem seu ponto negativo dado pelos processos que promovem a secagem com combustão direta da casca de arroz ou mesmo de lenha, o que agrega cheiro de fumaça, comprometendo a qualidade e o nome de um produto tão nobre. Essa percepção negativa, hoje, está praticamente restrita às pessoas mais velhas. Quanto ao aroma, é importante relatar experiências frustradas com parboilização de arroz aromático, em que essa propriedade resulta descaracterização ao final do processo, devido ao tratamento hidrotérmico.

A textura é caracterizada no parboilizado, após seu preparo, como tipicamente mais elástica que a do arroz branco polido. O termo internacional *al dente*, herdado das pastas italianas, consta em muitos rótulos de arroz parboilizado nos Estados Unidos.

1.1.3 TRATANDO DO CONTROLE DE QUALIDADE

O controle de qualidade (CQ) é uma atividade de avaliação de produto que compara o produto a algum parâmetro de referência. Seus objetivos são a manutenção da qualidade, de acordo com as exigências do consumidor ou dos parâmetros internos citados anteriormente, e a melhoria da rentabilidade de fabricação.

No arroz parboilizado, existe uma correlação entre o grau de gelatinização – pelo poder de "solda" – e o percentual de grãos inteiros, representado pelo conceito de rendimento (*stricto sensu*, definido em regulamentação técnica oficial). Além disso, por efeito do processo, é verificado um ganho significativo do rendimento de panela, que pode ser representado pela expressão do consumidor "de encher os olhos!" (e a panela!). No parboilizado, o CQ deve buscar o ponto de equilíbrio entre o aprofundamento da gelatinização e a intensidade da cor.

É oportuno citar a correlação direta entre o grau de gelatinização e a vida de prateleira do produto, bem com a efetividade na fixação dos componentes hidrossolúveis.

Com relação à cor, é sabido que a maioria dos consumidores nacionais prefere cores mais claras, por ter o arroz branco convencional como referencial.

1.1.4 INOVANDO COM O GERENCIAMENTO

O controle de qualidade total, ou *total quality control* (TQC), pode ser resumido como o gerenciamento da qualidade. Tal como o *jeans*, surgiu como moda, mas veio para ficar agregado à cultura.

A qualidade tem sido associada ao produto final; no arroz parboilizado, não foge à regra. Todavia, um produto só pode ser obtido com qualidade se há um bom gerenciamento desse fator, por meio do controle de processo.

O atrelamento à cultura do CQ, trabalhando a jusante do processamento, é um empecilho à verticalização. Diferentemente do CQ, no TQC o controle migra para montante: é a cultura oriental ensinando que o planejamento sistematizado resulta mais barato que o não planejamento seguido de "retrabalho". Só o gerenciamento em todas e cada uma das etapas do processo produtivo pode assegurar a qualidade desejada.

Na indústria do arroz parboilizado do Brasil, aparecem duas contribuições importantes do TQC, chanceladas pelos dois principais grupamentos atuantes na área: a

Associação Brasileira das Indústrias de Arroz Parboilizado (Abiarroz) e o Sindicato da Indústria do Arroz no Estado de Santa Catarina (Sindarroz-SC).

1.2 CARACTERIZANDO A DEMANDA NO PARBOILIZADO

1.2.1 CONTANDO UM POUCO DA HISTÓRIA

Em 1952, instalou-se em área do município de Eldorado do Sul (RS), então pertencente a Guaíba, a empresa Integral Arroz. Foi inaugurado o ciclo de um importante salto tecnológico na história da parboilização do arroz: a gelatinização por autoclave. Junto vieram inovações nas operações unitárias de encharcamento e secagem, que as distinguiam das demais.

Ali nascia a marca Malekizado, que marcou época, destacada até em verbete de enciclopédia. Parece que o local estava revestido do aspecto de "cave tecnológica", ou um ambiente propício ao desenvolvimento e ao conhecimento da técnica de parboilização. Seus produtos foram marcantes paradigmas de qualidade.

Mais tarde, a planta foi adquirida pelo grupo Éffem (Mars & Mars).[2] As inovações na Éffem sempre chamavam a atenção e orientavam os demais parboilizadores do país. Já na década de 1980, entrava, de maneira pioneira, com os conceitos de qualidade total. Era aparente em todos os aspectos, com seus ambientes amplos da área administrativa, sem divisórias, que impressionavam fornecedores, compradores e visitantes. Porém, um fato passava desapercebido.

No cartão de visitas do tecnologista Juan Domec, constava o cargo responsável por boa parte do segredo do sucesso da empresa: "Diretor de *marketing* e desenvolvimento". Era o desenvolvimento de produtos baseado na qualidade captada pela área de *marketing*: "O consumidor é o rei!". O detalhe "dois em um" foi como um salto de *spin* no átomo: alterou o patamar de percepção do caminho do sucesso.

O engenho percebeu, progrediu no mercado, e quem não viu sucumbiu!

Em resumo, o objetivo era produzir o que o consumidor já deseja e/ou motivá-lo a desejar algum outro produto. Era o paradigma da demanda.

1.2.2 PARTINDO DA DEMANDA

No Brasil, especialmente nas duas últimas décadas, houve um aprimoramento de todos os atores da cadeia produtiva do arroz. Um bom exemplo é o que acontece com a indústria do arroz parboilizado, diretamente ou por meio de entidades como associações e sindicatos. Os engenhos vinculados a essas entidades fazem experimentos

---

[2] Empresa de renome internacional, que passou a dar o ritmo na parboilização no Brasil, como *benchmark*, sendo também a grande divulgadora do parboilizado.

industriais práticos e, assim, ajudam as entidades de pesquisa na definição das variedades de arroz mais adequadas ao processamento.

A demanda vai diretamente para os responsáveis pelo desenvolvimento das variedades, como a Empresa Brasileira de Pesquisa Agropecuária (Embrapa), a Empresa de Pesquisa Agropecuária e Extensão Rural de Santa Catarina (Epagri) e o Instituto Rio Grandense do Arroz (Irga). Avaliações são feitas por centros de pesquisas, como o Laboratório de Pós-Colheita, Industrialização e Qualidade de Grãos (Labgrãos), da Universidade Federal de Pelotas (UFPel), no Rio Grande do Sul. Assim, diminui-se o hiato existente entre a pesquisa no campo e a exigência dinâmica do consumidor.

Na disputa natural existente na cadeia produtiva do arroz, ainda restam alguns litígios passíveis de serem equacionados. Em determinada geografia localizada, os produtores reclamam das indústrias por rechaçarem variedade que tem excelente desempenho na lavoura. Por seu lado, a indústria alega que a qualidade é definida pelo consumidor, não por ela.

O conflito entre os dois segmentos faz parte das regras do mercado, mas sentar-se à mesa, dentro do conceito de cadeia produtiva, é uma alternativa para evitar a "guerra de bugios", em que todos têm perdido. Avanços importantes, recentes, têm ocorrido na interlocução dos dois segmentos (produtores e indústria) com os atores posicionados a montante do processo: as empresas públicas e privadas que desenvolvem sementes (*hardware*) estão atreladas a condições de manejo (*software*). Muitas vezes, tem sido verificado que a culpa atribuída à pesquisa é infundada, pois variedades "piratas", misturadas e descaracterizadas, têm depositado culpa em quem não deve.

Inclusive, é oportuno colocar que o processo de parboilização, exceto quando conduzida a gelatinização por micro-ondas, faz o grão encurtar longitudinalmente e aumentar diametralmente. O resultado pode ser a troca de classe, ou seja, uma matéria-prima do longo fino[3] pode, após ser parboilizada, tornar-se longo. Para isso, basta que as dimensões da matéria-prima estejam próximas ao limite inferior do longo fino.

Esse fato é importante em razão do tema abordado, a qualidade, ter como referência a disposição do consumidor das Américas a pagar mais pelo arroz agulhinha.

---

[3] Grão maior ou igual a 6 mm de comprimento, menor que 1,9 mm de espessura; com relação comprimento/espessura, é maior que 2,75 mm. Essa medição é feita após o polimento. A amostra analisada deve conter, no mínimo, 80% de seus grãos inteiros, em peso, com essas características (BRASIL, 2019).

1.3 PESQUISANDO ATRIBUTOS NO PARBOILIZADO

1.3.1 BUSCANDO QUALIDADE COM A ASSOCIAÇÃO BRASILEIRA DAS INDÚSTRIAS DE ARROZ PARBOILIZADO (ABIAP)

A definição dos atributos a serem avaliados para estabelecer critérios de qualidade para o arroz parboilizado é ampla e subjetiva.

Além dos critérios da Associação Brasileira das Indústrias de Arroz Parboilizado (Abiap), auditada pelo Labgrãos, pouco se conhece dos critérios de qualidade, pelo mundo afora, exceto em sucintos regulamentos e normas de classificação oficiais. Um dos trabalhos conhecidos de mais densidade é o da auditoria do Selo de Qualidade Abiap, em que o documento final é o laudo técnico avaliando se a empresa está habilitada ao recebimento do selo.

Desde 1989, são aprimorados os critérios e ritos agrupados nos quatro itens de auditoria a seguir descritos:

- Boas práticas de fabricação: vistoria *in loco* que analisa projeto e instalações, equipamentos e utensílios, habilitação do pessoal técnico, matérias-primas, embalagens, produção, controle de qualidade, identificação e rastreabilidade do produto e controle de pragas. Apreciações gerais sobre a empresa e o processo produtivo, com destaque às operações unitárias de encharcamento, gelatinização e secagem.
- Análises da água de encharcamento, por meio de seus parâmetros químicos, físico-químicos e microbiológicos.
- Avaliação do grão envolvendo análises microbiológicas e de micotoxinas, tanto no primeiro mês após o empacotamento quanto após 150 dias.
- Avaliação das propriedades sensoriais e relativas ao consumo, envolvendo coloração, brilho, aparência, maciez, sabor, odor, consumo de água na cocção, tempo de cocção, rendimento gravimétrico de cocção, volume e painel sensorial de aceitação. Avaliação de parâmetros como umidade, peso volumétrico e gelatinização.
- Emissão, por fim, de um parecer conclusivo. Com base na avaliação do processo e nas análises do produto final e da água do processo. É dado um parecer indicando se a empresa atende aos requisitos estabelecidos para a utilização do selo.

1.3.2 TRILHANDO OS CAMINHOS DO SINDICATO DA INDÚSTRIA DO ARROZ NO ESTADO DE SANTA CATARINA

O Sindarroz-SC, dentro do Programa de Qualidade Total do Estado de Santa Catarina, desenvolve na variável "arroz" atividades que têm como mérito principal o enfoque sistêmico, bem caracterizado por seu *slogan*, "da semente ao prato do consumidor".

Dentro dos parâmetros clássicos do TQC, busca a "satisfação das necessidades dos clientes", utilizando o critério bem amplo de atendimento à demanda, enfocando o consumidor final, o empregado e o associado. Usa o *marketing* como meio de atingir os objetivos básicos.

Com um bom sistema de motivação dos associados, o sindicato busca objetivamente a identificação dos pontos críticos da cadeia produtiva – envolvendo todo o processo produtivo e de distribuição –, procurando, em conjunto com todos os atores do processo, por soluções pontuais. Exemplos disso são ações diretas sobre variáveis como água da operação unitária de encharcamento, sementes adequadas à parboilização ou tratamento do efluente líquido.

Entre as parcerias principais, a Federação das Indústrias do Estado de Santa Catarina (Fiesc) desempenha as funções de avaliadora e de avalizadora. Um avanço importante seria esse aval ser atribuído a diferentes instituições, independentes entre si, e internacionalmente reconhecidas, como Epagri, Irga ou Labgrãos.

Por meio de estreito relacionamento com o setor público e privado local, em Santa Catarina, o segundo produtor de arroz do Brasil, destacam-se entre as linhas de ação:

- Busca constante do aprimoramento da qualidade da matéria-prima.
- Atuação sobre pontos vulneráveis do processo industrial, relacionados à engenharia de processos (*software*), infraestrutura de instalações, máquinas e equipamentos (*hardware*), sem descuidar os recursos humanos ("*humanware*").
- Boa inserção de seus produtos no mercado do arroz, atuando desde a busca e a difusão de informações estatísticas básicas até o *marketing* coletivo, posicionando o produto de acordo com a demanda do consumidor.
- Identificação de financiamento para melhoria da infraestrutura produtiva, com linhas de crédito específicas.
- Busca de um sistema de certificação de qualidade, por meio da emissão de um selo.

1.4 INDUZINDO A DEMANDA

1.4.1 ABRINDO ESPAÇOS PARA A QUALIDADE

A demanda do consumidor, afora o meio clássico, como o obtido nas simples mas eficientes enquetes junto a consumidores nos supermercados, pode ser induzida por algum valor ou "desejo" geralmente não explicitado pelas pessoas. Exemplificando, pode-se pensar em lançar uma *chimia da colônia* ancorada no apelo hedonístico do charme que turistas têm identificado quando em visita às cidades de Gramado e Canela (RS) ou Pomerode e Blumenau (SC). O consumidor, no seu dia a dia, pode alimentar a fantasia de reviver aprazíveis momentos de passeio pela região colonial alemã.

Com relação ao arroz, exemplos potenciais não faltam. O objetivo do item a seguir é instigar os empreendedores com uma antiga-nova possibilidade.

1.4.2 BUSCANDO A DENOMINAÇÃO DE ORIGEM

Quando o assunto é denominação de origem (DO), o primeiro produto que surge em mente é o vinho, com suas expressões locais das regiões demarcadas, como Champagne (França), Cognac (França), Rioja (Espanha), Jerez (Espanha), Chianti (Itália), Dão (Portugal), Rhein (Alemanha), entre tantas outras. Em comum, esses produtos europeus têm dois aspectos de destaque sob a óptica do consumidor: a identificação de uma qualidade que os distingue e a disposição de melhor remuneração ao vendê-los.

A construção de uma DO é um mecanismo interessante para apresentar ao consumidor a ideia de um arroz com qualidade diferenciada. A premissa para destacar uma região centra-se na palavra "diferença". É importante entender que constatação do tipo "muita gente tem destacado a qualidade do arroz da minha região" pode ser condição necessária, mas insuficiente.

A construção de uma região demarcada para o arroz envolve passos como a definição – clara e "imexível" – de uma área física de produção e suas características de solo e clima: a variedade da matéria-prima, suas dimensões, suas condições de manejo; os procedimentos de secagem, transporte, armazenamento, descasque, brunimento, polimento, embalagem; estratégia de *marketing* e outras tantas. Além disso, o histórico do vínculo produto-região é fundamental para a sustentação de mídia.

Como todos os produtores parceiros têm de comungar com premissas comuns, o começo do longo caminho passa para uma *concertación* local. O primeiro passo pode ter início em um pequeno grupo que tenha como mínimo múltiplo comum a convicção da maior efetividade (sinergismo) da ação em conjunto. Depois de definidos os contornos básicos, o próximo passo é a busca seletiva de adesões.

Assim, no arroz, tiveram sucesso na região de Valência (Espanha), a terra da *paella*, as variedades Senia, Bahia e Bomba, tendo como base a *denominación de origen protegida* de La Albufera, com garantia oficial do Ministério de Agricultura, Pesca e Alimentação espanhol (Figura 1.1).

Figura 1.1 – Selo de *denominaciò d'origen del arrós Valenciò.*

Fonte: https://www.arrozdevalencia.org/.

Do mesmo modo, assim consta, ocorreu na província de Manitoba (Canadá) com o arroz selvagem (gênero *Zizania*, não *Oryza*). Lá, uma reserva de mercado para os aborígines produzirem equacionou um problema socioeconômico e sociocultural.

Outro fato merecedor de citação é do arroz Basmati, produto que conseguiu um espaço no mercado internacional, mas que agora dá dor de cabeça aos engenhos em razão de falsificações, que podem ocasionar perda de mercado, descrédito e até gastos com *recalls* e indenizações. A autenticação do arroz Basmati tem sido um trabalho do laboratório governamental inglês Central Science Laboratory (CSL), que desenvolve testes genéticos, químicos e biológicos para determinar a autenticidade.

No Brasil, muitas universidades estão capacitadas para desenvolver esse procedimento, a exemplo da UFPel, que desenvolve importante trabalho de auditoria para o selo de qualidade da Abiap, trabalho iniciado pelo Fundação de Ciência e Tecnologia do Estado do Rio Grande do Sul (CienTec) em 1989. Nesse caso, são utilizadas premissas capazes de contribuir para uma qualidade diferenciada para os detentores do selo.

Os critérios do selo de qualidade da Abiap são estes:

- Uso de intercambiadores de calor, para evitar contato de gases de combustão com o arroz em processamento.
- Utilização de vapor na operação de gelatinização, para garantir homogeneidade e boa gelatinização.
- Utilização de parâmetros inerentes à indústria de alimentos, como equipamentos de aço inoxidável em pontos críticos do processo.
- Plena regularização legal e eficiência técnica com o tratamento de efluentes.
- Compromisso informal de constante aperfeiçoamento, pactuado formal e tacitamente por cada associado.
- Alguns critérios empresariais, como idoneidade.

Exemplos potenciais para denominação de origem não faltam no Brasil, como o município de Agronômica (SC), com apelo de altíssima produtividade, apregoada como a maior do mundo.[4] Igualmente têm sido qualificadas outras localidades, como a região do litoral norte do Rio Grande do Sul, com alto rendimento de grãos inteiros (com cor vítrea e ótimo rendimento de panela).

Também merece ser avaliada a parboilização de arroz orgânico ou de um arroz do subgrupo parboilizado integral a partir do arroz orgânico, produzido em áreas e condições permitidas na Reserva Ecológica do Taim (RS) ou no pantanal mato-grossense.

Como se vê, os limites restringem-se à ousadia e à capacidade imaginativa. Cabe colocar que a denominação de origem pode constituir-se em um arranjo importante para uma economia local e, ao mesmo tempo, em uma forma de alavancar o consumo do arroz e de seus coprodutos obtidos no beneficiamento, indicando alta nobreza sob os aspectos nutricional e socioeconômico.

O Serviço Brasileiro de Apoio às Micro e Pequenas Empresas (Sebrae) do Rio Grande do Sul possui um roteiro capaz de permitir a análise dos caminhos a partir de experiência com outros alimentos. E instituições com fé pública, como Irga, UFPel, Epagri e Sindicato Intermunicipal da Indústria da Alimentação do Estado de Mato Grosso (SIAMT) podem colaborar na caracterização específica do produto.

1.5 PARBOILIZADO EM DESTAQUE

No mundo globalizado das primeiras décadas do século XXI, a qualidade deve ser identificada, aprimorada e divulgada constantemente. É o modo de garantir a sobrevivência em um mercado cada vez mais exigente e competitivo. Essa preocupação deve ser o foco de cada país, de cada estado, de cada empresa, de cada negócio dentro da empresa, de cada produto e até (por que não?) de cada indivíduo. Atores como o profissional e o estudante precisam estar qualificados.

Os produtos devem ser conduzidos no mercado tendo atenção à dinâmica da concorrência, e o arroz parboilizado não foge a essa regra. Já há apelos intrínsecos capazes de diferenciá-lo dos demais. Dessa forma, o arroz se destaca:

- pelo equilíbrio de seus aminoácidos: a proteína do arroz é a mais nobre entre os cereais;
- pela complexidade de seus carboidratos: a liberação de glicose no organismo é a mais equilibrada;
- por constituir-se na fonte de carboidratos a ser indicada nas dietas de emagrecimento;

[4] Essa comparação, embora importante e digna de nota, pode ser questionada pelo critério da teoria de conjuntos, pois a comparação da produtividade é feita entre a lavoura de um município e a de um país. No Egito, país com maior produtividade do mundo, em muitas colheitas, há regiões de maior rendimento por unidade de área.

- por sua operação unitária de gelatinização, potencializadora do equilíbrio glicêmico;
- pela concentração extra de antioxidantes, com a presença ímpar do gama-orizanol;
- por reunir propriedades funcionais que o apontam como alimento nutracêutico.

Enfim, o arroz, os coprodutos derivados do beneficiamento e o parboilizado, em particular, necessitam apenas da oportunidade de serem mostrados ao consumidor. Sua qualidade já o diferencia!

1.6 QUALIDADE: GANHOS TANGÍVEIS E INTANGÍVEIS

1.6.1 ESFORÇOS PARA DIVERSIFICAÇÃO DE OPORTUNIDADES DO ARROZ NO BRASIL

Há duas abalizadas visões internacionais do arroz. A primeira se dá sob a óptica de um sino-americano; a segunda, é europeia, da Espanha, o segundo país produtor e consumidor de arroz da Europa.

Ocorreu em evento de 1986, no Rio Grande do Sul, o marcante I Encontro do Arroz, desenvolvido simultaneamente com o III Encontro da Indústria do Arroz Parboilizado. Os organizadores, da UFPel e do CienTec, com o objetivo de vislumbrar novos caminhos para a pós-colheita do arroz, trouxeram dois experts no assunto: Bohr S. Luh, "*The QCR Man*", da Universidade da Califórnia, e Carmen Benedito de Barber, "*La Bioquímica del Arroz*", do Instituto de Agroquímica e Tecnologia de Alimentos, de Valência.

Em sua conferência, o professor Luh abordou o arroz de cozimento rápido como uma alavanca para o aumento do consumo do cereal. Passadas mais de três décadas, o arroz de cozimento rápido e o instantâneo ainda são promessas de participação efetiva no mercado. Nesse ínterim, o consumo *per capita* nacional primeiramente cresceu, estabilizando-se em um patamar de 40 quilos ao ano. Um dos componentes importantes foi o crescimento do parboilizado, migrando de 4% para 25% em uma geração. Hoje, o consumo geral de arroz tende ao decréscimo, com a migração natural de carboidratos para proteínas, pautada por motivos como o acesso da população às carnes.

A professora Barber, abordando o tema da atualidade da tecnologia do arroz, tratou da avaliação da produção científica dos últimos anos sobre tecnologia arrozeira pós-colheita, analisando-a por países, instituições e temas. Concluiu que naquele momento a produção científica era insuficiente sobre um alimento tão básico como o arroz, embora seja o grande caminho para a propulsão do setor arrozeiro. Na sequência, discorreu sobre as principais tendências da pesquisa em matéria de processos e produtos, dedicando especial atenção para parboilizado, enlatado, cereais para desjejum e aproveitamento do farelo.

O tema do farelo foi enfocado, alguns anos depois do encontro, pelo professor Salvador Barber (marido da professora) no IV Encontro da Indústria do Arroz Parboilizado, quando cunhou a expressão "o problema do farelo é ser tratado como rejeito", fugindo dos critérios aplicados aos alimentos. O professor Barber registrou esse tema em boletim da Organização das Nações Unidas para a Alimentação e a Agricultura (FAO), que lhe rendeu, na FAO e na comunidade científica, o apelido de Salvado ("farelo de arroz", em espanhol).

Resumindo, a evolução tecnológica tem sido lenta, estando no mesmo patamar de décadas atrás.

1.6.2 VISÃO DO MAIOR PRODUTOR DE PARBOILIZADO DO MUNDO

O Grupo Riso Viazzo, empresa localizada na província Padana, na Itália, conhecida como terra do risoto, há uma década era tida como a maior produtora de arroz parboilizado. A empresa tem como foco o fornecimento de produtos de ponta a terceiros de muitos países, como segue:

- Arroz parboilizado polido de cozimento *standard*, destinado a saladas, sopas, doces e risotos.
- Arroz parboilizado polido de cozimento em 10 minutos, mantendo as mesmas características nutricionais do parboilizado.
- Arroz parboilizado polido de cozimento de rápido, com tempo de preparo entre 6 e 7 minutos.
- Arroz de baixo teor de umidade: destinado à indústria de pratos prontos.

1.6.3 QUALIDADE PAUTADA PELA DEMANDA

A evolução de hábitos no curso do tempo tem exigido novos desafios para o segmento da pós-colheita do arroz. Uma das dificuldades é a identificação e o direcionamento ao atendimento da demanda por qualidade, em razão da diversidade variada de regiões e cultura.

Um fato que merece ser citado ocorreu em uma partida de arroz para atendimento de ajuda humanitária internacional a um país africano. Consta que o Brasil enviou importante contribuição de arroz branco polido, com alta quantidade de grãos inteiros, de lavouras irrigadas da região Sul. No entanto, como o hábito alimentar do local tinha como base o arroz de sequeiro, conhecido como marcha à ré, os consumidores tiveram de partir o grão em quirera para atender o hábito alimentar.

A qualidade do arroz é multidimensional, envolvendo características físicas, químicas e sensoriais. São fatores determinantes no aceite pelo consumidor do produto aqueles pautados pela produção, por aspectos ambientais, pela pós-colheita, pelo processamento no engenho e pelas suas interações entre os citados. Isso sem esquecer o genótipo.

1.6.3.1 Demanda dos consumidores

Os consumidores brasileiros expressam sua preferência pagando um diferencial pela alta qualidade. Com o crescimento da renda, tendem a substituir quantidade por qualidade. Os consumidores desejam: aparência vítrea; sabor, odor e coesão; alto conteúdo em grãos inteiros; tamanho e forma homogêneos; classificado como longo fino; alto rendimento de panela (rendimento volumétrico); isenção de contaminantes; segurança alimentar.

Há mais de uma década, o professor Moacir Elias tem buscado inserir na legislação brasileira (e do Mercosul) um conceito que divide a classificação de defeitos segundo seu impacto sobre a saúde do consumidor. Trata-se da divisão entre metabólicos e não metabólicos. Preconiza-se que o estabelecimento de regras de classificação de alimentos deve, além de atender a demanda praticada no mercado, zelar por aspectos não tangíveis capazes de impactar sobre a saúde humana.

Segundo estudos realizados pela UFPel, encontram-se entre os não metabólicos, de menor injúria à saúde humana, os danificados, gessados e rajados. Os defeitos metabólicos do arroz, na prática, são aqueles passíveis de alteração durante o período de armazenagem, com destaque para grãos manchados, picados, amarelos, enegrecidos e ardidos, cujo risco é o desenvolvimento de substâncias nocivas, como toxinas produzidas por fungos (as micotoxinas) algumas cancerígenas e/ou produtoras de outros males importantes. Essa proposição encontra guarida na comunidade científica, com apoio de parte importante da cadeia produtiva do arroz.

Assim, a demanda dos consumidores segue ressoando, podendo ser "muda", mas não surda!

1.6.3.2 Demanda dos produtores

Por parte dos produtores, deseja-se que as sementes tenham muitas características. A saber: boa germinação, tolerância ao frio, rápido estabelecimento, alta capacidade de perfilhamento, colmos grossos e fortes, ciclo médio, folhas eretas, plantas compactas e viçosas, folha bandeira longa e ereta acima da panícula, atraso na colheita após o ponto ou época ideal tecnicamente recomendado, resistência ao acamamento, a doenças e a herbicidas, peso de mil grãos entre 25 gramas e 28 gramas, tamanho de grão uniforme, baixa pilosidade e abrasão, fácil debulha, alta produtividade e resistência ao atraso de colheita.

1.6.3.3 Demanda da indústria

Os engenhos necessitam de características de homogeneidade de grãos com relação a aspectos dimensionais, variedades e estabilizados em seu processo anabólico.

Assim, pode-se obter produtos com qualidade constante, visando suprir o consumidor, cativo ou novo, com a aparência que leva a escolha na prateleira. Entre as características, destacam-se: grãos homogêneos e translúcidos, ausência de mistura varietal, completa maturação, alta qualidade de beneficiamento, renda (> 68), rendimento alto (> 60), ausência de gesso, barriga ou centro branco, não ser picado e manchado, alto peso de mil grãos.

1.6.3.4 Evolução na qualidade

Desde sempre e para sempre um mínimo múltiplo comum em todas as etapas de vida comercial do arroz – da semente ao prato do consumidor – é a busca pelo alto rendimento.

A primeira parte é óbvia: o rendimento na lavoura e a vantagem da produção alta por hectare. Porém, na outra ponta, no preparo na cozinha, fica difícil a quantificação, mas é muito claro que um dos principais fatores da seleção de uma marca é o aspecto do rendimento em panela.

Esse critério é verificado tanto nos domicílios quanto nos restaurantes. No primeiro caso, pela aparência viçosa e agradável; no segundo, busca-se também o lucro, ao colocar um volume padrão no prato do consumidor.

1.6.3.5 O porquê da gestão da qualidade

A qualidade se mostra mais importante onde a competição de mercado é vital. Uma boa condução gerencial dessa variável pode levar o consumidor a se disponibilizar a pagar mais pelo produto, refletindo em ganhos em toda a cadeia produtiva. Além disso, qualifica o produto para competir em novos mercados.

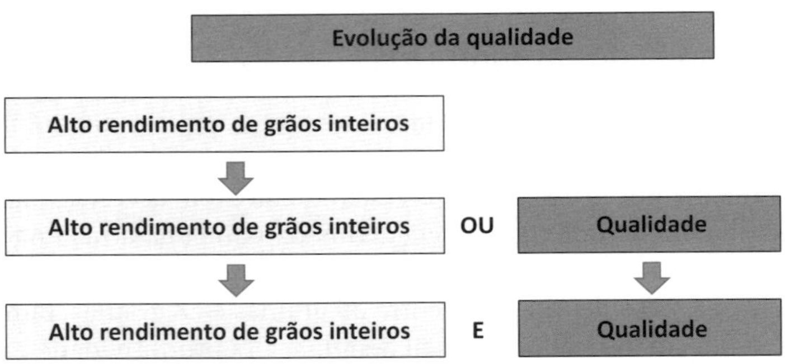

Figura 1.2 – Processo de evolução da qualidade do arroz.

O processo evolutivo da qualidade de arroz (Figura 1.2) no Brasil, de forma simplificada, passou por três fases: a primeira fase de qualidade era definida apenas pelo rendimento de inteiros; na segunda fase, além do rendimento de grãos inteiros passou a ser considerada a qualidade num conceito mais amplo, porém não simultâneo, por isso o uso de "OU"; e na terceira fase atual, além do consolidado alto rendimento de grãos inteiros exige-se "E" outros parâmetros de qualidade (soltabilidade, tempo de cocção, cor, aroma, entre outros).

Uma modificação comportamental importante surgiu, no período de uma geração, em um dos elos colocado a montante do desenvolvimento tecnológico: a pesquisa. No início, os pesquisadores desenvolviam, isoladamente, cultivares apartados em relação aos demais elos da cadeia produtiva. Porém, com o avanço da capacitação da agronomia em extensão, passaram a aportar conhecimentos mais objetivos.

Parafraseando o iluminista Georges Clémenceau (1841-1929) que disse "A guerra! É uma coisa grave demais para ser confiada aos militares" (SUAREZ, 1932),[5] pode-se dizer que a pesquisa é uma coisa importante demais para deixar somente na mão dos pesquisadores.

1.7 REQUERIMENTOS DE QUALIDADE PARA EXPORTAR ARROZ PARA A UNIÃO EUROPEIA

Com o intuito de facilitar a comparação com critérios adotados no Brasil, seguem alguns que devem ser atendidos com padrões de qualidade corretos.

1.7.1 A PAUTA EUROPEIA

Quando se pensa em produzir arroz de alto valor agregado, a Europa pode ser uma alternativa. Dois são os focos: arrozes com características para atender a hábitos de cada região e, principalmente, exportação de variedades de arroz especiais.

Entre os pratos típicos, destacam-se a *paella* e o risoto. Mas, devido ao arraigado hábito alimentar de cada local, ao que parece, é um mercado já ocupado pela produção local.

1.7.2 PRODUTOS COMERCIALIZADOS NA EUROPA

Pensando na disputa com os produtos comercializados localmente, há espaço para os seguintes arrozes:

- *paddy*, que é um arroz em casca;
- parboilizado;
- integral branco e parboilizado;
- branco polido, o mais universal.

Entre os arrozes destinados a pratos especiais, destacam-se:

---

5 No original: "*La guerre! C'est une chose trop grave pour la confier à des militaires*".

- Arbóreo: arroz típico para preparo do risoto. Na sua origem, o Vale do Pó no norte da Itália, a preferência é para a textura *al dente* no centro e cremoso por fora. Devido ao seu preço, o consumidor menos exigente tem substituído este por arroz médio.
- Basmati: com origem no Paquistão, é um arroz aromático com um grão longo e fino.
- Bomba: arroz típico para a preparo da *paella* de Valência. Trata-se de um grão curto que apresenta algumas características do arbóreo. Absorve facilmente o líquido oriundo do cozimento dos constituintes, como carnes e vegetais diversos. Uma pergunta recorrente sobre esse tipo de arroz é sobre qual seria a verdadeira *paella* valenciana. Não existe uma resposta, pois, na Espanha, principalmente na região mediterrânea, no Levante, é de tradição de cada família ter sua própria receita. Foram os mouros que levaram o arroz, no século VIII, para esse local.
- Glutinoso: variedade da espécie dos arrozes comum, *Oryza sativa L.*, que por ocasião do polimento apresenta superfície opaca. Seu amido é quase predominantemente composto de amilopectina, o que faz os grãos ficarem pegajosos após o preparo. Por essa característica e seu sabor adocicado, presta-se à culinária de doces, como o arroz de leite, também conhecido como arroz-doce.
- Japonês: também é chamado de arroz de *sushi*. Classificado como grão curto, tem baixa amilose (alta amilopectina), o que lhe confere textura pegajosa após o preparo.
- Jasmim: arroz aromático cultivado em países asiáticos (Vietnã, Camboja, Laos e Tailândia), sendo essa região a maior supridora do mercado europeu. Classificado pela legislação brasileira como longo, no preparo se apresenta levemente pegajoso.
- Selvagem: foge do gênero *Oryza*; é uma gramínea classificada como sendo do gênero *Zizânia*. É cultivado ao sul do Canadá e no norte dos Estados Unidos, originalmente por nativos. A espécie *Z. latifólia* é cultivada na China.
- Vermelho: tem como origem os dois principais tipos, índica ou japônica, sendo consumido na forma de arroz integral. Seu nome, em várias línguas, é em razão da cor de sua cariopse. É consumido na forma integral, diferenciado por ter sabor de nozes. De inço na lavoura do arroz marrom convencional, passa a ter um espaço crescente, por conta de suas características funcionais.

- Preto: tal como acontece com o vermelho, tem sido considerado como quase um remédio, recebendo o rótulo de produto nutracêutico.

1.7.3 OPORTUNIDADE NA EUROPA PARA ARROZES ESPECIAIS

Geograficamente, o norte europeu tem sido o principal destino do arroz importado pelo continente. Entretanto, os maiores consumidores estão concentrados na Europa mediterrânea.

Segundo o EUROSTAT Database (2019) com relação à aquisição de arrozes especiais, consta que tem sido identificada uma tendência a importar de países em desenvolvimento e que a maior demanda é de arroz branco polido convencional. A maior remuneração, naturalmente, está localizada nas variedades de arroz especiais. Esse segmento é, também, o de maior demanda por parte do consumidor europeu.

Dentro das oportunidades para variedades de arroz saudáveis, com a comida étnica em ascensão, o arroz orgânico é um nicho em crescimento. Inclusive, os eventos internacionais sobre o arroz orgânico, que ocorrem a cada dois anos, tiveram suas primeiras edições na França e na Itália. Já a terceira edição ocorreu no Rio Grande do Sul, no primeiro semestre de 2017.

Outro segmento é o dos produtos de conveniência, em que o arroz tem importante espaço nas formas de pré-cozido e de cozimento rápido (*quick cooking rice*), que geralmente cozinha na metade do tempo convencional. Dentro desse grupo, encontra-se o arroz instantâneo, como o arroz de cinco minutos, comercializado na Alemanha (*Fünf Minuten Reis*).

1.7.4 REQUISITOS A SEREM CUMPRIDOS PELOS ARROZES ESPECIAIS

Em princípio, os arrozes devem atender aos critérios de segurança alimentar sustentável definidos pelo mercado europeu. A título de exemplo, segue um dos itens importantes, que trata de limite para níveis de arsênio em arroz e seus derivados.

Tabela 1.1 Controle dos níveis de arsênio no arroz

Tipo de arroz	Limites máximos de resíduos em mg/kg
Arroz polido, não parboilizado (arroz branco ou polido)	0,2
Arroz parboilizado, polido e integral	0,25
Arroz destinado à produção de alimentos para bebês e crianças pequenas	0,1
Waffles de arroz, biscoitos de arroz e bolinhos de arroz	0,3

Para exportar arroz para a Europa, devem ser atendidos determinados padrões ou requerimentos de qualidade.

A Comissão Europeia estabelece um padrão para o arroz *paddy* no Regulamento n. 1785/2003 do conselho (EC, 2003). A qualidade padrão do arroz *paddy*, de acordo com a legislação europeia, deve ser sadia, justa e comercializável, livre de odores, conter um teor de umidade de no máximo 13% e ter rendimento em arroz polido de 6%, em peso, em grãos integrais (com uma tolerância de 3% de grãos quebrados), dos quais uma percentagem, em peso, de grãos de arroz branqueados podem não ter qualidade perfeita:

- grãos calcinados de arroz em casca: 1,5% a 2,0%;
- grãos estriados com vermelho: 1,0%;
- grãos manchados: 0,50%;
- grãos corados: 0,25%;
- grãos amarelos: 0,02%;
- grãos âmbar: 0,05%.

A regulamentação europeia distingue quatro categorias de tamanho, com base no comprimento do grão (L) e em comprimento/largura (L/W):

- Longo A: L > 6 mm, L/W < 2,1-3
- Longo B: L > 6 mm, L/W = 3
- Médio: L > 5,2 mm, L/W < 3
- Curto: L < 5,2 mm, L/W < 2

Há também um padrão internacional para o arroz estabelecido pela FAO (s.d.), no Codex Alimentarius. Essa norma aplica-se a arroz descascado, arroz branqueado e arroz parboilizado, tudo para consumo humano direto. Estas são as características que o arroz deve apresentar:

- Livre de sabores anormais, odores, insetos vivos e ácaros.
- Teor de umidade de, no máximo, 15% (ou menos, dependendo do clima, duração do transporte e armazenamento).
- Máximo de 0,1% de impurezas de origem animal (incluindo insetos mortos).
- Máximo de 0,5% (moído) ou 1,5% (descascado) de outra matéria estranha orgânica (sementes estrangeiras, casca, farelo, fragmentos de palha).
- Máximo 0,1% de matéria estranha inorgânica (pedras, areia, poeira, e assim por diante).

Outros componentes importantes relacionados à qualidade são forma, cor, integridade do grão e qualidade de beneficiamento. No caso do arroz Basmati, há um certificado de autenticidade. Para exportar arroz Basmati para a Europa, faz-se necessária a obtenção de um certificado de autenticidade. Esse arroz é exportado da Índia e do Paquistão. Nesses países, pode-se solicitar esse certificado do Conselho de Inspeção de Exportação (Índia) e da Corporação Comercial do Paquistão. As variedades aprovadas de arroz Basmati são:

- Basmati 370
- Basmati 386 (Índia)
- Tipo-3 (*Dehradun India*)
- Taraori Basmati (HBC-19 Índia)
- Basmati 217 (Índia)
- Ranbir Basmati (Índia)
- Kernel (*Basmati Pakistan*)
- Pusa Basmati
- Superbasmati

O regulamento n. 972/2006 da Comissão Europeia (EUR-LEX, 2006) estabeleceu regras especiais para as importações de arroz Basmati e um sistema de controle transitório para determinar sua origem. Essa regulamentação permite Basmati com até 5% de impureza de variedades não Basmati. O certificado de origem também é necessário para isentar o arroz Basmati dos direitos de importação.

1.7.5 ARROZ EM CASCA

A Comissão Europeia estabelece, para o arroz em casca (*paddy*), no Regulamento n. 1785/2003 um critério de qualidade a ser obedecido. Segue um breve resumo dos limites, a começar pelo conceito de qualidade sadia, justa e comercializável, livre de odores, com 13% de umidade seguindo os parâmetros descritos no item 1.7.4.

1.7.6 PADRÃO FAO NO CODEX ALIMENTARIUS

A norma abrange arroz descascado, arroz polido e arroz parboilizado, direcionado ao consumo humano. Nela constam as seguintes informações:

- Livre de sabores anormais, odores, insetos vivos e ácaros.
- Umidade máxima de 15% (ou menos, dependendo de clima, duração do transporte e armazenamento).
- Máximo de 0,1% de impurezas de origem animal (incluindo insetos mortos).
- Máximo de 0,5% (polido) ou 1,5% (descascado) de matérias orgânica estranhas (outras sementes, casca, farelo, fragmentos de palha).
- Máximo de 0,1% de matérias estranhas inorgânicas (pedras, areia, poeira etc.).

Além desses, também abrange outros componentes importantes relacionados à qualidade: forma, cor, integridade do grão e qualidade de moagem.

1.8 A UTOPIA! QUAL É O ARROZ IDEAL?

Escolheu-se, para conclusão do presente capítulo, responder a essa pergunta recorrente entre os autores. O questionamento é do tipo da pergunta bíblica "*quo vadis?*" (para onde vais?), vinda das pessoas mais simples, passando por alunos curiosos e chegando até empresários e outras pessoas relacionados diretamente à cadeia produtiva do arroz.

A resposta pode ser apresentada em vários tópicos:

- Arroz orgânico, parboilizado integral, com denominação de origem.
- Obtido por tratamento hidrotérmico, sem contato com gases de combustão durante todo o processo.
- Otimizado com macro e microconstituintes pelo sistema de gelatinização controlada (patente do Labgrãos, em andamento), respeitando critérios em que os ganhos nutricionais e nutracêuticos são máximos.
- Obtido pelo uso do vapor limpo, em todo o processo, sem contato com gases da combustão.
- Com aspectos de higiene, em todo o ciclo do produto, que atendam critérios da produção de indústria de alimentos.
- Usando, como única fonte de energia, a casca gerada no ambiente do engenho.
- Conduzido, especialmente durante a passagem por silos e armazéns, de modo a evitar a geração de defeitos metabólicos.

Enfim, atendendo a esses e a todos os demais critérios pertinentes à segurança alimentar nutricional sustentável.

Segundo Amato, coautor deste capítulo, se somos o que comemos mas não sabemos o que comemos, não sabemos quem somos.

REFERÊNCIAS

AMATO, G. W. **Arroz de A a Z:** termos técnicos do arroz. Porto Alegre: Irga, 2017.

AMATO, G. W. Arroz en el programa mundial de alimentación de las Naciones Unidas. *In:* VASCONCELLOS, C. A. Z. *et al.* (org.). **Blucher Proceedings**: Cuba e Brasil no Século XXI (CBS21). São Paulo: Blucher, 2015. p. 81-100. Disponível em: http://pdf.blucher.com.br.s3-sa-east-1.amazonaws.com/educationproceedings/cbs21/009.pdf. Acesso em: 12 jun. 2020.

AMATO, G. W. **Arroz no programa mundial de alimentação das Nações Unidas.** Porto Alegre: Irga, 2017.

AMATO, G. W. Parboilização do arroz no Brasil: fragmentos da história. *In:* ELIAS, M. C.; OLIVEIRA, M.; VANIER, N. L. (org.). **Qualidade de arroz da pós-colheita ao consumo**. Pelotas: Editora Universitária da UFPel, 2012. p. 221-249.

AMATO, G. W. Utilization of rice husk as an alternative source of energy. *In:* INTERNATIONAL SYMPOSIUM ON GRAIN CONSEVATION, 1993, Canela. **Anais...** Canela: [*s. n.*], 1993.

AMATO, G. W.; CARVALHO, J. L. V.; SILVEIRA FILHO, S. **Arroz parboilizado:** tecnologia limpa, produto nobre. Porto Alegre: Ricardo Lenz, 2002.

AMATO, G. W.; CECHETTO, G. R.; AZEVEDO, A. **Alterações dimensionais em grãos de arroz parboilizado por autoclave e por micro-ondas.** Pelotas: Editora Universitária da UFPel, 1994. (Publicação interna).

AMATO, G. W.; ELIAS, M. C. **A parboilização do arroz.** Porto Alegre: Ricardo Lenz, 2005.

AMATO, G. W.; SILVEIRA FILHO, S. **Parboilização do arroz no Brasil.** Porto Alegre: CienTec, 1991.

BRASIL. Ministério da Agricultura, Pecuária e Abastecimento. Secretaria de Defesa Agropecuária. Portaria n. 269, de 12 de dezembro de 2019. [Altera a Portaria n. 269, de 1988, item 4.3.1]. **Diário Oficial da União:** seção 1, Brasília, DF, n. 243, p. 100, 17 dez. 2019.

EC. **EC 1785/2003:** On the common organisation of the market in rice. European Council Regulation. 29 Sep. 2003. Disponível em: http://eur-lex.europa.eu/LexUriServ/site/en/consleg/2003/R/02003R1785-20060701-en.pdf. Acesso em: 23 mar. 2021.

EUR-LEX. **Commission Regulation (EC) No 972/2006 of 29 June 2006 laying down special rules for imports of Basmati rice and a transitional control system for determining their origin.** Luxembourg, 2006.

EUROSTAT Database. Handbook for annual crop statistics. **Crop statistics working group**. Brussels, Belgium: European Commission, 2019.

FAO. **Codex alimentarius:** international food standards. WHO, [s.d.].

MAGALHÃES, A. M. (org.). **Sabores e saberes do arroz**: uma oportunidade para a alimentação escolar. Porto Alegre: Irga, 2008.

OLI, P. *et al.* Parboiled rice: understanding from a materials science approach. **Journal of Food Engineering,** v. 124, p. 173-183, 2014. Disponível em: https://doi.org/10.1016/j.jfoodeng.2013.09.010. Acesso em: 12 jun. 2020.

PARAGINSKI, R. T. *et al.* Starch and flour from defective rice kernels and their physicochemical properties. **Starch**, v. 66, n. 7-8, p. 729-737, 2014. Disponível em: https://onlinelibrary.wiley.com/doi/abs/10.1002/star.201300291. Acesso em: 12 jun. 2020.

ROCKEMBACH, C. T. *et al.* Morphological and physicochemical properties of rice grains submitted to rapid parboiling by microwave irradiation. **LWT - Food Science and Technology**, v. 103, p. 44-52, 2019. Disponível em: https://doi.org/10.1016/j.lwt.2018.12.036. Acesso em: 12 jun. 2020.

SUAREZ, G. Soixante années d'histoire française: **Clemenceau,** t. I et II, Paris, 1932.

CAPÍTULO 2
BENEFICIAMENTO DE ARROZ NATURAL BRANCO (POLIDO) E INTEGRAL

Maurício de Oliveira
Cristiano Dietrich Ferreira
Moacir Cardoso Elias
Gilberto Wageck Amato

O arroz é um cereal consumido em praticamente todo o mundo e faz parte da dieta base de mais da metade da população mundial. É considerado fonte de carboidratos, fornecendo energia pela alimentação. O arroz da forma como consumimos é obtido após várias operações de beneficiamento, que é discutido neste e nos capítulos a seguir. Os grãos são colhidos ainda em casca, após a maturidade fisiológica, geralmente ainda úmidos, ou seja, com grau de umidade acima da recomendada para o armazenamento seguro; depois são trilhados, secos até a umidade de equilíbrio e armazenados até seu processamento.

Os aspectos nutricionais e as características de consumo dos grãos de arroz dependem de diversos fatores, como genótipo, condições ambientais, manejo agronômico de cultivo e, principalmente, a forma como são processados. A forma de processamento mais simples e na qual os grãos se apresentam mais ricos nutricionalmente é a do arroz integral, que, devido ao maior tempo necessário para o preparo, textura mais firme, coloração mais escura e sabor mais intenso tem menor preferência que os grãos polidos brancos e parboilizados, embora seja nutricionalmente superior.

O beneficiamento para a obtenção de grãos pelo processo natural (não parboilizado) polido necessita de operações adicionais ao descascamento e à seleção, como o polimento. Quanto à estabilidade de armazenamento, os grãos polidos são mais estáveis que os integrais, fator que se deve em especial ao maior teor lipídico e atividade enzimática. A qualidade de grãos de arroz afeta o valor do produto e sua aceitação pelo consumidor. Atributos como aparência física, propriedades sensoriais, culinárias e nutricionais caracterizam o produto e direcionam as escolhas, mas que podem ser alterados pela forma de processamento.

Desse modo, este capítulo apresenta e discute as formas de beneficiamento de arroz integral e polido e seus efeitos nas propriedades químicas e tecnológicas.

2.1 ESTRUTURA E COMPOSIÇÃO DOS GRÃOS DE ARROZ

Para a obtenção de arroz integral e polido por um beneficiamento eficaz, é essencial o conhecimento da estrutura fisiológica de um grão de arroz. Embora existam diversas espécies de arroz do gênero *Oryza*, como *Oryza sativa*, *O. glaberrima*, *O. barthii*, *O. glumaepatula*, *O. longistaminata*, *O. meridionalis*, *O. nivara* e *O. rufipogon*, este capítulo dá ênfase ao *Oryza sativa*, que é o de maior relevância e consumo no mundo.

O arroz com casca contém, em média, de 6,7% a 8,3% de proteínas, de 2,1% a 2,7% de lipídios, de 3,4% a 6% de cinzas e de 70,5% a 84,2% de carboidratos. O farelo obtido pelo polimento do arroz integral é constituído de 13% a 14,5% de lipídios, de 6,1% a 8,5% de cinzas e de 48,3% a 55,4% de carboidratos (Lamberts *et al.*, 2008).

A estrutura externa de um grão de arroz (Figura 2.1) é formada pela casca: conjunto de folhas modificadas denominado pálea e grande lema, que constitui uma parte siliciosa e fibrosa não comestível e cuja principal função é a proteção da cariopse contra o ataque de insetos, fungos e ácaros e contra umidade e oxigênio atmosférico, ou seja, fatores extrínsecos prejudiciais às características e qualidade dos grãos.

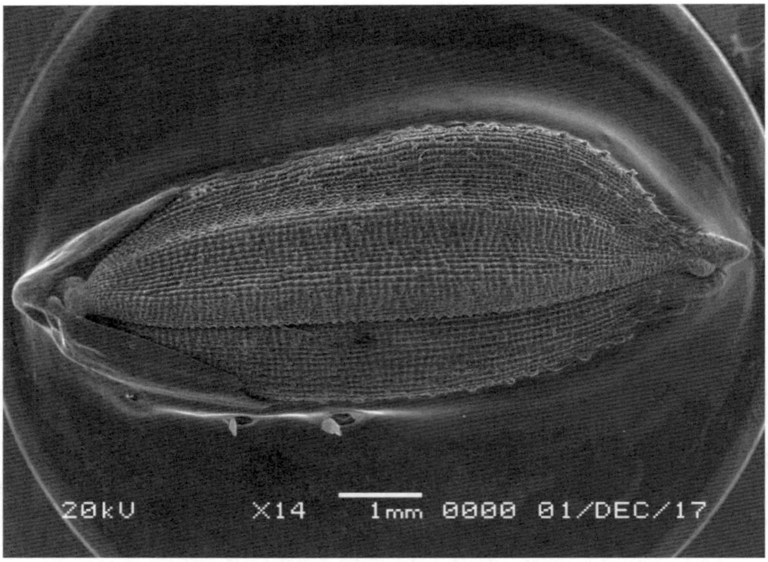

Figura 2.1 – Detalhe de um grão de arroz em casca natural (não parboilizado) criofraturado, visto em microscópio eletrônico JEOL JSM 6360 LVSEM. Crédito: cortesia de Hannah Walpole, da Rothamsted Research (Reino Unido).

Alguns genótipos são dotados de uma arista na ponta da lema. Essa parte que representa em média 23% de um grão (ABAIDE *et al.*, 2019) pode variar, com relação a seu percentual, de 17% a 28% entre diferentes cultivares e/ou origens. A coloração e a tonalidade da casca podem variar com a condição de cultivo e com a região. A casca é composta majoritariamente de celulose (de 37% a 40%), hemicelulose (de 18% a 24%), lignina (de 12% a 22%) e outros componentes (de 17% a 33%) (CASTRO *et al.*, 2016; ABAIDE *et al.*, 2019). O assunto é tema do Capítulo 4 deste livro.

A porção principal comestível do arroz é o endosperma. Representando de 89% a 93% da cariopse, o endosperma (Figuras 2.2 e 2.3) e o principal componente do arroz branco polido, sendo formado por grânulos de amido, algumas proteínas e outros constituintes. De modo botânico e composicional, diferentes camadas estão presentes como cobertura externa ao endosperma. A primeira camada (Figura 2.2), que tem em cultivares não pigmentados cerca de 10 mm de espessura, é denominada pericarpo e composta de epicarpo, células cruzadas e cutícula. Ao lado do pericarpo está a testa, também chamada de revestimento do grão, seguida de camadas de nucelar e aleurona.

A aparência (coloração, dimensões, entre outros) e a qualidade (rendimento de inteiros, quebrados, valor nutricional, entre outros) de um grão de arroz podem ser influenciadas por fatores genéticos e ambientais, mas suas estruturas interna e externa se mantêm similar.

A camada de aleurona (AL; Figura 2.2) está fortemente ligada ao endosperma (EN; Figura 2.2). Além dessas camadas, o embrião é anexado a uma extremidade do endosperma. Essa camada, que compõe majoritariamente o farelo, cobre o endosperma e tem a finalidade de proteger as camadas internas das agressões externas (calor, água, oxigênio e outras) – esse é o tema do Capítulo 5 deste livro. Essas camadas podem, portanto, conter metabólitos especializados e biologicamente ativos, com destaque para tocoferóis, gama-orizanol, tocotrienóis e compostos fenólicos (GOFFMAN; BERGMAN, 2004). Tanto a casca como o farelo de arroz contêm compostos fenólicos bioativos, como ácido p-hidroxibenzônico, ácido ferúlico e outros ácidos hidroxicinâmicos (DING *et al.*, 2019). Ocorre uma variação bastante significativa da espessura da camada de aleurona entre diferentes genótipos de arroz, que pode ser agrupada em diversos números de camadas (de 1 a 5).

O arroz japônica, em média, tem mais células de aleurona que o arroz índica. Diferenças superiores a três vezes na área de aleurona, variando de 2,3% a 7,5% entre 321 variedades de arroz, foram relatadas por Khin *et al.* (2013), que lançaram mão de coloração lipídica de uma seção transversal de um grão para representar a área de aleurona, demonstrando onde grande parte da fração lipídica é armazenada.

Entre as distintas colorações do pericarpo encontradas, estudos mostram que o arroz com pericardo branco (pardo) tem menor percentual de farelo (3,57%) quando comparado ao arroz vermelho (10,13%) e ao arroz de farelo roxo (13,19%) (CHEN; MCCLUNG, 2019). Afora grãos de arroz com pericarpo claro (denominados arroz marrom, pardo ou branco) (Figura 2.5), que é o mais conhecido e consumido, os grãos da espécie *Oryza sativa L.* podem apresentar diferentes cores de pericarpo. É o caso dos grãos com pericarpo preto e dos com pericarpo vermelho.

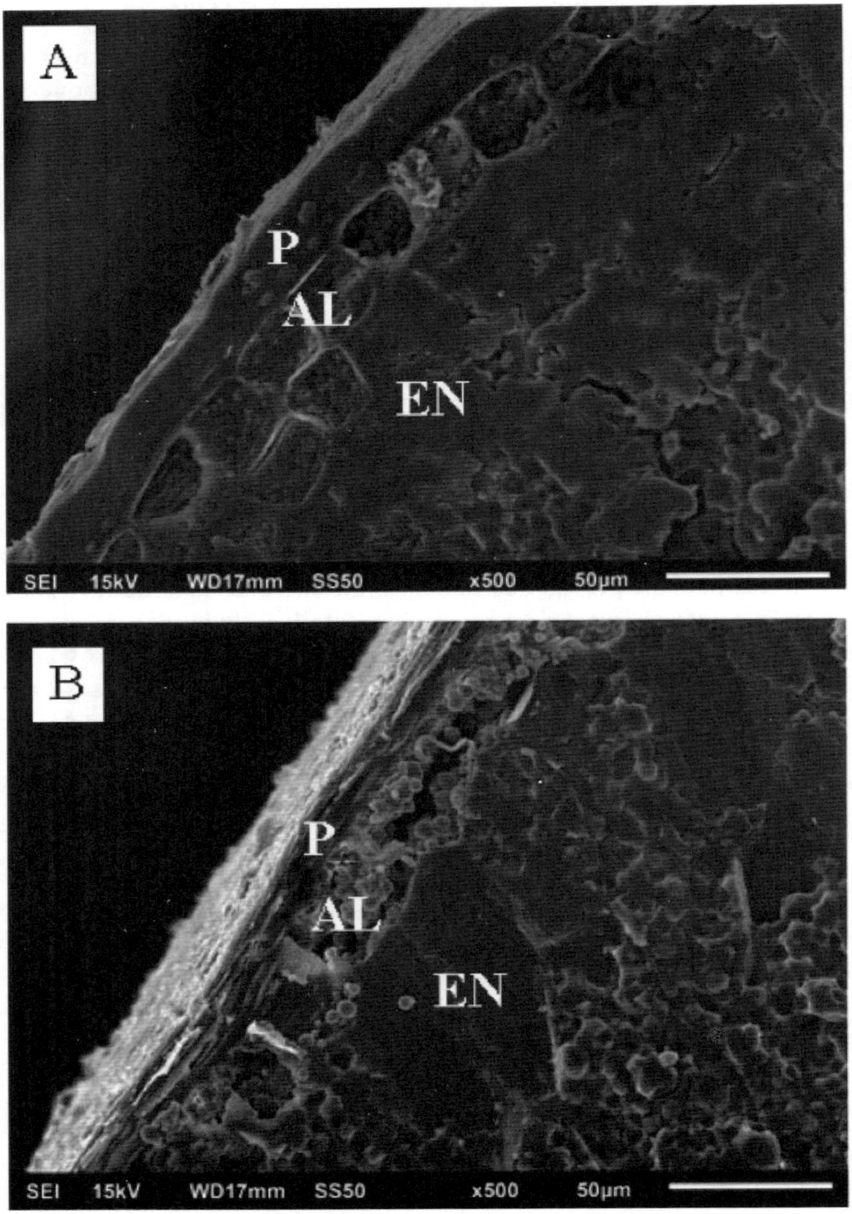

Figura 2.2 – Seção transversal de grãos de arroz preto (A) e vermelho (B), observados por microscópico eletrônico de varredura. P, AL e EN indicam, respectivamente, as camadas do pericarpo, camada de aleurona e região do endosperma. Crédito: Gabriela H. Alves e Maurício de Oliveira, do Labgrãos-UFPel.

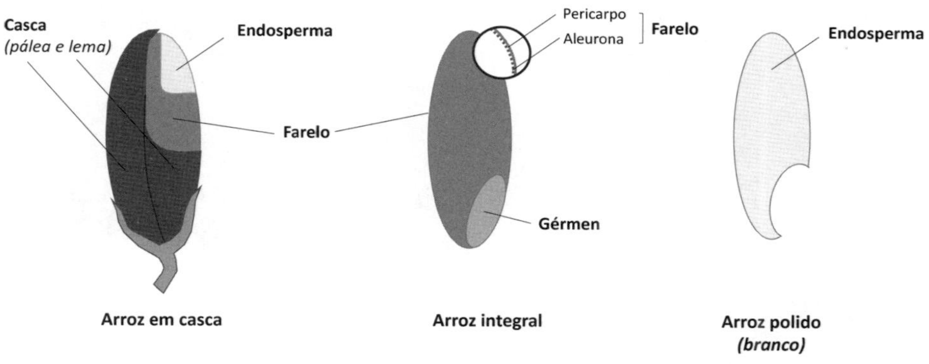

Figura 2.3 – Estrutura morfológica de um grão de arroz em casca, integral e polido.

Além do gênero *Oryza*, o mais comum, existe o chamado arroz selvagem, que não deve ser confundido, pois se trata de outra *poaceae* denominada botanicamente de *Zizania sp.*

Proteínas, lipídios e minerais são acumulados, majoritariamente, na camada de aleurona, enquanto amido e pequenas quantidades de proteínas armazenadas são localizadas principalmente no endosperma (XIONG *et al.*, 2019), que é a camada predominante de um grão de arroz, composto majoritariamente de amido e proteínas. Das proteínas presentes em cariopses de arroz, de 20% a 30% pertencem a glutelinas e prolaminas, respectivamente.

O amido caracteriza-se por ser o principal carboidrato de reserva presente nos vegetais, sendo formado por duas macromoléculas: a amilose e a amilopectina. A amilose é uma molécula linear, composta de unidades de glicose unidas por ligações glicosídicas α-1,4 (Figura 2.4A), com um pequeno número de ramificações, enquanto a amilopectina é composta de unidades de glicose unidas por ligações glicosídicas α-1,4 e α-1,6 (Figura 2.4B), formando uma estrutura ramificada (ZAVAREZE; DIAS, 2011).

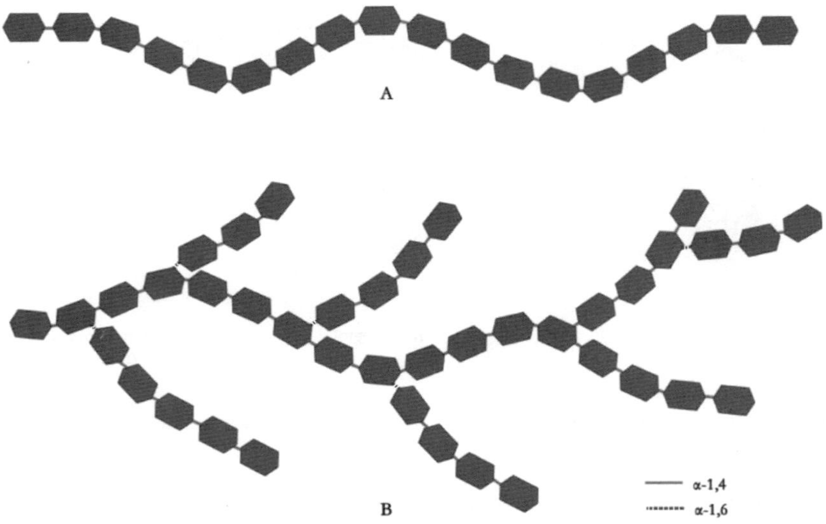

Figura 2.4 – Estrutura da amilose (A) e da amilopectina (B).

Nos grãos, o amido se encontra na forma de grânulos, os quais têm formato e tamanho variáveis, de acordo com a origem botânica. Os grânulos de amido de arroz (Figura 2.5) apresentam formato poliédrico e diâmetro de até 150 μm, sendo os menores entre os cereais (AMAGLIANI *et al.*, 2019). A organização estrutural se dá na forma de anéis de crescimento, alternados por regiões amorfas e cristalinas, caracterizando a formação de um polímero semicristalino (DENARDIN; SILVA, 2009).

A composição e a estrutura do amido são fundamentais para o entendimento das variações apresentadas nas propriedades físico-químicas dos grãos (ZHU, 2018). O conteúdo de amilose de um cultivar ou de um grão é um fator importante que exerce influência nas propriedades térmicas e afeta diretamente o volume de expansão e a capacidade de absorção de água durante o cozimento, bem como a dureza do arroz cozido. De acordo com o teor de amilose aparente, o arroz é classificado em ceroso (0,8%-2%), baixa amilose (7%-20%), média amilose (20%-25%) e alta amilose (> 25%) (JULIANO, 1985). Em geral, menores teores de amilose aparente implicam maiores picos de viscosidade, menor retrogradação, maiores temperaturas de gelatinização e textura mais pegajosa (TAO *et al.*, 2019; BHAT; RIAR, 2016). Além disso, define seu potencial de parboilização, conforme abordaremos no Capítulo 3 deste livro.

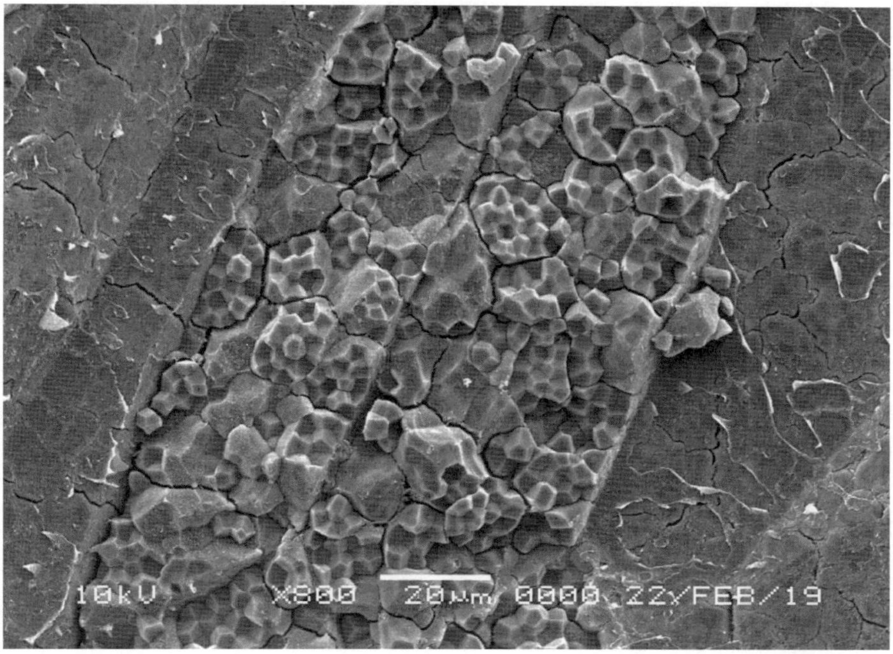

Figura 2.5 – Grânulos de amido, obtidos por escaneamento em microscópio eletrônico JEOL JSM 6360 LVSEM, do endosperma de um grão de arroz maduro. Crédito: cortesia de Hannah Walpole, da Rothamsted Research (Reino Unido).

Alguns estudos relatam textura variada do arroz, apesar de ter conteúdos semelhantes de amido (SHINDE *et al.*, 2014), o que demonstra que o que define as propriedades de textura é a proporção do componentes do amido (amilose e amilopectina). A proporção de longas cadeias (grau médio de polimerização, 92-98) foi positivamente correlacionada com a elasticidade do arroz, mas as cadeias curtas podem ter uma correlação negativa (ONG; BLANSHARD, 1995; LI *et al.*, 2016).

De forma geral, a proteína tem um efeito negativo na qualidade alimentar do arroz por conta do envolvimento dos grânulos de amido pela rede proteica e da absorção competitiva de água (ZHU *et al.*, 2019; AMAGLIANI *et al.*, 2017; LIKITWATTANASADE; HONGSPRABHAS, 2010). Quanto a suas propriedades funcionais, o amido de arroz é referido como de rápida digestão, embora fatores intrínsecos, como propriedades físico-químicas e interações entre amido-proteína e amido-lipídio, alterem a taxa de hidrólise (TOUTOUNJI *et al.*, 2019). Em geral, para serem consumidos, os grãos passam por processos de cocção ou tratamentos hidrotérmicos que provocam a gelatinização dos grânulos de amido, resultando em perda de cristalinidade e lixiviação de amilose.

Segundo Gomes e Magalhães Junior (2004), o arroz fornece 20% da energia e 15% da proteína necessárias ao ser humano e se destaca por sua fácil digestão. A forma de processamento mais consumida é classificada como arroz branco (polido) ou marrom-claro (parcialmente polido), dependendo da remoção ou não da camada de aleurona do grão. Em geral, pode-se considerar que o arroz marrom-claro integral é constituído de 6% a 7% de farelo, 90% de endosperma e de 2% a 3% de embrião, em massa (JIN *et al.*, 2007).

Figura 2.6 – Grãos de arroz com pericarpo vermelho submetidos a diferentes intensidades de polimento. Crédito: F. Paiva, do Labgrãos-UFPel.

Os cultivares de pericarpo pigmentado ou colorido, quando na forma de arroz integral, ao serem submetidos ao processo de polimento, ficam mais claros. Esse processo resulta na remoção parcial ou total das estruturas pigmentadas externas que recobrem o grão (Figura 2.6); em razão das propriedades bioativas, a operação de polimento desses genótipos não é recomendada. Entre as moléculas que atribuem cor ao pericarpo dos grãos de arroz estão as antocianinas, no caso do arroz preto, e as proantocianidinas, no caso do arroz vermelho (PAIVA *et al.*, 2014).

Com relação ao beneficiamento industrial sem processo adicional, o grão de arroz natural (não parboilizado) pode ser apresentado, primeiramente, em duas formas: arroz integral (Figura 2.7A), o qual é submetido apenas ao descascamento, ou polido, submetido à remoção do farelo (tegumento, pericarpo, germe e camada de aleurona, conforme Figura 2.7B; JULIANO, 1985).

Figura 2.7 – Grãos de arroz integral (A) e de arroz branco polido (B). Crédito: Gabriela H. Alves e Maurício de Oliveira, do Labgrãos-UFPel.

O descascamento dos grãos pelo processo industrial é efetuado em uma máquina de funcionamento relativamente simples, onde um sistema de rolos, que giram em sentido contrário, pressiona e rompe a casca dos grãos, produzindo casca e grãos "esbramados" (arroz integral). A casca geralmente é removida por sucção, enquanto o arroz esbramado deve sofrer uma seleção, com a finalidade de separar os grãos que continuam com casca. A separação dos "marinheiros" (assim denominados porque, ao serem colocados em água, tendem a emergir em razão do ar aprisionado entre a casca e a cariopse e retornam ao descascador tantas vezes quantas forem necessárias), em geral, é feita em separadores cujo princípio de funcionamento é a diferença de densidade, já que ela aumenta com o descascamento. Mundialmente, a produção de casca oriunda do processamento é estimada em 149 milhões de toneladas, sendo que aproximadamente 70% são destinados à queima como combustível (ABAIDE *et al.*, 2019).

2.2 BENEFICIAMENTO

Em razão das características próprias do arroz, os grãos não podem ser consumidos tal qual a natureza o produz. Isso faz com que a cadeia produtiva desse cereal tenha características próprias e muito diferentes daquelas de grãos de outras espécies, ou seja, para ser consumido o arroz deve ser necessariamente submetido ao beneficiamento.

As atividades na agroindústria de arroz, ao longo do tempo, têm sofrido substanciais modificações como em toda agroindústria de alimentos, para atender ao consumidor cada vez mais exigente e informado. Os maiores avanços se destacam na concepção e na aplicação de boas práticas de fabricação, análise de perigos e pontos críticos de controle, critérios na seleção e processamento da matéria-prima, rastreabilidade, armazenamento com precisão e diversificação de produção na busca de nichos de mercado e aumento de valor agregado. Esses fatores são importantes por se tratar de um sistema de gestão de segurança alimentar, o qual se baseia em controles de diversas etapas da produção de alimentos.

Para o beneficiamento de excelência e obtenção de produtos de alta qualidade, os grãos devem, de preferência, ser recebidos e mantidos separadamente por cultivar, característica e/ou qualidade até o beneficiamento industrial. Para melhor compreensão das etapas que apresentaremos a seguir sobre formas de processamento do arroz, é importante conhecer termos definidos no regulamento técnico do arroz, estabelecido pelo Ministério da Agricultura, Pecuária e Abastecimento (BRASIL, 2009), que é usado como referência e assim os define:

- **Arroz integral, descascado ou esbramado**: produto do qual somente a casca foi retirada.
- **Arroz polido:** produto de que, ao ser beneficiado, se retiram o germe, o pericarpo e a maior parte da camada interna (aleurona).
- **Arroz beneficiado**: produto maduro que foi submetido a algum processo de beneficiamento e se encontra desprovido, no mínimo, da sua casca.

Além disso, os grãos de arroz também podem ser classificados de acordo com as dimensões em classes:

- **Longo fino:** no mínimo, 80% do peso dos grãos inteiros com 6 mm ou mais de comprimento, espessura menor ou igual a 1,9 mm e relação comprimento-largura maior ou igual a 2,75 mm, após polimento.
- **Longo:** produto que contém, no mínimo, 80% do peso dos grãos inteiros com 6 mm ou mais de comprimento, após o polimento.
- **Médio:** produto que contém, no mínimo, 80% do peso dos grãos inteiros, medindo entre 5 mm e 6 mm de comprimento, após o polimento;
- **Curto:** produto que contém, no mínimo, 80% do peso dos grãos inteiros com menos de 5 mm de comprimento, após o polimento.
- **Misturado:** produto que não se enquadra em nenhuma das classes anteriores.

O valor nutricional do arroz é afetado por diversos fatores, como genótipo, condições de cultivo e ambiente, manejo da cultura, armazenamento e pós-colheita e o processo de polimento.

2.2.1 ARROZ INTEGRAL

O arroz integral é a forma de processamento industrialmente mais simples, porém a mais nobre sob o aspecto de valor nutricional, pois o processo para sua obtenção consiste basicamente em: descascamento, separação de quebrados e embalagem (Figura 2.8). Grãos submetidos a esse processamento simplificado, comparados aos processos apresentados a seguir, são chamados de arroz integral (ou arroz descascado ou, quando não selecionado, de arroz esbramado), que possui uma cobertura um tanto fibrosa e gordurosa denominada farelo, o que impede seu fácil cozimento em água.

O descascamento em nível industrial geralmente emprega três tipos de equipamentos: rolos de borracha, descascadores centrífugos e descascadores de disco. A forma de descascamento independe da forma de processamento empregada, seja para obtenção de arroz integral, seja para arroz branco, seja para arroz parboilizado.

No primeiro tipo de descascamento citado, por *rolos de borracha*, os grãos de arroz são direcionados entre dois rolos de borracha que giram em direções opostas e em velocidades diferentes, de forma que a força de cisalhamento seja aumentada, provocando a remoção a casca. É um dos processos mais utilizados no Brasil e no mundo para o descascamento e um dos métodos que apresenta o melhor desempenho industrial.

Os *descascadores centrífugos* fazem a remoção da casca pelo uso de força centrífuga. Por meio de um rotor rotativo, os grãos de arroz são submetidos à força centrífuga e lançados com grande força para o revestimento externo, que faz com que a pálea e a lema se separem.

O terceiro tipo é o *descascador de discos*, que consiste em um conjunto de dois discos abrasivos, em que um fica estático (parado) e o outro gira; o descasque ocorre entre os discos. Devido a suas características, pode ser ajustado para diferentes materiais e/ ou cultivares e/ou formatos.

Por preservar a constituição original do grão integral com a retirada apenas da casca pelo processo de descascamento, o arroz parboilizado integral possui concentrações mais elevadas de nutrientes, lipídios, proteínas, vitaminas, fibras dietéticas e minerais quando comparado com o arroz polido, o qual foi submetido ao processo de descascamento e polimento, sendo removidas as camadas mais externas do grão (CHEN *et al.*, 1998; LAMBERTS *et al.*, 2007; VICHAPONG *et al.*, 2010).

O arroz integral contém componentes nutricionais – como fibras alimentares, aminoácidos, minerais, proteínas, vitamina B e E, e outros nutrientes não essenciais, concentrados nas camadas germinativas e externas do endosperma amiláceo – que geralmente são removidos como farelo durante o polimento dos grãos (DAS *et al.*, 2008). Mesmo assim, tem menor preferência de consumo em razão de sua aparência escura, de seu sabor intenso e do maior tempo necessário para a cocção dos grãos, pois resistem mais à penetração de calor e protegem o grão do cozimento, o que leva à maior perda de energia durante o preparo. Além disso, a camada fibrosa do farelo confere textura dura e maior resistência à mastigação em grãos cozidos.

Os grãos de arroz integral, especialmente os genótipos com tegumento pigmentado como preto e vermelho (Figura 2.9), são fontes ricas em compostos fenólicos, enquanto uma quantidade menor de compostos fenólicos é encontrada no arroz integral não pigmentado e no arroz polido (OLIVEIRA, *et al.* 2020; PAIVA *et al.*, 2014; WALTER *et al.*, 2013). O arroz preto é importante fonte de antocianinas e ácidos fenólicos, ao passo que o arroz vermelho é fonte de ácidos fenólicos e proantocianidinas. De acordo com Zaupa *et al.* (2015) e Zhang *et al.* (2015), os principais ácidos fenólicos encontrados em ambos, arroz pigmentado e não pigmentado, são os ácidos protocatecoico, sinápico, vanílico, p-cumárico e ferúlico.

Para que conservem seu aspecto e mantenham seus efeitos benéficos à saúde, os grãos de arroz pigmentados em geral são comercializados e consumidos na forma integral, em que há basicamente o descascamento e a seleção dos grãos antes do empacotamento. O armazenamento desses grãos, principalmente após beneficiados e especialmente em condições de altas temperaturas (30 °C-40 °C), é prejudicial às propriedades físico-química, estruturais, texturométricas, viscoamilográficas e sensoriais de grãos de arroz integral (CHEN *et al.*, 2015). Além disso, provoca decréscimos no conteúdo de compostos fenólicos, flavonoides, proantocianidinas e na atividade antioxidante (ZIEGLER *et al.*, 2018).

Os grãos de arroz com pericarpo preto são consideráveis fontes de compostos fenólicos e antocianinas, reconhecidos por sua atividade antioxidante e pela redução dos efeitos do envelhecimento (MASISI *et al.*, 2016). O teor de ácidos fenólicos varia de 1,47 $mg.g^{-1}$ a 2,08 $mg.g^{-1}$, sendo os ácidos ferúlico, cafeico e vanílico os principais compostos encontrados em grãos com essa coloração (GOUFO; TRINDADE, 2014; SHAO *et al.*, 2014; ZHANG *et al.*, 2014). Das antocianinas, as mais encontradas são cianidina-3-O-glicosídeo e peonidina-3-O-glicosídeo, cujo conteúdo varia de 0,008 mg.g-1 a 7,84 $mg.g^{-1}$ (HOU *et al.*, 2013; LANG *et al.*, 2019).

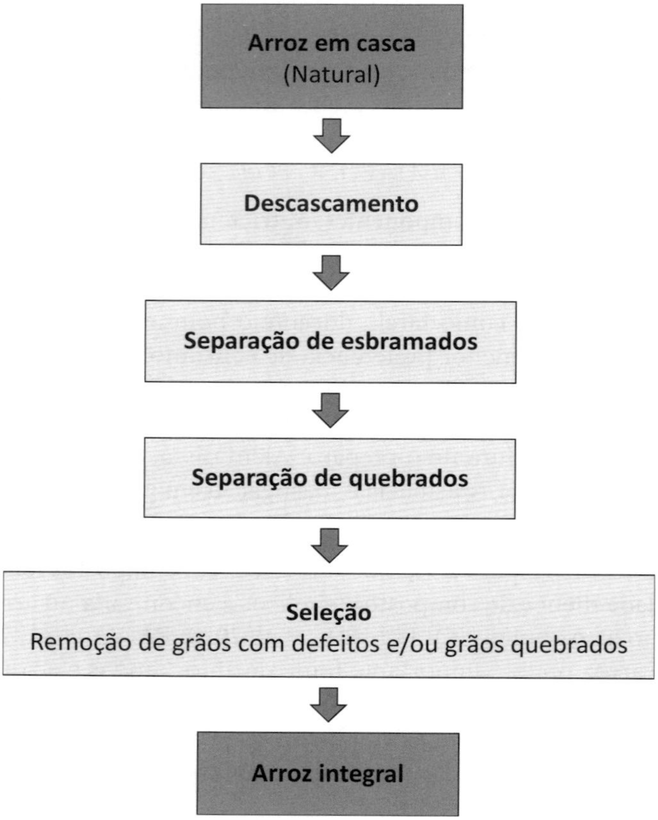

Figura 2.8 – Fluxograma do beneficiamento de arroz integral partindo do arroz na casca natural (não parboilizado).

Por conter maior teor lipídico (óleo), os grãos de arroz integrais estão mais susceptíveis a alterações químicas, como a oxidação lipídica durante o armazenamento. Quando o produto arroz é exposto a um ambiente externo desfavorável (como condições de alta temperatura típica de países de clima tropical), a atividade enzimática pode aumentar e acelerar a degradação lipídica, reduzindo a qualidade sensorial do arroz (ZHOU *et al.*, 2016). Algumas tecnologias, como *electron beam irradiation* (EBI), têm se mostrado eficazes para aumentar a vida útil do arroz armazenado, pois reduzem esses efeitos (LUO *et al.*, 2019).

a b

Figura 2.9 – Grãos de arroz integral preto (a) e vermelho (b). Crédito: G. H. Alves e M. Oliveira, do Labgrãos-UFPel.

2.2.2 ARROZ BRANCO

A forma de arroz branco (Figura 2.7B) é a mais consumida e preferida mundialmente, porém é aquela em que os grãos se apresentam mais pobres em termos nutricionais. Para a obtenção do arroz branco, os grãos precisam passar pelas etapas de polimento e seleção, de acordo com o processo apresentado de maneira resumida na Figura 2.10.

O processo de polimento é bastante drástico, em que a camada do farelo é removida e emprega-se abrasão e/ou fricção para a remoção da camada do farelo. No tipo abrasivo, o farelo é removido por contato contra uma superfície rugosa, enquanto na fricção a remoção ocorre esfregando um grão de arroz contra o outro enquanto são submetidos a uma ligeira pressão.

Nesse processo, geralmente é removido de 7% a 12% da camada externa dos grãos e o germe; esse percentual pode ser chamado de grau de polimento. Tal operação, quando realizada em excesso, pode provocar redução do rendimento de grãos inteiros (tanto do volume removido como da quebra dos grãos) em razão do prolongado tempo de fricção e do excesso de farelo gerado; quando o polimento é insuficiente, os grãos apresentam tonalidade mais escura, em razão da maior presença da camada de farelo e aleurona, e têm maior tempo de cocção. Em alguns países, os grãos comercializados como arroz integral são submetidos a um grau de polimento leve (> 2%). No Brasil, essas operações levam, informalmente, o nome de embelezamento.

Alternativamente aos processos de polimento por abrasão e fricção, que são usuais, tem sido proposto método de polimento enzimático conforme Das *et al.* (2008), utilizando enzimas xilanases e/ou celulases por 2 horas a 50 °C. As enzimas atuam sobre os polissacarídeos não amiláceos das camadas de farelo, liberando seus constituintes de açúcar monomérico.

Em virtude da remoção do pericarpo dos grãos, camada em que está concentrada a maioria dos pigmentos, os grãos de arroz polido apresentam coloração e tonalidade mais clara (Figura 2.7B), e esse é um dos motivos pelos quais o arroz polido recebe também o nome de arroz branco. Tonalidade que está associada à sua maior aceitabilidade pelos consumidores.

Amido e proteína são os dois principais componentes do arroz polido. Suas propriedades físico-químicas são de grande importância para a qualidade do arroz cozido (CONCEPCION *et al.*, 2015). Para o amido, o teor de amilose entre 15 $g.100g^{-1}$ e 20 $g.100g^{-1}$ tende a ter viscoelasticidade mais desejável do que o arroz que contém um teor de amilose superior (muito duro) ou inferior (muito mole) (FUKUDA *et al.*, 2014).

A última etapa antes do empacotamento é a seleção, que utiliza conjuntos de peneiras planas e cilíndricas para a separação por tamanho e formato, enquanto a separação por cor e/ou defeitos é realizada por seleção eletrônica que utiliza células fotoelétricas e jatos de ar (PARAGINSKI *et al.*, 2014), reduzindo o rendimento de grãos sem defeitos. Além de reduzirem quantitativamente a massa selecionada de grãos, os defeitos reduzem o rendimento quando são utilizados com outros fins, como extração de amido.

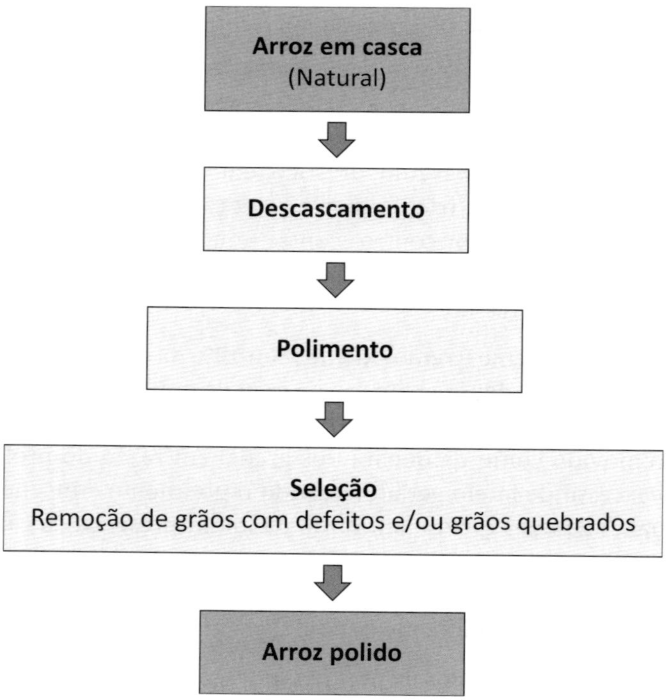

Figura 2.10 – Fluxograma de processamento do arroz branco (polido) partindo do arroz em casca.

Os grãos de arroz polidos, em razão da remoção da camada de farelo, que dificulta a absorção de água durante o processo de cocção dos grãos, apresentam tempo de cocção menor e maior susceptibilidade a lixiviação de compostos por conta da água usada no processo de cozimento, maior maciez e menor soltabilidade após a cocção.

Embora os grãos de arroz branco polido possuam a maior preferência de consumo, à medida que ocorre a remoção das camadas de farelos e aleurona, alguns compostos bioativos são perdidos.

O teor de ácido fólico diminui com o grau de polimento. De acordo com Monks *et al.* (2013), o arroz integral (não polido) contém 188 miligramas de ácido fólico em cada 100 gramas de grãos; com a remoção de 8% da camada externa, há uma queda significativa de 72,23% no teor de ácido fólico e, quando o grau de polimento avança para 10% de remoção, o teor de ácido fólico dos grãos é 44,44% menor que os submetidos a um grau de polimento de 8% de moagem. A diferença entre o arroz integral e aquele com 8% de polimento é de 135,8 miligramas de ácido fólico em 100 gramas de arroz. Tal diferença é maior que a ingestão adicional recomendada pela Organização Mundial de Saúde (OMS) para mulheres lactantes, em comparação com adultos e/ou para gestantes (100 mg ácido fólico ao dia).

Conforme abordamos neste capítulo, o processo industrial para obtenção de arroz natural não parboilizado é bastante simplificado, embora tenha grandes impactos sobre os aspectos de consumo (tempo de cocção, textura, cor, entre outros) e valor nutricional.

REFERÊNCIAS

ABAIDE, E. R. *et al.* Reasons for processing of rice coproducts: reality and expectations. **Biomass and Bioenergy**, v. 120, p. 240-256, 2019. Disponível em: https://doi.org/10.1016/j.biombioe.2018.11.032. Acesso em: 12 jun. 2020.

AMAGLIANI, L. *et al.* Chemistry, structure, functionality and applications of rice starch. **Journal Cereal Science**, v. 70, p. 291-300, 2016. Disponível em: https://doi.org/10.1016/j.jcs.2016.06.014. Acesso em: 12 jun. 2020.

AMAGLIANI, L. *et al.* The composition, extraction, functionality and applications of rice proteins: A review. **Trends in Food Science & Technology**, v. 64, p. 1-12, 2017.

AMAGLIANI, L. *et al.* Characterisation of the physicochemical properties of intact and hydrolysed rice protein ingredients. **Journal of Cereal Science**, v. 88, p. 16-23, 2019.

BHAT, F. M.; RIAR, C. S. Effect of amylose, particle size & morphology on the functionality of starches of traditional rice cultivars. **International Journal of Biological Macromolecules**, v. 92, p. 637-644, 2016.

BHATTACHARYA, K. R.; SOWBHAGYA, C. M. Water uptake by rice during cooking. **Cereal Science Today**, v. 16, p. 420-424, 1971. Disponível em: http://ir.cftri.com/7243. Acesso em: 12 jun. 2020.

BRASIL. Ministério da Agricultura, Pecuária e Abastecimento. Instrução Normativa n. 6, de 16 de fevereiro de 2009. Aprova o Regulamento Técnico do Arroz, definindo o seu padrão oficial de classificação, com os requisitos de identidade e qualidade, a amostragem, o modo de apresentação e a marcação ou rotulagem. **Diário Oficial [da] República Federativa do Brasil**, Brasília, DF, 2009.

BUGGENHOUT, J. *et al.* Milling breakage susceptibility and mechanical properties of parboiled brown rice kernels. **LWT – Food Science and Technology**, v. 59, n. 1, p. 369-375, 2014. Disponível em: https://doi.org/10.1016/j.lwt.2014.05.001. Acesso em: 12 jun. 2020.

CASTRO, R. C. A. *et al.* Alkaline deacetylation as a strategy to improve sugars recovery and ethanol production from rice straw hemicelluloses and cellulose. **Industrial Crops Products**, v. 106, p. 65-73, 2016. Disponível em: https://doi.org/10.1016/j.indcrop.2016.08.053. Acesso em: 12 jun. 2020.

CHEN, M.-H.; MCCLUNG, A. M. Genotypic diversity of bran weight of whole grain rice and its relationship with grain physical traits. **Cereal Chemistry**, v. 96, n. 2, p. 252-262, 2019. Disponível em: https://doi.org/10.1002/cche.10117. Acesso em: 12 jun. 2020.

CHEN, H.; SIEBENMORGEN, T. J.; GRIFFIN, K. Quality characteristics of long-grain rice milled in two commercial systems. **Cereal Chemistry**, v. 75, n. 4, p. 560-565, 1998.

CHEN, Y. *et al.* Changes in physicochemical, structural, and sensory properties of irradiated brown Japonica rice during storage. **Journal Agricultural and Food Chemistry**, v. 63, n. 17, p. 4361-4369, 2015. Disponível em: https://doi.org/10.1021/jf5047514. Acesso em: 12 jun. 2020.

CONCEPCION, J. C. T. *et al.* The need for new tools and investment to improve the accuracy of selecting for grain quality in rice. **Field Crops Research**, v. 182, p. 60-67, 2015.

DAS, M. *et al.* Enzymatic polishing of rice – A new processing technology. **LWT – Food Science and Technology**. v. 41, n. 10, p. 2079-2084, 2008. Disponível em: https://doi.org/10.1016/j.lwt.2008.02.007. Acesso em: 12 jun. 2020.

DENARDIN, C. C.; SILVA, L. P. da. Estrutura dos grânulos de amido e sua relação com propriedades físico-químicas. **Ciência Rural**, v. 39, n. 3, p. 945-954, 2009.

DENARDIN, C. C. *et al.* Mineral composition of brown, parboiling and white rice cultivars. **Alimentos e Nutrição**. v. 15, n. 2, p. 125-130, 2004. Disponível em: https://pdfs.semanticscholar.org/f8ed/8b90b896d42b023c851b1357028936e57280.pdf. Acesso em: 12 jun. 2020.

DING, C. *et al.* Distribution and quantitative analysis of phenolic compounds in fractions of *Japonica* and *Indica* rice. **Food Chemistry**, v. 274, p. 384-391, 2019. Disponível em: https://www.sciencedirect.com/science/article/abs/pii/S0308814618315772. Acesso em: 12 jun. 2020.

FOOD AND AGRICULTURE ORGANIZATION OF THE UNITED NATIONS (FAO). **Codex standard for rice (CODEX STAN 198:1995)**. [*S. l.*]: [*s. n.*], 1995.

FUKUDA, T.; TAKEDA, T.; YOSHIDA, S. Comparison of volatiles in cooked rice with various amylose contents. **Food Science and Technology Research**, v. 20, n. 6, p. 1251-1259, 2014.

GÖEBEL, J. T. S. *et al.* Microstructure of indica and japonica rice influences their starch digestibility: a study using a human digestion simulator. **Food Hydrocolloids**, v. 94, p. 191-198, 2019. Disponível em: https://doi.org/10.1016/j.foodhyd.2019.02.038. Acesso em: 12 jun. 2020.

GOFFMAN, F. D.; BERGMAN, C. J. Rice kernel phenolic content and its relationship with antiradical efficiency. **Journal of the Science of Food and Agriculture**, v. 84, n. 10, p. 1235-1240, 2004.

GOMES, A. S.; MAGALHÃES JUNIOR, A. M. **Arroz irrigado no Sul do Brasil**. Brasília: Embrapa Informação, 2004.

GOUFO, P.; TRINDADE, H. Rice antioxidants: phenolic acids, flavonoids, anthocyanins, proanthocyanidins, tocopherols, tocotrienols, γ-oryzanol, and phytic acid. **Food Science & Nutrition**, v. 2, n. 2, p. 75-104, 2014.

HANASHIRO, I.; ABE, J.; HIZUKURI, S. A periodic distribution of the chain length of amylopectin as revealed by high-performance anion-exchange chromatography. **Carbohydrate Research**, v. 283, p. 151-159, 1996. Disponível em: https://doi.org/10.1016/0008-6215(95)00408-4. Acesso em: 12 jun. 2020.

HEINEMANN, R. J. B. *et al.* Comparative study of nutrient composition of commercial brown, parboiled and milled rice from Brazil. **Journal Food Composition and Analysis**, v. 18, n. 4, p. 287-296, 2005. Disponível em: https://doi.org/10.1016/j.jfca.2004.07.005. Acesso em: 12 jun. 2020.

HOU, Z. *et al.* Identification of anthocyanins isolated from black rice *(Oryza sativa L.)* and their degradation kinetics. **Food Research International**, v. 50, n. 2, p. 691-697, 2013.

JIN, Shengying; CHEN, Hongzhang. Near-infrared analysis of the chemical composition of rice straw. **Industrial Crops and Products**, v. 26, n. 2, p. 207-211, 2007.

JULIANO, B. O. *et al.* Some Physicochemical properties of rice in Southeast Asia. **Cereal Chemistry**, v. 41, p. 275-286, 1964.

JULIANO, B. O. Rice properties and processing. **Food Reviews International**, v. 1, n. 3, p. 423-445, 1985.

KHIN, O. M. *et al.* Close association between aleurone traits and lipid contents of rice grains observed in widely different genetic resources of Oryza sativa. **Plant Production Science**, v. 16, n. 1, p. 41-49, 2013.

LAMBERTS, L. *et al.* Effect of processing conditions on color change of brown and milled parboiled rice. **Cereal Chemistry**, v. 83, n. 1, p. 80-85, 2006. Disponível em: http://dx.doi.org/10.1094/CC-83-0080. Acesso em: 12 jun. 2020.

LAMBERTS, L. *et al.* Effect of milling on colour and nutritional properties of rice. **Food Chemistry**, v. 100, n. 4, p. 1496-1503, 2007.

LAMBERTS, L. *et al.* Impact of parboiling conditions on Maillard precursors and indicators in long-grain rice cultivars. **Food Chemistry,** v. 110, n. 4, p. 916-922, 2008. Disponível em: https://doi.org/10.1016/j.foodchem.2008.02.080. Acesso em: 12 jun. 2020.

LANG, G. H. *et al.* Effects of drying temperature and long-term storage conditions on black rice phenolic compounds. **Food Chemistry,** v. 287, p. 197-204, 2019. Disponível em: https://doi.org/10.1016/j.foodchem.2019.02.028. Acesso em: 12 jun. 2020.

LEETHANAPANICH, K.; MAUROMOUSTAKOS, A.; WANG, Y. J. Impacts of parboiling conditions on quality characteristics of parboiled commingled rice. **Journal Cereal Science**, v. 69, p. 283-289, 2016. Disponível em: https://doi.org/10.1016/j.jcs.2016.04.003. Acesso em: 12 jun. 2020.

LI, J. *et al.* Generation of targeted point mutations in rice by a modified CRISPR/Cas9 system. **Molecular Plant**, v. 10, n. 3, p. 526-529, 2016.

LIKITWATTANASADE, T.; HONGSPRABHAS, P. Effect of storage proteins on pasting properties and microstructure of Thai rice. **Food Research International**, v. 43, n. 5, p. 1402-1409, 2010.

LUO, X. *et al.* Effects of electron beam irradiation on storability of brown and milled rice. **Journal of Stored Products Research**, v. 81, p. 22-30, 2019.

MARTIN, M.; FITZGERALD, M. A. Proteins in rice grains influence cooking properties! **Journal Cereal Science**, v. 36, n. 3, p. 285-294, 2002. Disponível em: https://www.sciencedirect.com/science/article/abs/pii/S0733521001904655. Acesso em: 12 jun. 2020.

MASISI, K.; BETA, T.; MOGHADASIAN, M. H. Antioxidant properties of diverse cereal grains: A review on in vitro and in vivo studies. **Food Chemistry**, v. 196, p. 90--97, 2016.

MONKS, J. L. F. *et al.* Effects of milling on proximate composition, folic acid, fatty acids and technological properties of rice. **Journal Food Composition and Analysis**, v. 30, n. 2, p. 73-79, 2013. Disponível em: https://doi.org/10.1016/j.jfca.2013.01.009. Acesso em: 12 jun. 2020.

OLIVEIRA, M. *et al.* Brown, White and Parboiled Rice. In: **The Future of Rice Demand**: Quality Beyond Productivity. Cham: Springer, 2020. p. 25-45.

ONG, M. H.; BLANSHARD, J. M. V. Texture determinants in cooked, parboiled rice. I: Rice starch amylose and the fine stucture of amylopectin. **Journal of Cereal Science**, v. 21, n. 3, p. 251-260, 1995.

PAIVA, F. F. *et al.* Physicochemical and nutritional properties of pigmented rice subjected to different degrees of milling. **Journal of Food Composition and Analysis**, v. 35, n. 1, p. 10-17, 2014.

PARAGINSKI, R. T. *et al.* Starch and flour from defective rice kernels and their physicochemical properties. **Starch**, v. 66, n. 7-8, p. 729-737, 2014. Disponível em: https://onlinelibrary.wiley.com/doi/abs/10.1002/star.201300291. Acesso em: 12 jun. 2020.

SHAO, Y. *et al.* Identification and quantification of phenolic acids and anthocyanins as antioxidants in bran, embryo and endosperm of white, red and black rice kernels (Oryza sativa L.). **Journal of Cereal Science**, v. 59, n. 2, p. 211-218, 2014.

SHINDE, Y. H.; VIJAYADWHAJA, A.; PANDIT, A. B.; JOSHI, J. B. Kinetics of cooking of rice: a review. **Journal of Food Engineering**, 123, 113-129, 2014.

SHINDE, Y. H. *et al.* Kinetics of cooking of rice: a review. **Journal of Food Engineering**, v. 123, p. 113-129, 2014.

TAO, K. *et al.* High-amylose rice: Starch molecular structural features controlling cooked rice texture and preference. **Carbohydrate Polymers**, v. 219, p. 251-260, 2019.

TOUTOUNJI, Michelle R. *et al.* Intrinsic and extrinsic factors affecting rice starch digestibility. **Trends in Food Science & Technology**, v. 88, p. 10-22, 2019.

VICHAPONG, J. *et al.* High performance liquid chromatographic analysis of phenolic compounds and their antioxidant activities in rice varieties. **LWT-Food Science and Technology**, v. 43, n. 9, p. 1325-1330, 2010.

WALTER, M.; MARCHEZAN, E.; AVILA, L. A. D. Arroz: composição e características nutricionais. **Ciência Rural**, v. 38, n. 4, p. 1184-1192, 2008.

XIONG, Y. *et al.* NF-YC12 is a key multi-functional regulator of accumulation of seed storage substances in rice. **Journal of Experimental Botany**, v. 70, n. 15, p. 3765-3780, 2019. Disponível em: https://doi.org/10.1093/jxb/erz168. Acesso em: 12 jun. 2020.

YADAV, B. K.; JINDAL, V. K. Water uptake and solid loss during cooking of milled rice (*Oryza sativa* L.) in relation to its physicochemical properties. **Journal Food Engineering**, v. 80, n. 1, p. 46-54, 2007. Disponível em: https://doi:10.1016/j.jfoodeng.2006.05.011. Acesso em: 12 jun. 2020.

ZAUPA, M. *et al.* Characterization of total antioxidant capacity and (poly) phenolic compounds of differently pigmented rice varieties and their changes during domestic cooking. **Food Chemistry**, v. 187, p. 338-347, 2015.

ZAVAREZE, E. da R.; DIAS, A. R. G. Impact of heat-moisture treatment and annealing in starches: A review. **Carbohydrate Polymers**, v. 83, n. 2, p. 317-328, 2011.

ZHANG, H. *et al.* Phenolic compounds and antioxidant properties of breeding lines between the white and black rice. **Food Chemistry**, v. 172, p. 630-639, 2015.

ZHOU, Z. K. *et al.* Effect of ageing-induced changes in rice physicochemical properties on digestion behaviour following storage. **Journal Stored Products Research**, v. 67, p. 13-18, 2016. Disponível em: https://doi.org/10.1016/j.jspr.2016.01.004. Acesso em: 12 jun. 2020.

ZHU, C. Q. *et al.* Ammonium mitigates Cd toxicity in rice (Oryza sativa) via putrescine-dependent alterations of cell wall composition. **Plant Physiology and Biochemistry**, v. 132, p. 189-201, 2018.

ZHU, D. *et al.* The effects of field pre-harvest sprouting on the morphological structure and physicochemical properties of rice (Oryza sativa L.) starch. **Food Chemistry,** v. 278, p. 10-16, 2019.

ZIEGLER, V. *et al.* Cooking quality properties and free and bound phenolics content of brown, black, and red rice grains stored at different temperatures for six months. **Food Chemistry,** v. 242. p. 427-434, 2018. Disponível em: https://doi.org/10.1016/j.foodchem.2017.09.077. Acesso em: 12 jun. 2020.

ZOU, Y.; YANG, T. Rice husk, rice husk ash and their applications. *In*: CHEONG, L.; XU, X. **Rice bran and rice bran oil:** chemistry, processing and utilization. Londres: Academic Press/AOCS Press, 2019. p. 207-246.

CAPÍTULO 3
BENEFICIAMENTO DE ARROZ POR PARBOILIZAÇÃO: ARROZ POLIDO E INTEGRAL

Gilberto Wageck Amato
Maurício de Oliveira
Cristiano Dietrich Ferreira

A qualidade dos grãos de arroz influencia o valor comercial do produto, a aceitação pelos consumidores e a escolha e adoção de novos cultivares. Nesse sentido, o processo de parboilização apresenta-se como importante tecnologia para atender as exigências dos consumidores no cenário atual, principalmente em países como Paquistão, Bangladesh, Nigéria e Brasil, uma vez que promove melhorias nas propriedades nutricionais e tecnológicas do arroz, proporcionando a obtenção de grãos com maior teor de vitaminas, mais estáveis ao armazenamento e com menor percentual de grãos quebrados após descascamento e polimento.

Este capítulo apresenta e discute processos e operações de processamento para obtenção de grãos de arroz integral e polido parboilizados e seus efeitos nas propriedades químicas e tecnológicas.

Aproximadamente 130 milhões de toneladas de arroz com casca são parboilizados anualmente em todo o mundo, com cerca de 3-4 milhões de toneladas de arroz polido com alto valor agregado sendo comercializadas mundialmente (KWOFIE; NGADI, 2017). Dependendo da intensidade e do manejo de parboilização empregados, os grãos podem apresentar diferenças na qualidade física e química. Em geral, o uso de altas temperaturas e de alta pressão favorece a ocorrência de reações de escurecimento não enzimático do tipo Maillard, o que contribui para o escurecimento do arroz parboilizado (BHATTACHARYA; SUBBA RAO, 1996), que para uma pequena parcela de consumidores constitui aspecto positivo, porém, para a maioria, trata-se de fator negativo, que reduz sua aceitabilidade. Por isso, condições hidrotérmicas adequadas devem ser empregadas em função do genótipo escolhido e/ou disponível, que pode apresentar distintas taxas de hidratação, rendimento de inteiros e suscetibilidade às reações de escurecimento (LEETHANAPANICH; MAUROMOUSTAKOS; WANG, 2016 ; ROCHEMBACK *et al.*, 2019).

A parboilização confere ao arroz os benefícios de não aderência e textura mais dura, maior valor nutricional (MIN; MCCLUNG; CHEN, 2014), maior rendimento de grãos inteiros, índice glicêmico mais baixo (LARSEN *et al.*, 2000) e maior estabilidade de armazenamento (CHENG; CHEN; YEH, 2019). Consiste em um método tradicional de processamento desenvolvido na Índia, no Paquistão, em Bangladesh e na Nigéria, que se espalhou para muitos países da Europa e das Américas do Norte e do Sul (BHATTACHARYA, 2011).

O arroz parboilizado é aquele grão polido ou integral que passa pelo processo de parboilização, geralmente ainda em casca (Figura 3.4) ou descascado. A parboilização é um processo hidrotérmico que consiste em imersão ou hidratação (também conhecida como encharcamento), gelatinização e secagem, conforme resumidamente ilustrado na Figura 3.3.

Cerca de 20% do arroz produzido no mundo é processado na forma de arroz parboilizado (CHENG; CHEN; YEH, 2019; LEETHANAPANICH; MAUROMOUSTAKOS; WANG, 2016). A parboilização pode proporcionar melhorias nas propriedades tecnológicas e no valor nutricional do arroz, pois aumenta o rendimento de grãos inteiros, com textura firme após cocção e de maior valor nutricional devido a dissolução e transporte de substâncias hidrossolúveis para o interior dos grãos durante a etapa de hidratação. Além disso, o processo implica na redução da digestibilidade do amido por conta da ocorrência dos fenômenos de gelatinização e retrogradação (DUTTA; MAHANTA; SINGH, 2015).

A parboilização altera as propriedades físico-químicas e organolépticas do grão de arroz, reduz sua viscosidade, aumenta a dureza e escurece a cor. De acordo com a literatura, as mudanças de cor durante a parboilização podem ocorrer em razão da migração de pigmentos de casca e/ou farelo, escurecimento enzimático e escurecimento não enzimático do tipo Maillard (LAMBERTS; DELCOUR, 2008). A fim de reduzir o escurecimento dos grãos e da formação de compostos de Maillard, que podem ter efeitos prejudiciais à saúde dos consumidores, podem ser empregados compostos antiescurecimento, como glicina e glutationa reduzida (VILLANOVA *et al.*, 2017).

Pesquisas sobre efeitos da parboilização no conteúdo fitoquímico do arroz têm se dedicado, principalmente, ao estudo da estabilidade e migração de carotenoides. O teor de carotenoides e a composição de arroz cru e parboilizado integral e polido foram estudados por Lamberts *et al.* (2008). Análises da cor de amostras de farinha de arroz com diferentes taxas de extração demonstraram que os pigmentos amarelo e vermelho estão concentrados no endosperma do farelo e do exterior. Como resultado, todos os pigmentos são removidos quando o grau de polimento é maior que 15%. Os componentes determinantes de cor presentes nas frações de diferentes cultivares de arroz foram identificados como os carotenoides β-caroteno, luteína e zeaxantina, sendo β-caroteno e luteína os compostos predominantes. Verificou-se que no arroz integral parboilizado há redução nos níveis de carotenoides, sugerindo que outros compostos além dos carotenoides são responsáveis pela cor do arroz parboilizado polido. Assim, a diminuição do brilho e o aumento das intensidades de cor vermelha e amarela do arroz parboilizado são atribuídas às reações de Maillard e/ou às alterações físico-químicas dos diferentes componentes do arroz que ocorrem durante a parboilização.

A primeira etapa do processo da parboilização, a imersão, tem como principal finalidade a hidratação adequada do arroz para possibilitar a posterior gelatinização do amido, que geralmente ocorre em tanques com água aquecida. A absorção de água pelo grão deve ser uniforme e rápida, até atingir cerca de 30% de umidade, evitando-se abertura de cascas, ou seja, a ruptura dos grãos e dos grânulos de amido, tanto quanto possível. A temperatura e o tempo a serem utilizados nessa etapa dependem do comportamento hidrotérmico de cada genótipo de arroz e variam em função de fatores como teor de amilose, formato, dimensão dos grãos, entre outros (AMATO; ELIAS, 2005).

Com o objetivo de melhorar a segurança alimentar e aumentar a produção de arroz, os cultivares híbridos de arroz na América Latina tem crescido, pois apresentam maior potencial de rendimento (9% a 15% maior) em comparação com as linhagens puras, além de maior tamanho de panícula associado a maior produção de biomassa ou maior taxa de colheita (HUANG *et al.*, 2018).

No entanto, apesar do maior potencial de rendimento, a uniformidade de enchimento de grãos das linhagens híbridas não é homogênea, uma vez que as espiguetas superiores da panícula amadurecem mais cedo e apresentam enchimento mais rápido, enquanto as espiguetas localizadas na porção basal da panícula exibem uma floração posterior, resultando em um número maior de grãos gessados em consequência de grânulos de amido malformados. Além disso, em razão de aparência opaca, menor rendimento de grãos inteiros, menor tempo de cozimento e textura pegajosa, os grãos gessados quando comercializados na forma de branco polido têm sido associados a grãos de baixa qualidade (DENG *et al.*, 2018; VILLANOVA *et al.*, 2020).

O processo de parboilização se apresenta nesse contexto como uma prática eficiente e alternativa das indústrias de arroz, pois, além de eliminar grãos gessados, melhora a qualidade dos grãos pelo aumento do rendimento, proporcionando grãos mais translúcidos, com maior estabilidade de armazenamento e melhor textura após o cozimento.

3.1 PROCESSO DE PARBOILIZAÇÃO

O processo de parboilização geralmente é aplicado em grãos ainda em casca, embora existam alguns processos que usem arroz integral ou esbramado. O processo convencional consiste em três etapas: imersão (hidratação ou encharcamento), gelatinização e secagem (Figura 3.1).

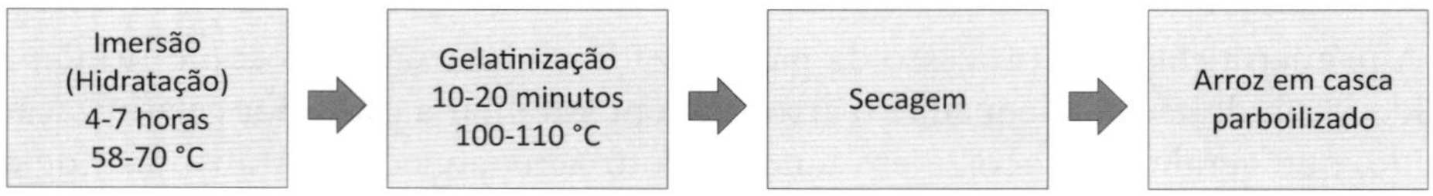

Figura 3.1 – Esquema ilustrativo das etapas da parboilização de arroz.

Nesse processo que emprega etapas de imersão e gelatinização, a composição e estrutura do amido é fundamental (ZHU, 2018), pois afeta o comportamento hidrotérmico dos grãos no processo de parboilização. Dos aspectos de composição, o conteúdo de amilose de um cultivar é um fator determinante, pois exerce influência nas propriedades térmicas e afeta diretamente o volume de expansão e a capacidade de absorção de água pelos grãos na etapa de imersão.

3.1.1 IMERSÃO OU HIDRATAÇÃO

No processo de hidratação os grãos são embebidos em água aquecida, geralmente de 58 °C a 70 °C, por um período predefinido que pode variar de 4 a 7 horas, dependendo da matéria-prima e/ou cultivar utilizado. A imersão resulta em absorção molecular, absorção capilar e hidratação, até que o grão atinja aproximadamente 30% de umidade (AMATO; ELIAS, 2005).

Na imersão dos grãos, a água aquecida dissolve substâncias hidrossolúveis, como vitaminas e sais minerais, arrastando-as da periferia para o centro dos grãos ou possibilitando sua lixiviação. As moléculas de óleo têm sua viscosidade reduzida com o aumento da temperatura, favorecendo seu transporte para o interior dos grãos. Depois de a cariopse ter absorvido água suficiente, deve ser aquecida até a temperatura de gelatinização do amido, que oscila conforme as características do grão de arroz e do processo de parboilização, mas que, em geral, necessita de temperatura superior a 58 °C em tempos de processos convencionais de 4 a 7 horas. A maioria das indústrias realiza essa operação por vapor aquecido e em estruturas fechadas.

Os grânulos de amido apresentam capacidade limitada de absorção e expansão em água fria, em razão das ligações de hidrogênio entre as frações de amilose e amilopectina. Durante a imersão em água quente, no entanto, a energia suplementar na forma de calor enfraquece a estrutura granular pelo rompimento das ligações de hidrogênio, que aumenta a superfície para a absorção de água pelos grânulos de amido. Esse aumento permite uma hidratação adicional e irreversível dos grânulos inicialmente inchados pela maior atividade dissociativa da água molecular. Tal fenômeno, chamado gelatinização do amido, inicia na imersão e é complementado na etapa de gelatinização.

Na imersão, a água penetra nos grânulos de amido e forma hidratos por meio da ligação de hidrogênio, que causa seu intumescimento. Por conta do uso de calor nessa etapa, a energia térmica interrompe as ligações de hidrogênio e enfraquece a estrutura do grânulo, o que fornece mais superfícies para absorção de água e permite maior hidratação e intumescimento à medida que a temperatura aumenta; essa etapa ocorre ainda uma leve gelatinização do amido, que se dá de forma efetiva na segunda etapa, a etapa de gelatinização.

3.1.2 GELATINIZAÇÃO

Em seguida, o amido presente nos grãos de arroz hidratado é gelatinizado com vapor úmido ou calor. O processo mais usado é o que emprega autoclave em temperaturas que variam de 100 °C a 110 °C, usando pressões que variam de 0,5 $kgf.cm^{-2}$ a 1,2 $kgf.cm^{-2}$, porém também é empregado o processo de gelatinização em estufas, em que uma chapa de aço transmite calor para o grão por condução, promovendo, ao mesmo tempo, a gelatinização e a secagem parcial do grão, o que não ocorre na autoclave. O tempo do processo usado nesta etapa geralmente varia entre 10 e 30 minutos. Durante a etapa de gelatinização, também chamada vaporização, as enzimas são inativadas e o endosperma torna-se compacto, translúcido e pastoso em razão da gelatinização. Além disso, é de conhecimento geral que defeitos e/ou características dos grãos, como fissuras, gessados e preenchimento ou desenvolvimento incompleto de grãos, podem ser completamente reparados durante o processo de parboilização. Quando secos adequadamente, os grãos de arroz parboilizado são muito resistentes à quebra mecânica.

No decorrer dessa etapa, especialmente quando o processo empregado é aquele sob pressão, enzimas como lipases e peroxidases são praticamente inativadas, proporcionando um aumento na durabilidade dos grãos e estabilidade do farelo de arroz. Posteriormente, na etapa de secagem, é concluída a gelatinização do amido e sua retrogradação, o que torna os grãos mais resistentes às operações que usam fricção (ELIAS *et al.*, 2015), como descascamento e polimento.

O arroz deve permanecer na etapa de gelatinização por tempo suficiente para que ocorra a completa gelatinização do amido. Tempos e/ou temperaturas excessivas nessa etapa aumentam a incidência de grãos danificados e intensificam a cor dos grãos de arroz (amarelecimento). Por outro lado, tempos e/ou temperaturas insuficientes nessa operação resultam em grãos não gelatinizados, com pouca resistência mecânica.

A parboilização melhora o valor nutritivo e recupera danos mecânicos do arroz, aumentando seu rendimento, mas intensifica alguns defeitos biológicos, como grãos manchados e ardidos.

O endosperma, que representa em torno de 90% da cariopse do grão (base seca) é formado, principalmente, por carboidratos (amido) e por proteínas (BAO *et al.*, 2004). As proteínas presentes no grão de arroz estão fortemente associadas aos grânulos de amido, o que dificulta a extração (CARDOSO *et al.*, 2006), e são esses compostos e sua interação que tornam o grão mais fácil ou difícil de hidratar no processo de parboilização.

Esse comportamento na etapa de imersão é distinto para grãos de arroz ceroso (0,8%-2% de amilose), de baixa amilose (7%-20%), de média amilose (20%-25%) e de alta amilose (> 25%), seguindo a classificação apresentada no Capítulo 2. De forma geral, menores teores de amilose implicam maiores temperaturas de gelatinização (TAO *et al.*, 2019), necessitando de maior tempo e temperatura para a adequada hidratação dos grãos, o que implica maior gasto de energia e maior propensão ao escurecimento. O teor de amilose também tem correlação com o teor de amido resistente em arroz, que é maior em grãos de arroz parboilizados com maior teor de amilose (HELBIG *et al.*, 2008).

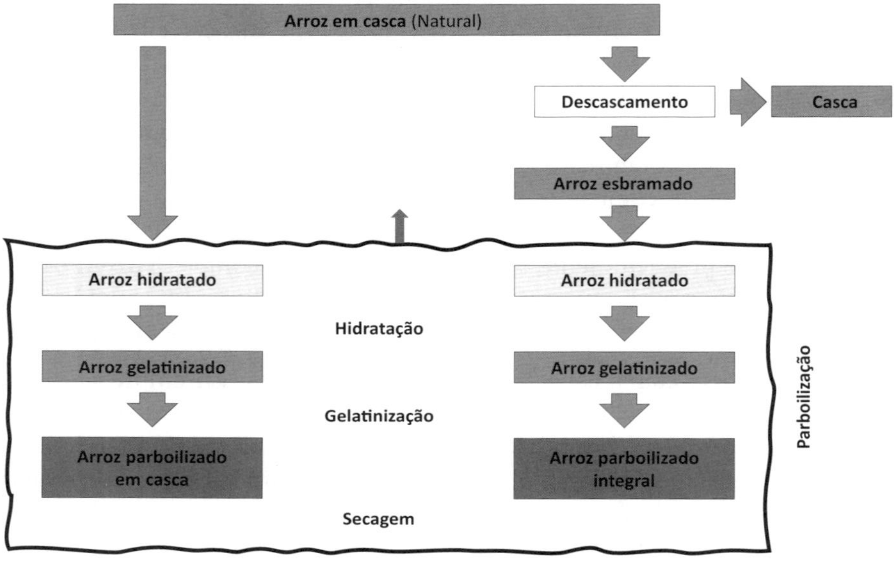

Figura 3.2 – Esquema ilustrativo dos processos de parboilização de arroz em casca e descascado.

Com a parboilização do arroz, ocorre o desaparecimento das zonas cristalinas e da estrutura organizada, provocando perda da birrefringência e uma total reestruturação dos grânulos. Assim, ocorrem alterações em diversas características do grão de arroz em razão das modificações no amido proporcionadas pelo tratamento hidrotérmico, como maior resistência a quebra durante o polimento, maior dureza e maior tempo de cocção desse grão (OLI *et al.*, 2014).

Assim como no grupo de arroz natural (não parboilizado), os grãos de arroz parboilizados podem ser apresentados em duas formas: arroz parboilizado integral, o qual é submetido apenas a descascamento e seleção quando parboilizado em casca; e arroz parboilizado polido, que passou pela remoção do farelo – tegumento, pericarpo, germe e camada de aleurona (JULIANO; BECHTEL, 1985).

A mistura de variedades de arroz pode ocasionar problemas nas operações de parboilização, considerando que as condições mais adequadas para algumas variedades ou híbridos podem não ser para outros genótipos.

Além das condições de processamento, o genótipo do arroz é considerado uma variável que afeta a qualidade dos grãos parboilizados, uma vez que diferentes genótipos possuem composição química e morfologia distintas, o que, por sua vez, interferem na taxa de hidratação, no rendimento de inteiros e na intensidade das reações de Maillard (LEETHANAPANICH; MAUROMOUSTAKOS; WANG, 2016), provocando distintos comportamentos e suscetibilidade ao escurecimento.

3.1.3 SECAGEM

A etapa de secagem constitui um dos pontos cruciais do processo de parboilização do arroz, pois todo o incremento no rendimento pela consolidação de fissuras, oriundo das etapas anteriores, pode ser perdido ou até mesmo piorado. Por se tratar de um processo que emprega altas temperaturas, é possível que os grãos sofram choque térmico.

Após as etapas de imersão e gelatinização, os grãos de arroz devem ser secos até um teor de umidade seguro para armazenar, próximo a 13% (WANG *et al.*, 2017). A secagem de arroz parboilizado é tipicamente realizada em três etapas. Por meio de secagem em leito fluidizado, a umidade é reduzida até por volta de 24% a 28%. Em seguida, utilizando uma secagem contínua adaptada, a umidade é reduzida até valores próximos a 18%-20%. A secagem é complementada por método intermitente até atingir aproximadamente 13% (ELIAS; OLIVEIRA; VANIER, 2012).

O descascamento dos grãos parboilizados segue o mesmo processo e usa os mesmos equipamentos empregados naqueles beneficiados pelo processo natural (não parboilizado), porém, o processo de parboilização, quando bem empregado, tende a tornar a casca mais friável. Após descascados, os grãos de arroz parboilizado esbramado são selecionados, a fim de separar os grãos que continuam com casca conforme os processos descritos no Capítulo 2.

Ainda mais importante para obtenção de produtos de alta qualidade, os grãos não parboilizados devem ser recebidos e mantidos separadamente por cultivar, característica e/ou qualidade até o beneficiamento industrial. Além disso, sempre é recomendado para parboilização o uso de matéria-prima de alta qualidade, especialmente em relação aos defeitos metabólicos (aqueles que evoluem durante o armazenamento e/ou processamento), uma vez que o processo hidrotérmico empregado na parboilização intensifica esses defeitos.

Para melhor compreensão das etapas e termos que apresentamos a seguir sobre as formas de processamento do arroz parboilizado, da mesma forma que no capítulo anterior, usamos os termos definidos no regulamento técnico do arroz, estabelecido pelo Ministério da Agricultura, Pecuária e Abastecimento (BRASIL, 2009), usado como referência:

- **Arroz parboilizado**: produto que foi submetido ao processo de parboilização.
- **Arroz integral**, **descascado** ou **esbramado**: produto do qual somente a casca foi retirada.
- **Arroz parboilizado polido**: produto de que, ao ser beneficiado, se retiram o germe, o pericarpo e a maior parte da camada interna (aleurona).
- **Arroz beneficiado**: produto que foi submetido a algum processo de beneficiamento e se encontra desprovido, no mínimo, da sua casca.

Além disso, os grãos de arroz parboilizado também podem ser classificados, de acordo com as dimensões, em classes:

- **Longo fino**: no mínimo, 80% do peso dos grãos inteiros com 6 mm ou mais no comprimento, espessura menor ou igual a 1,9 mm e relação comprimento/largura maior ou igual a 2,75 mm, após polimento.
- **Longo**: produto que contém, no mínimo, 80% do peso dos grãos inteiros com 6 mm ou mais no comprimento, após o polimento.
- Médio: produto que contém, no mínimo, 80% do peso dos grãos inteiros com entre 5 mm e 6 mm no comprimento, após o polimento.
- **Curto**: produto que contém, no mínimo, 80% do peso dos grãos inteiros medindo menos de 5 mm de comprimento, após o polimento.
- **Misturado**: produto que não se enquadra em nenhuma das classes anteriores.

O valor nutricional do arroz parboilizado é afetado por diversos fatores, como genótipo, condições de cultivo e ambiente, manejo da cultura, armazenamento e pós-colheita, condições hidrotérmicas e o processo de polimento. O arroz parboilizado polido geralmente apresenta maior teor de amido que grãos de arroz integral não parboilizado e maior teor de proteínas, lipídios, cinzas, fibra solúvel e insolúvel que grãos de arroz polidos não parboilizados.

3.1.4 ARROZ PARBOILIZADO INTEGRAL

O arroz parboilizado integral consiste em grãos de arroz submetidos ao processo de parboilização, incluindo apenas as etapas de descascamento e seleção, assim como o arroz integral natural (não parboilizado). Trata-se de uma forma de processamento industrialmente mais simples, desconsiderando-se o processo de parboilização, que consiste basicamente em descascamento, separação de quebrados e defeitos e embalagem (Figura 3.3). Grãos submetidos a esse processamento, apresentados a seguir, são chamados de arroz parboilizado integral (ou arroz descascado ou, quando não selecionado, de arroz esbramado).

O descascamento industrial do arroz parboilizado é realizado pelos mesmos processos abordados no Capítulo 2. A forma de descascamento independe da forma de processamento empregada, para a obtenção de arroz integral, arroz branco ou arroz parboilizado.

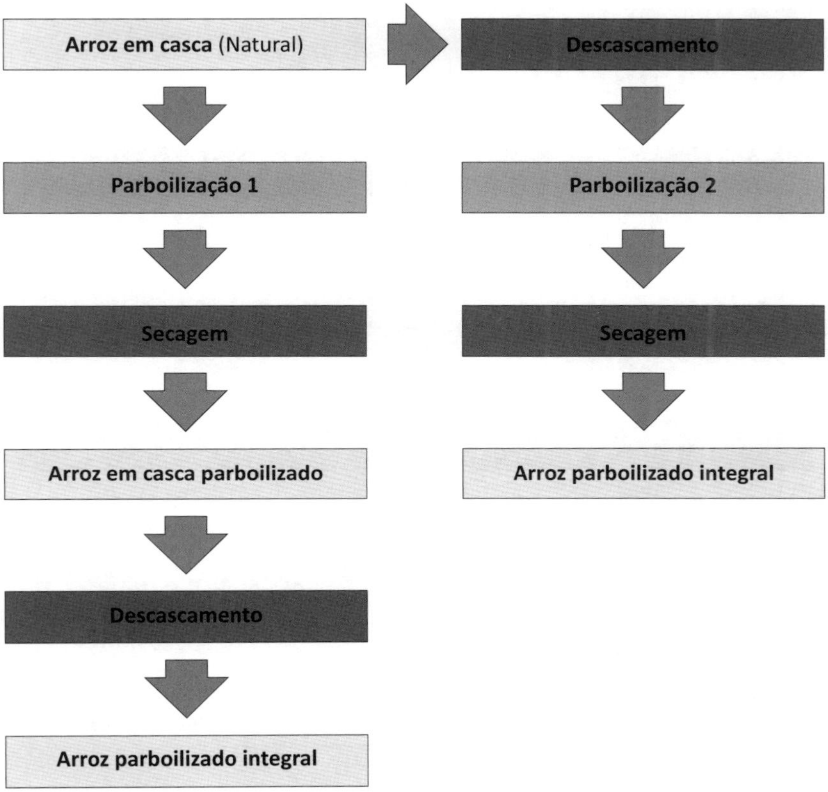

Figura 3.3 – Fluxograma de processamento do arroz parboilizado integral partindo de arroz em casca.

3.1.5 ARROZ PARBOILIZADO POLIDO

Para a obtenção do arroz parboilizado polido, os grãos precisam passar, além das etapas do arroz parboilizado integral, pelo polimento, de acordo com o processo apresentado de forma resumida na Figura 3.4.

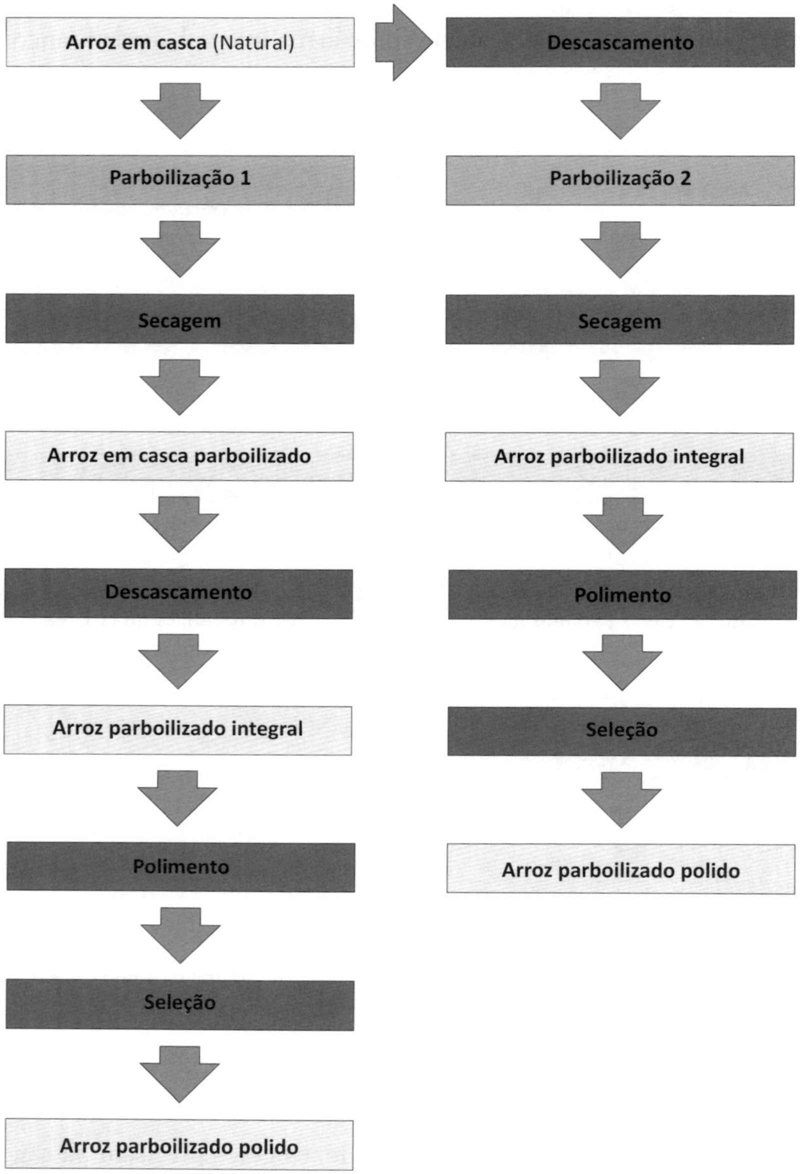

Figura 3.4 – Fluxograma de processamento do arroz parboilizado polido partindo de arroz em casca.

Heinemann *et al.* (2005) observaram um incremento de 18% no conteúdo de minerais no arroz parboilizado polido, em comparação com o arroz branco polido, devido principalmente à migração de fósforo e potássio. Sareepuang *et al.* (2008) verificaram que, além de haver um incremento no conteúdo de minerais durante o processo de encharcamento, ocorre aumento no teor de proteínas e lipídios.

Após a etapa de gelatinização, os grãos devem ser secos até umidades adequadas a processamento e armazenamento seguros, ou seja, até umidades próximas de 12%-13%. O grau de umidade facilita e confere friabilidade à casca e estabilidade ao armazenamento dos grãos.

Atualmente, métodos de parboilização inovadores têm sido desenvolvidos, como a parboilização rápida por micro-ondas, que emprega ondas de micro-ondas para o aquecimento nas etapas de imersão e gelatinização. O método desenvolvido por Rockembach *et al.* (2019) é dez vezes mais rápido que o processo de parboilização convencional e proporciona grãos mais claros e com tempo de cocção menor. Pode ser usado para a obtenção de grãos de arroz parboilizado de cocção rápida e com digestibilidade controlada.

Tabela 3.1 – Capacidade antioxidante (DPPH) de extrato fenólico total (µmol Trolox equiv.g–1) de grãos de arroz preto e vermelho não parboilizados e parboilizados, submetidos a diferentes intensidades de polimento

Arroz	Grau de polimento					
	0%	4%	7%	10%	12%	15%
Preto não parboilizado	94,1±0,3	67,5±0,4	8,1±0,1	4,2±0,1	2,1±0,5	n.d.*
Preto parboilizado	19±0,2	12,1±0,2	8,8±0,2	8,2±0,1	8,0±0,2	7,4±0,2
Vermelho não parboilizado	97,8±0,3	43,6±0,1	4,8±0,1	3,5±0,2	1,9±0,2	1,6±0,1
Vermelho parboilizado	8,8±0,1	4,9±0,1	3,6±0,1	3,4±0,05	3,3±0,1	3,3±0,2

* Abaixo do limite de detecção.

Fonte: Paiva (2011).

Quando se trata de grãos de arroz polidos pigmentados, como os de arroz vermelho e preto, a parboilização contribui para a fixação de compostos bioativos com capacidade antioxidante, que seriam retirados à medida que o processo de remoção do farelo avança (polimento), conforme resultados apresentados na Tabela 3.1.

A qualidade de consumo dos grãos de arroz é há muito tempo atribuída ao amido ou a suas interações com outros componentes, como os lipídios e proteínas. Os fatores considerados para determinar a qualidade de cocção ou de consumo incluem: conteúdo de amilose (JULIANO *et al.*, 1964), solubilidade da amilose (BHATTACHARYA; SOWBHAGYA, 1971), comprimento das cadeias A e B da amilopectina (HANASHIRO; ABE; HIZUKURI, 1996), temperaturas de gelatinização e fusão das regiões amorfas e cristalinas de amilopectina e quantidade de estrutura.

A parboilização proporciona baixos valores de retrogradação que indicam que a amilose, completamente solubilizada no momento do aquecimento na cocção, não é capaz de retrogradar durante o ciclo de temperatura decrescente quando os grãos começam a resfriar. Isso ocorre devido a uma diminuição nas propriedades de pasta do arroz parboilizado, independentemente das temperaturas de imersão e gelatinização utilizadas, de acordo com Himmelsbach, Manful e Coker (2008) e Villanova *et al.* (2017).

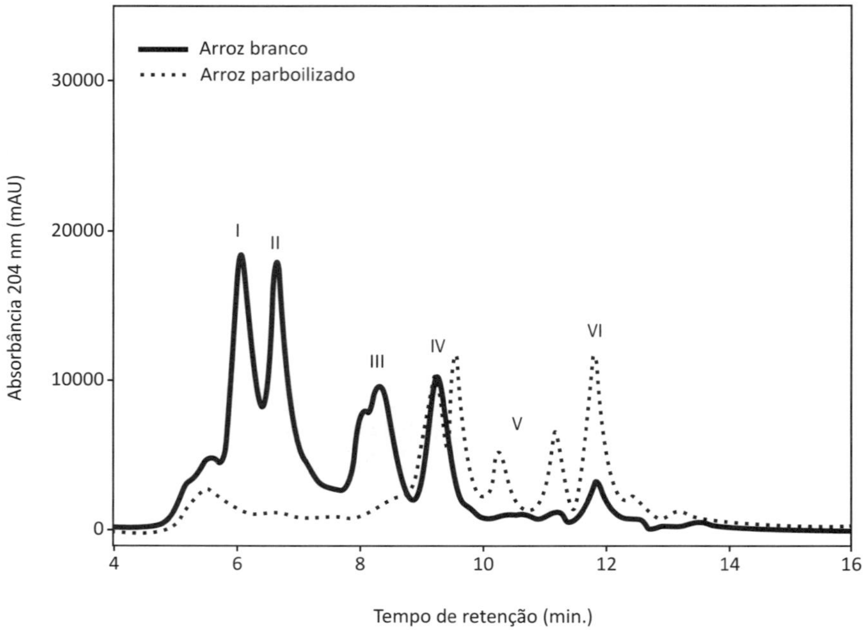

Figura 3.5 – Distribuição de peso molecular de proteínas em arroz branco (não parboilizado) e parboilizado (A). Fonte: adaptada de Villanova *et al.* (2017).

As frações I e II, que apresentam, respectivamente, pesos moleculares de aproximadamente 97 KDa e 66 KDa, indicam a região compreendida por dímeros, trímeros e formas mais polimerizadas de proteínas. A fração III, com peso molecular entre 12 KDa e 34 KDa, indica a região do cromatograma compreendida pelos pares das subunidades (α-β) de glutelinas. A fração IV indica a região compreendida pelas subunidades ácida (α) e básica (β) livres de glutelinas de arroz. As frações V e VI mostram a presença de proteínas de baixo peso molecular, principalmente albuminas, globulinas e/ou prolaminas. As frações I, II e III, que apresentam tempo de retenção de 6, 7 e 8 minutos, respectivamente, apresentaram redução da solubilidade em SDS (dodecil-sulfato de sódio) devido ao processo de parboilização. Por outro lado, esse processo aumenta a solubilidade das frações IV, V e VI. A redução da solubilidade das frações I, II e III se deve à intensificação das interações entre os radicais dos aminoácidos, como interações hidrofóbicas, eletrostáticas e pontes de hidrogênio, dificultando a acessibilidade do solvente desnaturante aos sítios mais protegidos da proteína.

Conforme abordamos neste capítulo, o beneficiamento de arroz por parboilização promove grãos mais firmes, soltos após cozidos, nutritivos, resistentes à quebra no processo industrial e com tonalidade mais amarela.

REFERÊNCIAS

ABAIDE, E. R. *et al.* Reasons for processing of rice coproducts: reality and expectations. **Biomass and Bioenergy**, v. 120, p. 240-256, 2019. Disponível em: https://doi.org/10.1016/j.biombioe.2018.11.032. Acesso em: 12 jun. 2020.

AMAGLIANI, L. *et al.* Chemistry, structure, functionality and applications of rice starch. **Journal Cereal Science**, v. 70, p. 291-300, 2016. Disponível em: https://doi.org/10.1016/j.jcs.2016.06.014. Acesso em: 12 jun. 2020.

AMATO, G. W. **Arroz no programa de alimentação das Nações Unidas**. Porto Alegre: Irga, 2017.

AMATO, G. W; ELIAS, M. C. **A parboilização do arroz**. Porto Alegre: Ricardo Lenz, 2005.

BAO, J. *et al.* Analysis of genotypic and environmental effects on rice starch. 1. Apparent amylose content, pasting viscosity, and gel texture. **Journal of agricultural and food chemistry**, v. 52, n. 19, p. 6010-6016, 2004.

BHATTACHARYA, K. R. **Rice quality**: A guide to rice properties and analysis. Amsterdam: Elsevier, 2011.

BHATTACHARYA, K. R.; SOWBHAGYA, C. M. Water uptake by rice during cooking. **Cereal Science Today**, v. 16, p. 420-424, 1971. Disponível em: http://ir.cftri.com/7243. Acesso em: 12 jun. 2020.

BHATTACHARYA, K. R.; SUBBA RAO, P. V. Processing conditions and milling yield in parboiling of rice. **Journal of Agricultural and Food Chemistry**, v. 14, n. 5, p. 473--475, 1996. Disponível em: https://doi.org/10.1021/jf60147a008. Acesso em: 12 jun. 2020.

BRASIL. Ministério da Agricultura, Pecuária e Abastecimento. Instrução Normativa n. 6, de 16 de fevereiro de 2009. Aprova o Regulamento Técnico do Arroz, definindo o seu padrão oficial de classificação, com os requisitos de identidade e qualidade, a amostragem, o modo de apresentação e a marcação ou rotulagem. **Diário Oficial [da] República Federativa do Brasil**, Brasília, DF, 2009.

BUGGENHOUT, J. *et al.* Milling breakage susceptibility and mechanical properties of parboiled brown rice kernels. **LWT - Food Science and Technology**, v. 59, n. 1, p. 369-375, 2014. Disponível em: https://doi.org/10.1016/j.lwt.2014.05.001. Acesso em: 12 jun. 2020.

CARDOSO, M. B.; SAMIOS, D.; SILVEIRA, N. P. Study of protein detection and ultrastructure of Brazilian rice starch during alkaline extraction. **Starch-Stärke**, v. 58, n. 7, p. 345-352, 2006.

CASTRO, R. C. A. *et al.* Alkaline deacetylation as a strategy to improve sugars recovery and ethanol production from rice straw hemicelluloses and cellulose. **Industrial Crops Products**, v. 106, p. 65-73, 2016. Disponível em: https://doi.org/10.1016/j.indcrop.2016.08.053. Acesso em: 12 jun. 2020.

CHEN, Y. *et al.* Changes in physicochemical, structural, and sensory properties of irradiated brown Japonica rice during storage. **Journal of Agricultural and Food Chemistry**, v. 63, n. 17, p. 4361-4369, 2015. Disponível em: https://doi.org/10.1021/jf5047514. Acesso em: 12 jun. 2020.

CHENG, K.-C.; CHEN, S.-H.; YEH, A.-I. Physicochemical properties and *in vitro* digestibility of rice after parboiling with heat moisture treatment. **Journal of Cereal Science**, v. 85, p. 98-104, 2019. Disponível em: https://doi.org/10.1016/j.jcs.2018.11.016. Acesso em: 12 jun. 2020.

CHEN, M.-H.; MCCLUNG, A. M. Genotypic diversity of bran weight of whole grain rice and its relationship with grain physical traits. **Cereal Chemistry**, v. 96, n. 2, p. 252-262, 2019. Disponível em: https://doi.org/10.1002/cche.10117. Acesso em: 12 jun. 2020.

DAS, M. *et al.* Enzymatic polishing of rice e A new processing technology. **LWT – Food Science and Technology**, v. 41, n. 10, p. 2079-2084, 2008. Disponível em: https://doi.org/10.1016/j.lwt.2008.02.007. Acesso em: 12 jun. 2020.

DENARDIN, C. C. *et al.* Mineral composition of brown, parboiling and white rice cultivars. **Alimentos e Nutrição**. v. 15, n. 2, p. 125-130, 2004. Disponível em: https://pdfs.semanticscholar.org/f8ed/8b90b896d42b023c851b1357028936e57280.pdf. Acesso em: 12 jun. 2020.

DENG, F. *et al.* Shading stress increases chalkiness by postponing caryopsis development and disturbing starch characteristics of rice grains. **Agricultural and Forest Meteorology**, v. 263, p. 49-58, 2018.

DING, C. *et al.* Distribution and quantitative analysis of phenolic compounds in fractions of *Japonica* and *Indica* rice. **Food Chemistry**, v. 274, p. 384-391, 2019. Disponível em: https://www.sciencedirect.com/science/article/abs/pii/S0308814618315772. Acesso em: 12 jun. 2020.

DUTTA, H.; MAHANTA, C. L.; SINGH, V. Changes in the properties of rice varieties with different amylose content on dry heat parboiling, **Journal of Cereal Science**, v. 65, p. 227-235, 2015. Disponível em: https://doi.org/10.1016/j.jcs.2015.07.016. Acesso em: 12 jun. 2020.

ELIAS, M. C.; OLIVEIRA, M.; VANIER, N. L. (org.). **Qualidade de arroz da pós-colheita ao consumo**. Pelotas: Editora Universitária da UFPel, 2012.

ELIAS, M. C.; OLIVEIRA, M.; VANIER, N. L. **Qualidade de arroz na pós-colheita e na agroindústria**: análise, conservação e tipificação. Pelotas: Editora Santa Cruz, 2015. v. 1.

GÖEBEL, J. T. S. *et al.* Microstructure of Indica and Japonica rice influences their starch digestibility: a study using a human digestion simulator. **Food Hydrocolloids**, v. 94, p. 191-198, 2019. Disponível em: https://doi.org/10.1016/j.foodhyd.2019.02.038. Acesso em: 12 jun. 2020.

HANASHIRO, I.; ABE, J.; HIZUKURI, S. A periodic distribution of the chain length of amylopectin as revealed by high-performance anion-exchange chromatography. **Carbohydrate Polymers**, v. 283, p. 151-159, 1996. Disponível em: https://doi.org/10.1016/0008-6215(95)00408-4. Acesso em: 12 jun. 2020.

HEINEMANN, R. J. B. *et al.* Comparative study of nutrient composition of commercial brown, parboiled and milled rice from Brazil. **Journal of Food Composition and Analysis**, v. 18, n. 4, p. 287-296, 2005. Disponível em: https://doi.org/10.1016/j.jfca.2004.07.005. Acesso em: 12 jun. 2020.

HELBIG, E. *et al.* The effect of parboiled rice on glycemia in Wistar rats. **Archivos Latinoamericanos de Nutrición**, v. 58, n. 2, p. 149-155, 2008.

HIMMELSBACH, D. S.; MANFUL, J. T.; COKER, R. D. Changes in rice with variable temperature parboiling: Thermal and spectroscopic assessment. **Cereal Chemistry**, v. 85, n. 3, p. 384-390, 2008.

HUANG, Y. *et al.* 9-cis-Epoxycarotenoid dioxygenase 3 regulates plant growth and enhances multi-abiotic stress tolerance in rice. **Frontiers in plant science,** v. 9, p. 162, 2018.

JULIANO, B. O.; BECHTEL, D. B. The rice grain and its gross composition. *In*: JULIANO, B. O. (ed.). **Rice**: Chemistry and technology. 2. ed. St. Paul: American Association of Cereal Chemists, 1985. p. 17-57.

KWOFIE, E. M.; NGADI, M. A review of rice parboiling systems, energy supply, and consumption. **Renewable and Sustainable Energy Reviews**, v. 72, p. 465-472, 2017. Disponível em: https://doi.org/10.1016/j.rser.2017.01.014. Acesso em: 12 jun. 2020.

JULIANO, B. O. *et al.* Some Physicochemical properties of rice in Southeast Asia. **Cereal Chemistry**, v. 41, p. 275-286, 1964.

LAMBERTS, L.; DELCOUR, J. A. Carotenoids in raw and parboiled brown and milled rice. **Journal of Agricultural and Food Chemistry**, v. 56, n. 24, p. 11914-11919, 2008.

LAMBERTS, L. *et al.* Effect of processing conditions on color change of brown and milled parboiled rice. **Cereal Chemistry**, v. 83, n. 1, p. 80-85, 2006. Disponível em: http://dx.doi.org/10.1094/CC-83-0080. Acesso em: 12 jun. 2020.

LAMBERTS, L. *et al.* Impact of parboiling conditions on Maillard precursors and indicators in long-grain rice cultivars. **Food Chemistry**, v. 110, n. 4, p. 916-922, 2008. Disponível em: https://doi.org/10.1016/j.foodchem.2008.02.080. Acesso em: 12 jun. 2020.

LANG, G. H. *et al.* Effects of drying temperature and long-term storage conditions on black rice phenolic compounds. **Food Chemistry**, v. 287, p. 197-204, 2019. Disponível em: https://doi.org/10.1016/j.foodchem.2019.02.028. Acesso em: 12 jun. 2020.

LARSEN, H. N. *et al.* Glycaemic index of parboiled rice depends on the severity of processing: study in type 2 diabetic subjects. **European Journal of Clinical Nutrition**, v. 54, n. 5, p. 380-385, 2000.

LEETHANAPANICH, K.; MAUROMOUSTAKOS, A.; WANG, Y. J. Impacts of parboiling conditions on quality characteristics of parboiled commingled rice. **Journal Cereal Science**, v. 69, p. 283-289, 2016. Disponível em: https://doi.org/10.1016/j.jcs.2016.04.003. Acesso em: 12 jun. 2020.

MARTIN, M.; FITZGERALD, M. A. Proteins in rice grains influence cooking properties! **Journal Cereal Science**, v. 36, n. 3, p. 285-294, 2002. Disponível em: https://www.sciencedirect.com/science/article/abs/pii/S0733521001904655. Acesso em: 12 jun. 2020.

MASISI, K.; BETA, T.; MOGHADASIAN, M. H. Antioxidant properties of diverse cereal grains: a review on *in vitro* and *in vivo* studies. **Food Chemistry**, v. 196, p. 90--97, 2016. Disponível em: https://doi.org/10.1016/j.foodchem.2015.09.021. Acesso em: 12 jun. 2020.

MIN, B.; MCCLUNG, A.; CHEN, M. Effects of hydrothermal processes on antioxidants in brown, purple and red bran whole grain rice (Oryza sativa L.). **Food Chemistry**, v. 159, p. 106-115, 2014.

MONKS, J. L. F. *et al.* Effects of milling on proximate composition, folic acid, fatty acids and technological properties of rice. **Journal of Food Composition and Analysis**, v. 30, n. 2, p. 73-79, 2013. Disponível em: https://doi.org/10.1016/j.jfca.2013.01.009. Acesso em: 12 jun. 2020.

OLI, P. *et al.* Parboiled rice: Understanding from a materials science approach. **Journal of Food Engineering**. v. 124, p. 173-183, 2014. Disponível em: https://doi.org/10.1016/j.jfoodeng.2013.09.010. Acesso em: 12 jun. 2020.

PAIVA, F. F. **Efeitos da pressão e do tempo de autoclavagem na parboilização sobre a qualidade dos grãos e a fração lipídica do arroz**. 2011. Tese (Doutorado em Ciência e Tecnologia de Alimentos) – Universidade Federal de Pelotas, Pelotas, 2011.

PARAGINSKI, R. T. *et al.* Starch and flour from defective rice kernels and their physicochemical properties. **Starch**, v. 66, n. 7-8, p. 729-737, 2014. Disponível em: https://onlinelibrary.wiley.com/doi/abs/10.1002/star.201300291. Acesso em: 12 jun. 2020.

ROCKEMBACH, C. T. *et al.* Morphological and physicochemical properties of rice grains submitted to rapid parboiling by microwave irradiation. **LWT – Food Science and Technology**, v. 103, p. 44-52, 2019. Disponível em: https://doi.org/10.1016/j.lwt.2018.12.036. Acesso em: 12 jun. 2020.

SAREEPUANG, K. *et al.* Effect of soaking temperature on physical, chemical and cooking properties of parboiled fragrant rice. **World Journal of Agriculture Science**, v. 4, p. 409-415, 2008.

TAO, K. *et al.* High-amylose rice: Starch molecular structural features controlling cooked rice texture and preference. **Carbohydrate polymers**, v. 219, p. 251-260, 2019

VILLANOVA, F. A. *et al.* Improvement of the quality of parboiled rice by using anti-browning agents during parboiling process. **Food Chemistry**, v. 235, p. 51-57, 2017. Disponível em: https://doi.org/10.1016/j.foodchem.2017.05.053. Acesso em: 12 jun. 2020.

VILLANOVA, F. A. *et al.* Physicochemical and cooking quality characteristics of South American rice cultivars parboiled at different steaming pressures. **Cereal Chemistry**, v. 97, n. 2, p. 472-482, 2020. Disponível em: https://onlinelibrary.wiley.com/doi/abs/10.1002/cche.10262. Acesso em: 12 jun. 2020.

WANG, T. *et al.* Simultaneous rough rice drying and rice bran stabilization using infrared radiation heating. **LWT**, v. 78, p. 281-288, 2017.

WORLD HEALTH ORGANIZATION *et al.* **Guideline**: fortification of rice with vitamins and minerals as a public health strategy. World Health Organization, 2018.

XIONG, Y. *et al.* NF-YC12 is a key multi-functional regulator of accumulation of seed storage substances in rice. **Journal of Experimental Botany**, v. 70, n. 15, p. 3765-3780, 2019. Disponível em: https://doi.org/10.1093/jxb/erz168. Acesso em: 12 jun. 2020.

YADAV, B. K.; JINDAL, V. K. Water uptake and solid loss during cooking of milled rice (*Oryza sativa* L.) in relation to its physicochemical properties. **Journal of Food Engineering**, v. 80, n. 1, p. 46-54, 2007. Disponível em: https://doi:10.1016/j.jfoodeng.2006.05.011. Acesso em: 12 jun. 2020.

ZHOU, Z. K. *et al.* Effect of ageing-induced changes in rice physicochemical properties on digestion behavior following storage. **Journal of Stored Products Research**, v. 67, p. 13-18, 2016. Disponível em: https://doi.org/10.1016/j.jspr.2016.01.004. Acesso em: 12 jun. 2020.

ZHU, F. Relationships between amylopectin internal molecular structure and physicochemical properties of starch. **Trends in Food Science & Technology**, v. 78, p. 234-242, 2018.

ZIEGLER, V. *et al.* Cooking quality properties and free and bound phenolics content of brown, black, and red rice grains stored at different temperatures for six months. **Food Chemistry**, v. 242. p. 427-434, 2018. Disponível em: https://doi.org/10.1016/j.foodchem.2017.09.077. Acesso em: 12 jun. 2020.

ZOU, Y.; YANG, T. Rice husk, rice husk ash and their applications. *In*: CHEONG, L.; XU, X. **Rice bran and rice bran oil**: chemistry, processing and utilization. Londres: Academic Press/AOCS Press, 2019. p. 207-246.

CAPÍTULO 4
CASCA DE ARROZ

Newiton da Silva Timm
Gustavo Heinrich Lang
Cristiano Dietrich Ferreira
Maurício de Oliveira

A casca de arroz é composta de duas folhas modificadas, a pálea e a lema, que se formam durante o desenvolvimento da cariopse. A casca atua na proteção da cariopse contra danos físicos, patógenos e pragas. Além de ser uma barreira física, a casca apresenta atividade antioxidante que protege o grão de arroz de reações oxidativas que ocorrem por ação de espécies reativas de oxigênio. A estrutura da casca de arroz, da parte externa para a interna, constitui-se de quatro camadas principais, iniciando pela epiderme externa, de característica áspera (abrasiva), que apresenta tricomas superficiais com alta concentração de sílica (Si), e, posteriormente, há o esclerênquima, a célula do parênquima esponjoso e a epiderme interna, que apresenta superfície relativamente lisa (Figura 4.1B).

A casca corresponde a 20%-25% da massa do grão de arroz natural e apresenta uma massa específica aparente de 100 $kg.m^{-3}$ a 160 $kg.m^{-3}$ e massa específica real de 670 $kg.m^{-3}$ a 740 $kg.m^{-3}$. As dimensões da casca de arroz variam entre 8 mm e 10 mm de comprimento, 2 mm e 3 mm de largura e 0,2 mm de espessura. A casca apresenta principalmente celulose (25%-35%), lignina (26%-31%), hemiceluloses (18%-21%) e resíduos inorgânicos (15%-20%), sendo que entre os resíduos inorgânicos a sílica é o principal constituinte.

Em razão do grande volume de casca gerado após o processamento e beneficiamento de grãos de arroz, a casca se torna um subproduto, que deve ser manejado respeitando as leis ambientais durante sua coleta, armazenamento, transporte, tratamento e disposição final dos resíduos. Pode ser utilizada na agricultura, na agropecuária, na construção civil, entre outras aplicações. Por conta de seu alto poder calorífico, aproximadamente 16.720 $kJ.kg^{-1}$, a casca de arroz é amplamente utilizada como combustível para geração de energia, principalmente nas próprias agroindústrias que processam os grãos de arroz.

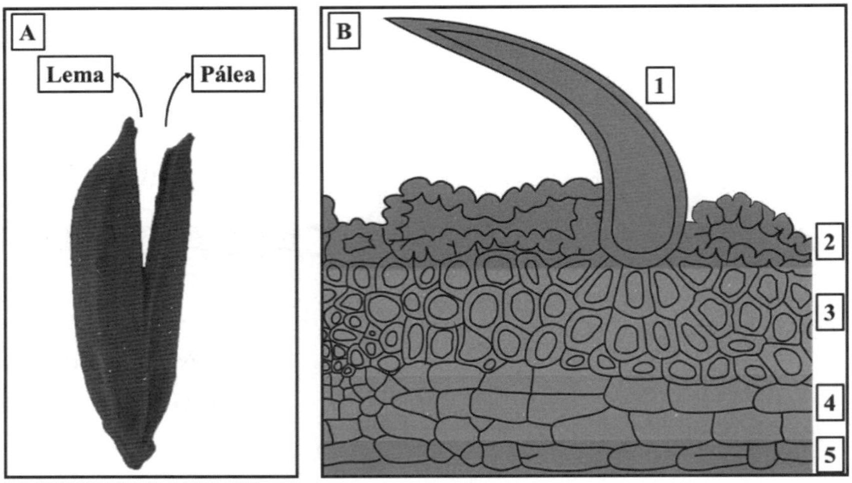

Figura 4.1 – Folhas modificadas (lema e pálea) que constituem a casca de arroz (A) e estrutura interna da casca de arroz (B) representando o tricoma (1), epiderme externa áspera (2), esclerênquima (3), parênquima (4) e epiderme interna (5). Fonte: adaptada de Silva (1997).

Na Figura 4.2, são apresentados o arroz em casca natural, a casca após o descascamento e a cinza da casca de arroz após a queima.

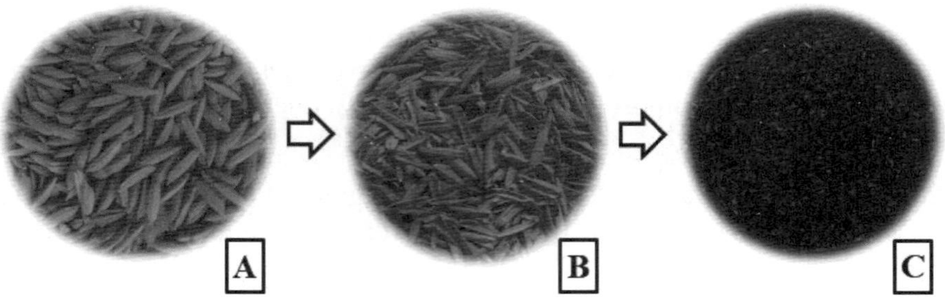

Figura 4.2 – Arroz em casca natural (A), casca de arroz (B) e cinza da casca de arroz (C).

Após a combustão, as cinzas correspondem a 17%-20% do peso inicial da casca e se caracterizam por ser um material leve, volumoso e, por consequência, altamente poroso, com massa específica que varia de 180 $kg.m^{-3}$ a 200 $kg.m^{-3}$. A constituição da cinza de casca de arroz está apresentada na Tabela 4.1. Por meio desse subproduto, pode ser obtida a sílica altamente pura, variando de 80% a 99% da constituição total da cinza. A variação desse constituinte majoritário e de outros componentes presentes em menores quantidades são dependentes de diversos fatores. Na Tabela 4.2, estão apresentados os componentes expressos como óxidos da cinza da casca de arroz em diferentes intensidades de combustão.

Tabela 4.1 – Composição química da cinza de casca de arroz

Constituinte	(%)
Carbono	36,6
Hidrogênio	5,83
Nitrogênio	3,31
Oxigênio	36,5
Enxofre	0,01
Outros elementos	17,61

Fonte: adaptada de Angel *et al.* (2009).

Tabela 4.2 – Componentes expressos como óxidos na cinza

Óxidos	a (%)	b (%)
SiO_2	72,1	94,95
Al_2O_3	0,3	0,39
Fe_2O_3	0,15	0,26
CaO	0,43	0,54
Na_2O	0,5	0,25
K_2O	0,72	0,94
MnO	0,15	0,16
TiO_2	0,05	0,02
MgO	0,7	0,9
P_2O_5	0,06	0,74
Perda na combustão	24,3	0,85

Nota: (a) utilizada como energia para a secagem de grãos de arroz; (b) depois de incineração a 700 °C por seis horas. Fonte: adaptada de Dalla *et al.* (2002).

Temperatura e duração da incineração, taxa de aquecimento, princípio de funcionamento do equipamento utilizado (ciclônico, leito fixo horizontal, leito fixo inclinado, rotativo e leito fluidizado), aplicação ou não de pré-tratamento na casca do arroz (lixiviação ácida ou não), origem geográfica da casca, fertilizantes utilizados e variedade de arroz afetam as propriedades físico-químicas da cinza de casca de arroz. Assim, mesmo que a casca de arroz seja um resíduo bastante volumoso gerado pelo setor orizícola, as próprias unidades de processamento podem utilizá-la como fonte de energia e, posteriormente, destinar as cinzas para agregar valor a esse subproduto.

4.1 DESCASCAMENTO DOS GRÃOS DE ARROZ

Após as etapas de recepção, pré-limpeza, secagem, limpeza e armazenamento, os grãos são submetidos ao descascamento. Essa operação consiste em separar a casca da cariopse, originando o grão de arroz integral, que é consumido dessa forma ou polido.

Na indústria, o descascamento é realizado em máquinas que se constituem basicamente de um sistema de roletes envoltos por borrachas e um sistema de ventilação. A Figura 4.3 representa esquematicamente o que acontece com o grão na etapa de descascamento.

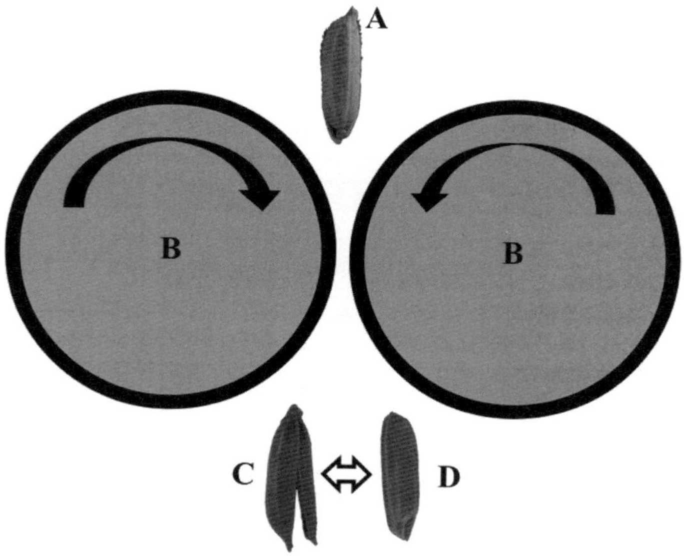

Figura 4.3 – Grãos de arroz em casca (A), roletes emborrachados (B), casca de arroz (C) e grãos de arroz integral (esbramado) (D).

Os roletes são dispostos de forma paralela entre si e giram em torno do seu próprio eixo em um movimento de torção, sendo um no sentido horário e o outro no sentido anti-horário. Além disso, um dos roletes atua com velocidade entre 2 e 3 vezes superior ao outro. Dessa forma, os grãos são forçados a passar por entre os dois roletes que realizam fricção, rompendo a casca e fazendo com que a pálea e a lema se desliguem da cariopse.

Imediatamente após esse processo, entra em atuação o sistema de ventilação que tem a função de succionar a casca de arroz, para que apenas os grãos integrais sigam o fluxo industrial. A distância entre os roletes deve ser regulada, com intuito de minimizar a quantidade de grãos com casca encontrada junto ao arroz esbramado (marinheiros), que na etapa seguinte são separados e retornam ao descascador para que sejam definitivamente descascados.

A vazão do ar de sucção, a velocidade dos roletes, a diferença entre as velocidades e o espaçamento entre os roletes variam conforme equipamentos e cultivares de arroz utilizados. É recomendado que, antes do beneficiamento dos grãos, sejam realizados testes para aferir o equipamento em relação ao cultivar que se deseja beneficiar. Além disso, devem ser realizadas manutenções e limpezas periódicas no descascador, regulagem da pressão de trabalho, inversão ou troca dos roletes que se desgastam pela alta abrasividade da casca do arroz. Além de aumentar o percentual de grãos não descascados após a operação, erros na regulagem do equipamento podem originar grãos quebrados já nessa etapa, sendo que em condições normais o maior percentual de grãos quebrados surge no polimento.

Estando separada dos grãos, a casca é transportada e armazenada em local devidamente projetado para esse fim. Quando é utilizada pela própria indústria como fonte de energia, é transportada às fornalhas de secadores e autoclaves (na linha de produção do arroz parboilizado).

4.2 ALTERNATIVAS PARA CASCA E CINZA DA CASCA DE ARROZ

A casca e os resíduos da casca são os subprodutos de maior volume produzidos durante o beneficiamento de grãos de arroz. Podem ser destinados para diversas finalidades. Nesse sentido, as indústrias beneficiadoras de arroz e outras mais que utilizam a casca ou a cinza da casca de arroz para diversas finalidades devem respeitar as diretrizes fixadas na legislação específica de cada localidade.

Existem alternativas legais que podem ser adotadas para a destinação correta da casca e da cinza, como o armazenamento temporário para destinação final, criação de um aterro próprio ou unidade de compostagem para deposição dos resíduos, incorporação dos resíduos em solos agricultáveis, utilização da casca como geradora de energia na própria indústria, terceirização do serviço a responsáveis capacitados tecnicamente, que podem propor outras alternativas, desde que respeitem os itens legais da região.

Destinando de forma adequada a casca e a cinza, todos os subprodutos oriundos do arroz são aproveitados na sua totalidade, uma vez que o grão, integral ou polido, é indicado predominantemente à alimentação humana e o farelo, à extração de óleo e posterior produção de rações.

4.2.1 GERAÇÃO DE ENERGIA

Utilizar a casca de arroz como fonte de energia é a principal forma de aproveitamento desse subproduto. A queima da casca de arroz é uma alternativa viável tecnológica e financeiramente. Em geral, a casca não sai da própria unidade onde foi gerada, sendo destinada ao setor de secagem, autoclavagem e/ou pequenas estações de geração de energia elétrica da indústria, quando existente.

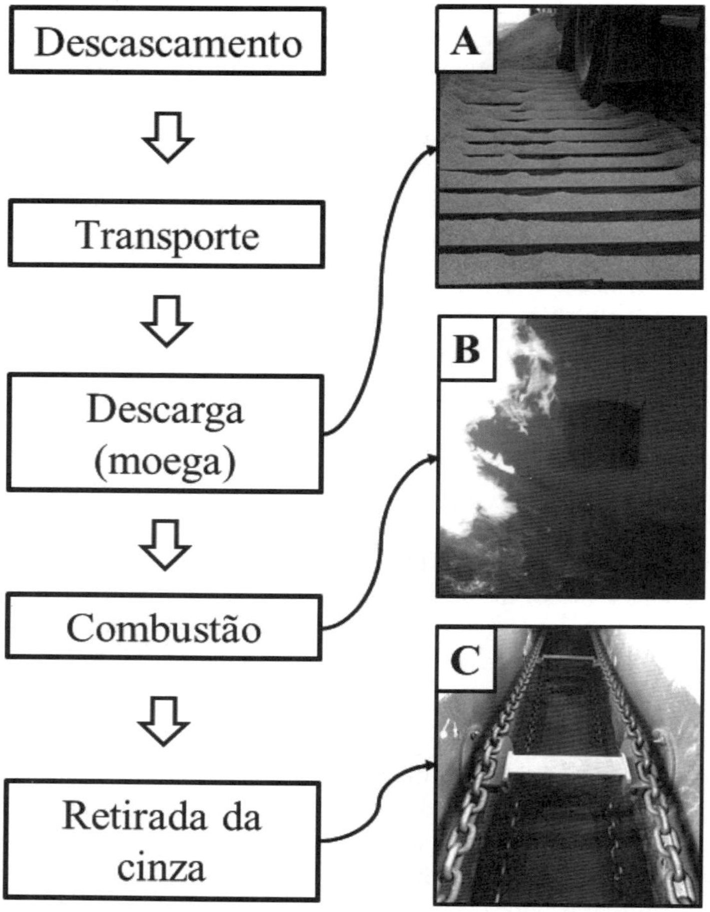

Figura 4.4 – Fluxograma das etapas percorridas pela casca de arroz, quando destinada à combustão para geração de energia para secagem de grãos: moega (A), interior da câmara de combustão (B) e transportador horizontal de correntes tipo *redler* (C).

Na Figura 4.4 está ilustrado o fluxograma percorrido pela casca do arroz, quando destinada a secadores de grãos. Os grãos são descascados dentro da unidade beneficiadora, e a casca é transportada para uma moega. Da moega, os responsáveis pela secagem dos grãos controlam a entrada de casca na fornalha do secador, conforme a necessidade na operação. A alimentação da fornalha com casca de arroz é realizada de forma lenta e contínua, geralmente com o auxílio de dosador eletrônico, pois a reação exotérmica de liberação de calor é muito rápida, diferentemente do que ocorre com a lenha. Por fim, a cinza da casca de arroz é retirada da fornalha e destinada a outra finalidade.

De forma mais detalhada, a casca depositada na moega é conduzida por um transportador de grãos vertical (elevador de canecas) a um transportador horizontal (helicoidal ou de correntes, tipo *redler*), fixado na parte superior da fornalha do secador de grãos (Figuras 4.5A e 4.5B, respectivamente). Este último transportador faz com que a casca seja depositada em um pequeno silo regulador de fluxo, onde os operadores do secador devem controlar a quantidade de casca que está entrando na fornalha para a combustão. O ambiente em que a casca fica depositada imediatamente antes de entrar na fornalha está ilustrado na Figura 4.5C, junto à câmara de combustão, que está localizada posteriormente. Além disso, esse sistema está representado de forma real nas Figuras 4.6A e 4.6B.

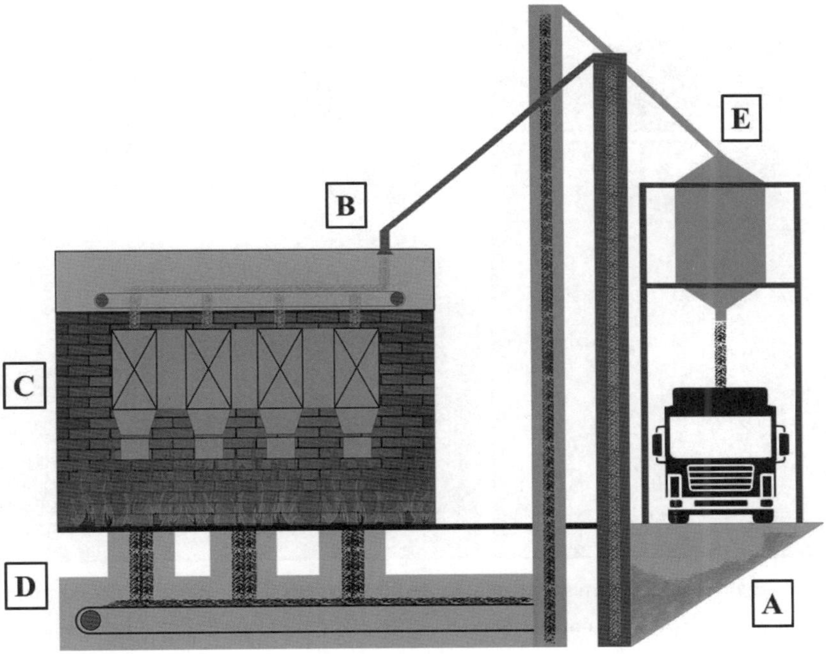

Figura 4.5 – Ilustração de sistema de utilização da casca de arroz na geração de energia para secagem de grãos: moega (A), entrada da fornalha do secador (B), câmara de combustão (C), saída da fornalha (D) e silo de deposição da cinza da casca de arroz (E).

Após a combustão total da casca, é originada a cinza que, por sua vez, é retirada da fornalha por um transportador horizontal, geralmente de correntes do tipo *redler*. A cinza então é conduzida até um elevador de canecas que deposita o resíduo em um silo, conforme o esquema das Figuras 4.5D e 4.5E e a ilustração real apresentada na Figura 4.6C. Essa cinza pode ser utilizada para outros fins, como descrito a seguir. O princípio de utilização da casca de arroz para combustão e geração de energia é o mesmo nos diferentes setores industriais, variando apenas no modo como os equipamentos estão dispostos, seja em uma indústria de parboilização de arroz, seja em uma estação termoelétrica, seja em qualquer outra indústria que atue nesse viés.

Figura 4.6 – Imagem frontal de um silo regulador de fluxo na entrada de casca de arroz em uma fornalha de secador de grãos (A), imagem lateral do mesmo silo (B) e silo destinado a deposição temporária da cinza da casca de arroz (C).

4.2.2 OUTROS USOS

A casca pode ser matéria-prima para a produção de papéis, nanocompósitos, formulações aquosas e fármacos após a extração da celulose da casca que se apresenta na forma de nanofribras. A casca de arroz oriunda do processamento agroindustrial é uma importante fonte de celulose, tendo em vista que é um subproduto que sempre é gerado no setor orizícola. Na agropecuária, a casca de arroz se torna útil para utilização como cama de aviários e/ou de bovinos de corte ou em lactação, sendo que esse fim não inviabiliza a reutilização da casca em outras aplicações.

Pode ser utilizada como cobertura morta, sendo um bom condicionador físico do solo. Como citado anteriormente, a queima da casca de arroz é a principal finalidade desse subproduto, tornando-se uma boa alternativa em substituição a combustão de madeiras, pois, além de ser uma matéria-prima que está presente dentro da agroindústria, a cinza que é gerada nessa operação também pode ser utilizada para diversas finalidades.

A cinza da casca do arroz é constituída predominantemente de sílica, a qual apresenta uma condição simples de reação, atuando na síntese de fases sólidas como purificador, catalisador ou reagente. A sílica pode ser transformada em aquagel, em que os poros são preenchidos com água, em xerogel, que tem a fase aquosa removida por evaporação, e em aerogel, em que o solvente é removido por extração supercrítica. O xerogel produzido da cinza da casca do arroz é um adsorvente seletivo, o qual pode ser utilizado para estabilizar cervejas, absorvendo apenas as proteínas ativas da bebida. Os silicatos produzidos da sílica podem ser utilizados na fabricação de vidros, cerâmicas, cimentos e produtos farmacêuticos. O aerogel é um material de baixa densidade (0,003 g.cm−3), poroso (80% a 99,8%), de baixa condutividade térmica (0,005 W.m−1K−1) e área superficial específica de 500 $m^2.g^{-1}$ a 1200 $m^2.g^{-1}$. Pode ser utilizado na produção de isolante térmico e acústico, enchimentos para tintas, vernizes e catalisadores.

A cinza pode também ser utilizada como adsorvente de determinados compostos, como chumbo e mercúrio, de água residual de indústrias. Para isso, é necessário realizar um tratamento prévio de lixiviação da casca do arroz com ácido clorídrico (1 mol. L−1) por 4 horas e posterior calcinação (700 °C por 4 horas). Outra alternativa é o uso dessa sílica como material para catalisar reações como as de CO e CO_2, hidrogenação de óleos e de hidrocarbonetos aromáticos.

A inserção da cinza da casca de arroz no solo altera as propriedades físicas dele, pois diminui a densidade, aumenta a porosidade total e macroporosidade sem afetar a microporosidade, a capacidade de campo, o ponto de murcha permanente e a capacidade de água disponível. Quando utilizada para a estabilização química de solos com a adição de cal, a cinza da casca de arroz auxilia na redução do índice de plasticidade, aumenta a umidade ótima para compactação e diminui a massa específica aparente seca, sendo características desejáveis quando se pensa no solo como material de construção.

A inserção da cinza da casca de arroz em solos agricultáveis atua como corretivo da acidez, aumenta a capacidade de troca de cátions efetiva e aumenta a disponibilidade de fósforo e silício no solo. Como a sílica oriunda da casca atua como catalizador, a utilização da cinza em solos aumenta sua reatividade, em relação ao uso de calcário convencional, porém, a cinza apresenta poder reativo de neutralização baixo. Antes de aplicar a cinza da casca de arroz no solo, deve ser feita uma análise dele, pois a aplicação em solos pouco ácidos (pH entre 6 e 6,5) pode elevar o pH a valores próximos da neutralidade (pH 7), o que não é desejável para a maioria das culturas.

A cinza da casca do arroz pode ainda ser aproveitada como carga de reforço na composição de borrachas naturais, melhorando as propriedades mecânicas do material, como aumento da resistência aos esforços de tração e compressão, maior dureza, módulo de elasticidade e densidade. Em alguns casos, são adicionados outros componentes à borracha e, assim, algumas propriedades mecânicas podem melhorar determinadas características em detrimento de outras.

Embora o uso da cinza da casca de arroz como fonte de sílica reduza a resistência à compressão do cimento, ainda assim é uma boa alternativa para aumento da durabilidade e resistência a intempéries do concreto e redução da porosidade do aglomerado. Esses benefícios são necessários quando o concreto é destinado à construção de canais de irrigação e pisos resistentes a abrasão. Além disso, por apresentar valores próximos a 100% de sílica em sua constituição, a cinza tem uma característica refratária, tornando-se um material útil na fabricação de tijolos e cerâmicas diversas.

Na Tabela 4.3, são apresentados alguns estudos que destacam a infinitude de destinos que se pode dar à casca e à cinza da casca de arroz.

Tabela 4.3 – Utilização da casca e da cinza da casca de arroz fora da agroindústria orizícola

Tipos de uso	Referências
Adição de cinza em mistura solo-cal	Alcântara *et al.* (2017)
Adição de cinza para alterar propriedades físicas do solo	Islabão *et al.* (2016)
Adição de cinza para corrigir acidez do solo	Islabão *et al.* (2014)
Cama de aviário	Dai Pra e Roll (2014)
Isolante térmico e acústico, tintas e vernizes (aerogel)	Dorcheh e Abbasi (2008); Schmidt e Schwertfeger (1998)
Estabilização de cervejas (xerogel)	Foletto *et al.* (2005)
Adsorventes de chumbo e mercúrio da água	Fang *et al.* (2004)
Produção de sílica	Della, Kühm e Hotza (2002)
Cimento	Ajiwe, Okeke e Akigwe (2000)
Adsorventes e catalisadores (aerogel)	Schmidt e Schwertfeger (1998)
Fonte de celulose	Silva (1997)
Concreto	Ismail e Waliuddin (1996)
Produção de borracha natural	Ishak e Bakar (1995)

4.3 CONSIDERAÇÕES FINAIS

A casca de arroz é gerada na operação de descascamento, em que os grãos são submetidos a fricção que se origina do movimento de rotação de dois roletes emborrachados. Para as indústrias beneficiadoras de arroz, a casca presente na própria unidade é a principal fonte de geração de energia para a secagem dos grãos, em razão de seu elevado poder calorífico. Da própria casca do arroz pode ser extraída a celulose, ou da cinza gerada na combustão pode ser obtido um concentrado de sílica altamente puro que também é aproveitado em indústrias de diversos ramos.

A casca e a cinza da casca de arroz são destinadas para correção de propriedades físicas e químicas do solo, cama de aviário, material de construção e revestimento, catalisador de reações, adsorvente de resíduos, entre outros. Além do arroz ser uma cultura tradicional e importante à alimentação mundial, todos os seus subprodutos são utilizados, até mesmo a casca que *a priori* parecia ser um problema para a indústria, mas que se tornou solução e alternativa para além da cadeia produtiva do arroz.

REFERÊNCIAS

AJIWE, V. I. E.; OKEKE, C. A.; AKIGWE, F. C. A preliminary study of manufacture of cement from rice husk ash. **Bioresource Technology**, v. 73, n. 1, p. 37-39, 2000.

ALCÂNTARA, M. A. M. *et al.* Efeitos da cinza da casca de arroz na plasticidade e compactação de uma mistura solo-cal. **Matéria**, v. 22, n. 3, 2017.

ANGEL, J. D. M. *et al.* Caracterização de cinza obtida por combustão de casca de arroz em reator de leito fluidizado. **Química Nova**, v. 32, n. 5, p. 1110-1114, 2009.

BRASIL. Ministério da Agricultura, Pecuária e Abastecimento. Secretaria de Aquicultura e da Pesca. **Instrução Normativa n. 8**. Brasília: Ministério da Agricultura, Pecuária e Abastecimento, 6 abr. 2020. Disponível em: http://www.in.gov.br/en/web/dou/-/instrucao-normativa-n-8-de-6-de-abril-de-2020-251702681. Acesso em: 12 jun. 2020.

BUTSAT, S.; SIRIAMORNPUN, S. Antioxidant capacities and phenolic compounds of the husk, bran and endosperm of Thai rice. **Food Chemistry**, v. 119, n. 2, p. 606-613, 2010.

CHAMPAGNE, E. T. *et al.* The rice grain and its gross compositions. *In*: CHAMPAGNE, E. T. (org.). **Rice**: chemistry and technology. St. Paul: American Association of Cereal Chemists, 2004. p. 77-108.

DAI PRA, M. A.; ROLL, V. F. B. **Cama de aviário**: utilização, reutilização e destino. Porto Alegre: Editora Manas/Evangraf, 2014.

DELLA, V. P.; KÜHM, I.; HOTZA, D. Rice husk ash as an alternate source for active silica production. **Materials Letters**, v. 57, n. 4, p. 818-821, 2002.

DORCHEH, A. S.; ABBASI, M. H. Silica aerogel; synthesis, properties and characterization. **Journal of Materials Processing Technology**, v. 199, n. 1-3, p. 10-26, 2008.

FANG, M. *et al.* Experimental study on rice husk combustion in a circulating fluidized bed. **Fuel Processing Technology**, v. 85, n. 11 p. 1273-1282, 2004.

FOLETTO, E. L. *et al.* Aplicabilidade das cinzas da casca de arroz. **Química Nova**, v. 28, n. 6, p. 1055-1060, 2005.

ISHAK, Z. A. M.; BAKAR, A. A. An investigation on the potential of rice husk ash as fillers for epoxidized natural rubber (ENR). **European Polymer Journal**, v. 31, n. 3, p. 259-269, 1995.

ISLABÃO, G. O. *et al.* Hydro-physical properties of a typic hapludult under the effect of rice husk ash. **Revista Brasileira de Ciência do Solo**, v. 40, 2016.

ISLABÃO, G. O. *et al.* Rice husk ash as corrective of soil acidity. **Revista Brasileira de Ciência do Solo**, v. 38, n. 3, p. 934-941, 2014.

ISMAIL, M. S.; WALIUDDIN, A. M. Effect of rice husk ash on high strength concrete. **Construction and Building Materials**, v. 10, n. 7, p. 521-526, 1996.

JULIANO, B. O.; BECHTEL, D. B. The rice grain and its gross composition. *In*: JULIANO, B. O. (org.). **Rice**: chemistry and technology. St. Paul: American Association of Cereal Chemists, 1985. p. 17-57.

PEANPARKDEE, M.; IWAMOTO, S. Bioactive compounds from by-products of rice cultivation and rice processing: extraction and application in the food and pharmaceutical industries. **Trends in Food Science & Technology**, v. 86, p. 109-117, 2019.

SCHMIDT, M.; SCHWERTFEGER, F. Applications for silica aerogel products. **Journal of Non-Crystalline Solids**, v. 225, p. 364-368, 1998.

SILVA, P. J. S. **Estudo cinético da deslignificação etanol-água da casca de arroz**: derivatização da casca e da polpa celulósica. 1997. 107 f. Tese (Doutorado em Físico-Química) – Instituto de Química de São Carlos, Universidade de São Paulo, São Carlos, 1997.

ZOU, Y.; YANG, T. Rice husk, rice husk ash and their applications. *In*: CHEONG, L.; XU, X. **Rice bran and rice bran oil**: chemistry, processing and utilization. Londres: Academic Press/AOCS Press, 2019. p. 207-246.

CAPÍTULO 5
FARELO DE ARROZ

Gustavo Heinrich Lang
Adriano Hirsch Ramos
Cristiano Dietrich Ferreira
Maurício de Oliveira

O farelo de arroz é um produto derivado do processo de polimento do arroz integral, parboilizado integral ou pigmentado integral e constitui cerca de 8%-10% do peso total do arroz em casca. Rico em proteínas, minerais, lipídios e fibras alimentares, o farelo de arroz apresenta promissora utilização como alimento funcional e aplicações na indústria nutracêutica e farmacêutica. No entanto, a utilização do farelo pela indústria é dificultada pela instabilidade causada pela rancidez. Por esse motivo, a adoção das técnicas de estabilização é importante para a manutenção da qualidade durante o armazenamento.

Este capítulo visa tratar das operações de obtenção do farelo, bem como da sua composição química, técnicas de estabilização e opções de utilização pela indústria.

5.1 OBTENÇÃO DO FARELO

A produção do arroz polido ou parboilizado polido consiste nas etapas de descascamento (Capítulo 3) e de polimento dos grãos, em que são removidos a casca, o farelo e o germe, respectivamente. Geralmente, o arroz é constituído de 25% de casca, 8%-10% de farelo e 65%-67% de endosperma. Na Figura 5.1, são apresentados os detalhes anatômicos de um grão de arroz em casca.

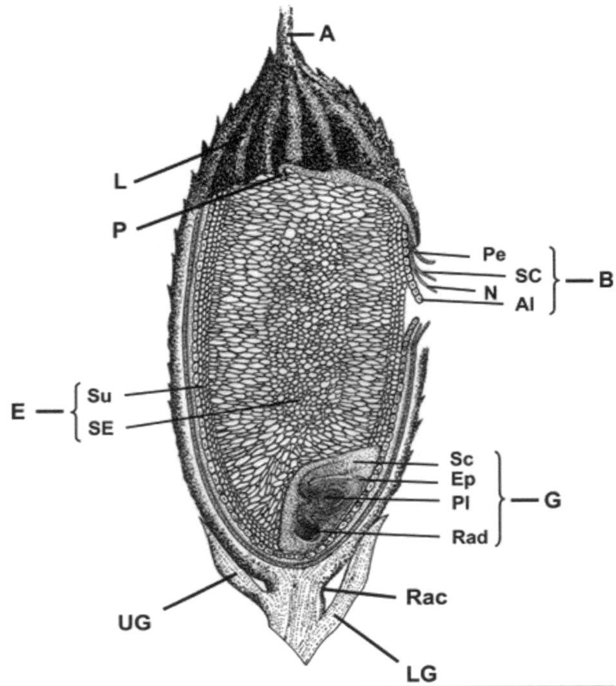

Figura 5.1 – Seção longitudinal de um grão de arroz. Parte superior: arista (A), lema (L), pálea (P), pericarpo (Pe), escutelo (SC), tecido nucelar (N), aleurona (Al), farelo (B), subaleurona (Su), endosperma amiláceo (SE) e endosperma (E). Parte inferior: gluma inferior (LG), gluma superior (UG), ráquila (Rac), radícula (Rad), plúmula (Pl), epiblasto (Ep), escutelo (Sc) e germe (G). Fonte: adaptada de Juliano (1984).

A camada de farelo (B) é constituída de pericarpo (Pe), escutelo (SC), tecido nucelar (N) e aleurona (Al). Epicarpo, mesocarpo e camada cruzada constituem o pericarpo, que é a camada fina que recobre o grão para protegê-lo de danos oxidativos e enzimáticos e que permanece após a etapa de descascamento. É no pericarpo que se encontram os compostos de pigmento que dão coloração aos grãos de arroz preto e vermelho. A testa, camada menos fibrosa e rica em lipídios e proteína, é encontrada logo abaixo do pericarpo e antes da camada de aleurona, que recobre o endosperma (E), rico em amido. Com o germe (G), todas as camadas que compõem o farelo são removidas durante o processo de polimento.

Na indústria, após a operação de descascamento, a remoção do farelo é realizada em equipamentos denominados brunidores (Figura 5.2). São constituídos basicamente de duas peças principais: uma peça externa perfurada (breque), com estrias de borracha em sua parte interna, e a pedra do brunidor. Essa pedra é a peça que faz o movimento giratório em um eixo central. O breque apresenta um dispositivo de regulagem entre ele e a pedra. Dessa forma, os grãos de arroz, ao passarem por esse sistema, sofrem a remoção do farelo e do germe, que são separados dos grãos polidos pela perfuração presente no breque.

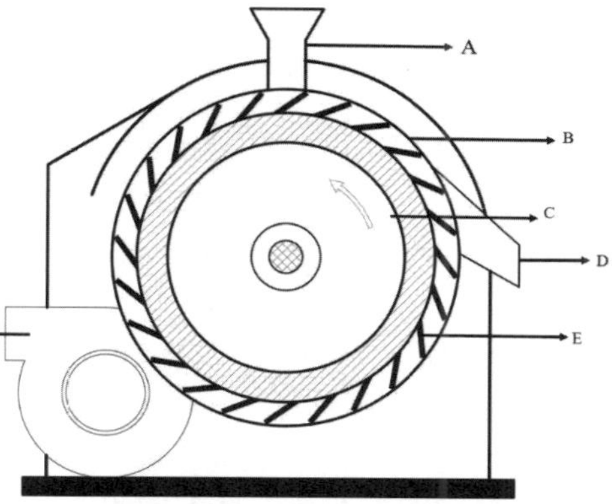

Figura 5.2 – Ilustração de um brunidor de arroz: entrada dos grãos (A), breque (B), pedra do brunidor (C), saída dos grãos polidos (D), estrias de borracha (E) e ventilador de saída do farelo (F).

A intensidade de polimento dos grãos de arroz pode ser regulada de duas maneiras: pelo ajuste da distância entre o breque e a pedra de brunimento, fixando-se o tempo de polimento, ou pela modificação do tempo de polimento, fixando-se a distância entre o breque e a pedra. Considerando a segunda opção, exemplificamos a seguir uma equação usada para determinar o grau de remoção de farelo, também conhecido com grau de polimento.

Com a seguinte equação, o peso final que os grãos devem apresentar após o polimento é calculado. Os grãos são levados ao brunidor, e o peso final é encontrado alternando-se o tempo de polimento na forma de "tentativa e erro". Assim, mantendo-se fixa a regulagem da distância da pedra do brunidor, o restante dos grãos pode ser polido conforme o tempo predeterminado.

$$Pf = Pe - (Pi) \times IP$$

Na equação: *Pf* é o peso final a ser alcançado após o polimento; *Pe* significa o peso dos grãos esbramados (após o descascamento); *Pi* representa o peso inicial dos grãos em casca; *IP* é a intensidade de polimento dos grãos em percentual.

5.2 COMPOSIÇÃO QUÍMICA

A composição do farelo muda dependendo da variedade de arroz, condições climáticas e métodos de processamento. O farelo de arroz apresenta uma larga quantidade de nutrientes essenciais e um elevado conteúdo de antioxidantes naturais em razão da presença de fitoquímicos, como orizanóis, tocotrienóis e ácidos fenólicos. A composição química do farelo de arroz de pericarpo marrom e pigmentado está apresentada na Tabela 5.1.

Tabela 5.1 – Composição química do farelo de arroz de pericarpo marrom e pigmentado

Componentes	Arroz marrom	Arroz pigmentado
Proteínas (g/100 g)	14,01 ± 0,24	14,36 ± 3
Lipídios (g/100 g)	22,64 ± 0,92	32,18 ± 2
Minerais (g/100 g)	9,73 ± 0,08	9,77 ± 1,5
Carboidratos (g/100 g)	19,17 ± 0,26	NR
Fibras (g/100 g)	31,88 ± 0,32	NR
Fenólicos totais solúveis (mg/100 g)	129-980	277,2-9850
Fenólicos totais insolúveis (mg/100 g)	191,1-545	227-8400,2
Flavonoides totais solúveis (mg/100 g)	100-1168,1	120-2716,7
Flavonoides totais insolúveis (mg/100 g)	106,3-350,4	126,7-386,9
Antocianinas totais (mg/100 g)	0-3,09	2,7-6353,8
Proantocianidinas (mg/100 g)	2,24-6,64	8,8-2261
Tocoferóis totais (mg/100 g)	1,6-21,8	2,4-19
Tocotrienóis totais (mg/100 g)	2,9-36	8,6-38,9

Nota: NR = não relatado. Resultados expressos em base seca. Fonte: adaptada de Goufo e Trindade (2014) e Choi *et al.* (2011).

5.2.1 PROTEÍNAS

As proteínas são componentes das células vegetais que desempenham papel importante em funções biológicas específicas, como o armazenamento de nitrogênio e carbono. Podem ser divididas quanto a sua função em biologicamente ativas (enzimas) e biologicamente inativas (proteínas de armazenamento). As enzimas, entre elas amilase, catalase, ácido ascórbico, oxidase, lipoxigenase, polifenoloxidase e esterase, são proteínas responsáveis pela catálise de diversas reações. Especificamente, as enzimas lipases atuam na clivagem do sítio triacilglicerol, permitindo o aumento dos ácidos graxos livres para a oxidação e a formação de compostos voláteis de odor indesejável, como álcoois, aldeídos e cetonas. É um processo que ocorre naturalmente nos grãos, porém, no farelo, é favorecido pelo processo de remoção que causa o rompimento das células, facilitando o contato entre as enzimas e os lipídios.

As proteínas de armazenamento servem como fonte de nitrogênio, carbono e enxofre para os grãos. São classificadas por Osborne (1924) de acordo com sua solubilidade em albuminas (solúveis em água), globulinas (solúveis em meio salino), glutelinas (solúveis em meio ácido ou alcalino) e prolaminas (solúveis alcoólico). No farelo representam 24%-43% de albuminas, 13%-36% de globulinas, 22%-45% de glutelinas e 1%-5% de prolaminas. Por exibirem uma estrutura cristalina de formato irregular e com predominância de albumina e glutelina, as proteínas do farelo apresentam maior qualidade nutricional em comparação com as proteínas do endosperma. Além disso, as proteínas do arroz são consideradas hipoalergênicas e, por esse motivo, amplamente utilizadas para formulações de alimentos infantis.

As proteínas do farelo de arroz apresentam um elevado valor nutricional em razão de seu alto teor de aminoácidos essenciais limitantes, como a lisina e a treonina, que geralmente são encontradas em menores quantidades nos cereais. As glutelinas são as proteínas responsáveis pelo elevado teor do aminoácido lisina. Na Tabela 5.2, estão descritos os teores dos aminoácidos essenciais da proteína isolada do farelo de arroz em comparação com a proteína isolada de soja e caseína.

Tabela 5.2 – Aminoácidos essenciais da proteína isolada do arroz, da soja e da caseína

Aminoácidos (g/g proteína)	Proteína isolada de arroz[a]	Proteína isolada de soja[b]	Caseína[b]
Lisina	5,1	6,1	8,5
Histidina	3	2,5	3,2
Isoleucina	3,8	4,7	5,4
Leucina	7,6	7,9	9,5
Treonina	4,1	3,7	4,2
Triptofan	1	1,2	1,4
Valina	6,2	4,8	6,3

Fonte: adaptada de (a) Fabian e Ju (2011) e (b) Morita e Kiriyama (1993).

As propriedades funcionais das proteínas extraídas do farelo de arroz são essenciais para a aplicação em alimentos e podem variar com o método de extração. A solubilidade e a capacidade de formação de espuma são as principais propriedades avaliadas. De maneira geral, as proteínas do farelo apresentam baixa solubilidade por conta do elevado grau de interações dissulfídicas (S-S) intermoleculares. Essa característica é a principal dificuldade na aplicação da proteína do arroz; contudo, pode ser melhorada pela utilização de hidrólise parcial (HOOGENKAMP; KUMAGAI; WANASUNDARA, 2017). A capacidade de formação e estabilidade da espuma são comparáveis à albumina do ovo (WANG *et al.*, 1999) e as propriedades emulsificantes são comparáveis à caseína (FABIAN; JU, 2011). As temperaturas de desnaturação das proteínas albuminas, globulinas e glutelinas presentes no farelo de arroz são de 73,3°C, 78,9 °C e 82,2 °C, respectivamente.

5.2.2 LIPÍDIOS

A extração de óleo é uma das principais utilizações do farelo de arroz por conta de sua composição rica em compostos bioativos, como os fitoesteróis, tocoferóis e tocotrienóis. Composto de 47% de ácidos graxos monoinsaturados, 33% de poli-insaturados e 20% de saturados, o óleo de arroz é uma excelente fonte de ácido graxos essenciais, além de possuir um alto percentual de frações insaponificáveis (4,2%), enquanto outras fontes apresentam de 1% a 2%. Outro benefício é sua elevada capacidade de redução do colesterol, sem quaisquer reações alérgicas. Informações mais detalhadas estão contidas no Capítulo 6, "Óleo do farelo de arroz".

5.2.3 FIBRAS

As fibras alimentares podem ser classificadas de acordo com sua solubilidade em água, como a fibra alimentar solúvel, incluindo inulina, β-glucanas e outros polissacarídeos não amiláceos, e as fibras alimentares insolúveis, que incluem celulose, hemicelulose e lignina. Nesse contexto, o farelo de arroz apresenta teores de fibras solúveis e insolúveis em torno de 2,7% e 30,2%, respectivamente, sendo que, do total de fibras, a celulose corresponde a 33,4%, a hemicelulose, a 54,5%, e a lignina, a 5,8%.

5.2.4 COMPOSTOS FENÓLICOS

O farelo de arroz é também um promissor ingrediente para alimentos funcionais em razão de sua elevada concentração de ácidos fenólicos, que são amplamente conhecidos por seus benefícios à saúde. Os ácidos fenólicos são compostos de um anel fenólico e um ácido carboxílico orgânico, apresentando a capacidade de estabilizar e deslocar elétrons desemparelhados, o que confere propriedades antioxidantes. Os principais ácidos fenólicos presentes no arroz são os hidroxicinâmicos, como o ácido ferúlico, p-cumárico, sinápico, protocatecuico, p-hidroxibenzoico, vanílico e siringico, sendo que 74% desses compostos estão presentes na forma ligada e concentrados, principalmente na camada de aleurona (Tabela 5.3).

Tabela 5.3a – Compostos fenólicos e flavonoides presentes no farelo de arroz marrom e pigmentado

Compostos fenólicos (mg/100 g)	Arroz marrom	Arroz pigmentado
Gálico	1,35 ± 1,48	5,43 ± 2,4
Protocatecuico	0,94 ± 0,69	16,23 ± 6,23
p-Hidroxybenzoico	3,71 ± 4,06	31,21 ± 11,77
Vanílico	0,86 ± 0,69	54,81 ± 13,68
Siríngico	0,36 ± 0,34	NR
Clorogênico	1,05 ± 0,28	NR
Cafeico	0,46 ± 0,26	25,6 ± 3,53
p-cumárico	42,2 ± 20,92	46,18 ± 42,73
Sinápico	2,06 ± 1,68	22,76 ± 5,8
Ferúlico	120,3 ± 83,3	96,61 ± 39,03

Nota: NR = não relatado. Fonte: Goufo e Trindade (2014).

Tabela 5.3b – Compostos fenólicos e flavonoides presentes no farelo de arroz marrom e pigmentado

Componentes flavonoides (mg/100 g)	Arroz marrom	Arroz pigmentado
Luteolina	NR	18,4 ± 0
Apigenina	0,36 ± 0	7,8 ± 0
Tricina	3,28 ± 2,69	101,7 ± 90,54
Quercetina	NR	3,37 ± 1,9
Catequina	1,38 ± 0,74	20,9 ± 6,85
Epicatequina	NR	46,53 ± 0

Nota: NR = não relatado. Fonte: Goufo e Trindade (2014).

Tabela 5.3c – Compostos fenólicos e flavonoides presentes no farelo de arroz marrom e pigmentado

Antocianinas (mg/100 g)	Arroz marrom	Arroz pigmentado
Peonidina-3-O-glucosídeo	7,36 ± 0	123,9 ± 102,6
Cianidina-3-O-glucosídeo	NR	700,2 ± 623,7

Nota: NR = não relatado. Fonte: Goufo e Trindade (2014).

O ácido ferúlico é o ácido fenólico mais abundante no farelo de arroz, com teores totais em torno de 118,34-172,52 mg/100 g, 61,89-141,03 mg/100 g e 98,03-146,34 mg/100 g em grãos de arroz marrom, vermelho e preto, respectivamente. Ele está presente no farelo essencialmente na fração conectada através de ligações cruzadas com os polissacarídeos da parede celular, na forma de ferulatos e diferulatos. Estudos recentes vêm demonstrando que o ácido ferúlico e outros compostos fenólicos fracionados do farelo de arroz apresentam atividade hipoglicêmica em camundongos induzidos com diabetes tipo 2 (JUNG *et al.*, 2007).

Além de ácidos fenólicos simples, o farelo de arroz, principalmente das variedades de pericarpo pigmentado, contém flavonoides em sua composição, como as antocianinas no arroz preto e as proantocianidinas no arroz vermelho. Os flavonoides podem ser sintetizados pelas vias metabólicas dos fenilpropanoides e consistem em um composto formado por um esqueleto de quinze carbonos organizado em dois anéis aromáticos interligados entre si. Esses compostos também são reconhecidos por estabilizar elétrons e interromper reações em cadeia. Os principais flavonoides encontrados em variedades de arroz marrom são luteolina, apigenina e quercetina, enquanto para as variedades de arroz pigmentado, além desses, ainda são encontradas catequina e epicatequina no arroz vermelho e antocianinas cianidina, peonidina, petunidina, malvidina e pelargonidina nos arrozes preto e roxo. Os flavonoides estão em sua grande maioria associados a açúcares (forma glicosídica).

5.2.5 ÁCIDO FÍTICO

O farelo de arroz apresenta alto teor de ácido fítico, em torno de 5,94 g/100 g a 6,09 g/100 g, presente majoritariamente na camada de aleurona e associado a proteínas. O ácido fítico é responsável por cerca de 60%-90% do total de fósforo presente no arroz e ocorre geralmente como um sal misto de cálcio-magnésio-potássio. Em vista do seu recém-descoberto potencial antioxidante, o ácido fítico tem sido estudado como um ingrediente alimentar e farmacêutico para proteção contra efeitos deletérios do oxigênio e do ferro. Além disso, apresenta benefícios para a conservação de alimentos em razão de sua capacidade de prevenir a oxidação lipídica.

5.2.6 VITAMINAS E MINERAIS

No farelo se encontram a maior fração das vitaminas presentes no arroz. As principais delas são riboflavina, tiamina e niacina, com teores variando entre 0,01-0,4 mg/100, 0,12-1,74 mg/100 g e 1,97-9,22 mg/100 g, respectivamente. A fração de minerais do arroz está majoritariamente concentrada na camada do farelo (cerca de 90%), sendo que o principal mineral é o fósforo presente na forma de fitatos (Tabela 5.4).

Tabela 5.4 – Minerais no farelo de arroz

Componentes	Conteúdo (ppm)
Cálcio	140-1.310
Cloro	510-970
Ferro	190-530
Magnésio	8.650-12.300
Manganês	110-877
Fósforo	14.800-28.960
Potássio	13.650-23.960
Silício	1.700-16.300

Fonte: adaptada de Saunders (1985).

5.3 ESTABILIZAÇÃO DO FARELO

O processo de estabilização é amplamente utilizado para a inativação enzimática, aumentando a vida de prateleira e tornando o farelo adequado para o consumo direto. Particularmente, a inativação das enzimas lipase, lipoxigenase e peroxidase são essenciais para a manutenção da qualidade do farelo. Sem estabilização, a produção de ácidos graxos livres no farelo pode chegar a 5%-7% por dia de armazenamento (SAUNDERS, 1985).

As características da enzima lipase compreendem um sistema de ativação induzido pelo cálcio e inativado por metais, pH ótimo de 7,5 a 8,0 e temperatura ótima de 37 °C. É composta de duas subunidades unidas por ligações dissulfídicas e pode ser inativa por aquecimento a 60 °C por 15 minutos. As temperaturas de inativação das enzimas variam com a umidade do farelo, por exemplo, a 4% de umidade a temperaturas de inativação de lipoxigenase, lipase e peroxidase de 40 °C, 55 °C e 70 °C, respectivamente (JULIANO, 1985). Contudo, essas temperaturas reduzem com o aumento da umidade do farelo.

Diferentes técnicas podem ser adotadas para a estabilização do farelo, e as principais delas são apresentadas na Tabela 5.5. Uma das primeiras desenvolvidas por Prabhakar e Venktesh (1986) baseia-se no princípio de que a atividade da enzima lipase é baixa em valores de pH baixos. Dessa forma, o farelo pode ser submetido a um tratamento químico simples em que é acidificado para um pH 4, utilizando ácido clorídrico. Contudo, grandes indústrias necessitam de métodos contínuos, eficientes e com pouca produção de resíduos. Para isso, tratamentos térmicos como a secagem em altas temperaturas, vapor superaquecido, cozimento e autoclavagem são métodos eficazes para a estabilização do farelo de arroz e ajudam a reter seu conteúdo nutricional.

Todas as técnicas apresentam suas vantagens e desvantagens. No entanto, a escolha de um método para a estabilização do farelo é essencial para a obtenção de um produto estável durante armazenamento e adequado como ingrediente alimentar. Uma alternativa importante é a utilização do farelo de arroz parboilizado, visto que as enzimas já foram inativadas no processo térmico de parboilização.

Tabela 5.5 – Técnicas de estabilização do farelo de arroz, suas condições e percentuais de ácidos graxos livres

Técnica de estabilização	Condições	Ácidos graxos livres	Referências
Secagem por ar quente	100 °C por 1 hora	Após 175 dias (4%)	Kim, Chung e Lim (2014)
	80 °C por 1 hora	Após 175 dias (7%)	
Autoclavagem	121 °C por 20 minutos	Após 175 dias (2,5%)	
Vapor de etanol superaquecido	100 °C por 5 minutos	Após 175 dias (4,5%)	
Aquecimento por micro-ondas	1200 W por 2 minutos	Após 175 dias (5%)	
	1200 W por 5 minutos	Após 175 dias (3%)	
	2450 MHz por 2 minutos	Após 112 dias (3%)	Ramezanzadeh *et al.* (1999)
Secagem por ar quente	120 °C por 30 minutos	Após 60 dias (9,15%)	Sharma, Chauhan e Agrawal (2007)
Extrusão	Taxa de alimentação 27 kg/h, pressão 275,8 kPa, diâmetro do extrusado 0,78 cm e temperatura de 135 °C-140 °C	Após 60 dias (4,10%)	

Secagem em leito fluidizado	84 °C por 1 hora	Após 70 dias (16,72%)	Amarasinghe e Gangodavilage (2004)
Cozimento	100 °C por 30 minutos	Após 70 dias (9,01%)	
Estabilização química	Misturador rotativo com 40 ml de ácido clorídrico por quilo de farelo	Após 60 dias (8,80%)	Prabhakar e Venktesh (1986)
	Aspersão de ácido acético e propiônico	NR	Gopinger *et al.* (2015)
Aquecimento ôhmico	21% umidade do farelo, 60 Hz	Após 42 dias (5,47%)	Lakkakula, Lima e Walker (2004)
Aquecimento por infravermelho	140 °C por 20 minutos	Após 180 dias (6,70%)	Irakli *et al.* (2018)

5.4 UTILIZAÇÃO DO FARELO DE ARROZ

5.4.1 ISOLADO PROTEICO

Embora a ingestão da proteína do arroz ainda se dê amplamente pelo consumo na forma de grão, a utilização do farelo resultante do processo de polimento é uma importante fonte para a extração de concentrados proteicos para produzir alimentos esportivos e infantis, fórmulas hipoalergênicas, alguns tipos de bebidas e, mais recentemente, peptídeos bioativos derivados das proteínas do farelo.

De maneira geral, dois fatores principais tornam as proteínas do farelo de arroz de difícil extração: fraca solubilidade em razão da forte agregação e da extensiva reticulação por ligações dissulfídicas e diferenças na constituição (albumina, glutelina, globulina e prolamina) que acarretam na solubilidade com diferentes solventes. Inicialmente, foram desenvolvidas técnicas de extração das proteínas do farelo de arroz por meio de soluções alcalinas (pH > 9), visto que o alto teor de fitatos (1,7%) pode se combinar com a proteína em soluções com pH entre 1-2 e dificultar sua separação de outros componentes. Além disso, a glutelina, proteína majoritária no farelo de arroz, é solúvel em pH elevado. Contudo, a extração alcalina apresenta algumas desvantagens, como desnaturação e hidrólise das proteínas, aumento da extração de componentes não proteicos e aumento das reações de Maillard. Essa reação é caracterizada pelo escurecimento dos alimentos ou do isolado proteico em razão da formação de compostos de coloração marrom ou avermelhada chamadas melanoidinas. Especificamente, os aminoácidos livres das proteínas se condensam com açúcares redutores e se rearranjam e desidratam para formar intermediários amarelados, que finalmente são convertidos em polímeros denominados melanoidinas. Essa reação ocorre naturalmente nas proteínas, mas é favorecida pelo aquecimento.

As proteínas do farelo de arroz estão contidas em corpos proteicos dentro da parede celular; por esse motivo, métodos de extração que utilizam o rompimento celular apresentam maior eficiência e menores danos às propriedades das proteínas. Essas técnicas de ruptura celular podem ser mecânicas, como a moagem e a utilização de ondas de ultrassom, e não mecânicas, como a utilização de reagentes, enzimas e congelamento e descongelamento do farelo. Dessas, a utilização de enzimas xilanases, fitases, endoproteases e exoproteases são as que apresentam maior rendimento de extração (> 80%).

Os principais métodos enzimáticos para a extração de proteínas do farelo de arroz estão apresentados na Tabela 5.6.

Tabela 5.6 – Métodos enzimáticos para a extração de isolados proteicos do farelo de arroz

<table>
<tr><th>Métodos</th><th>Rendimento</th><th>Pureza</th><th>Referências</th></tr>
<tr><td>Flavorzime (endoprotease e exoprotease)</td><td>88%</td><td>30%</td><td rowspan="2">Hamada (1999)</td></tr>
<tr><td>Alcalase (endoprotease)</td><td>81%</td><td>28%</td></tr>
<tr><td>Xilanase</td><td>82%</td><td>54%</td><td rowspan="3">Wang et al. (1999)</td></tr>
<tr><td>Fitase</td><td>80%</td><td>57%</td></tr>
<tr><td>Xilanase e fitase</td><td>75%</td><td>92%</td></tr>
<tr><td>Amilase</td><td>37%</td><td>NR</td><td rowspan="2">Tang, Hettiararchy e Shellhammer (2002)</td></tr>
<tr><td>Protease</td><td>48%</td><td>NR</td></tr>
<tr><td>Carboidrases</td><td>53%</td><td>NR</td><td>Asharullah, Hourigan e Chesterman (1997)</td></tr>
</table>

Nota: NR = não relatado.

A técnica de extração das proteínas do farelo com água em condições subcríticas tem sido relatada como a mais promissora e menos agressiva ao meio ambiente. Consiste em manter a água em temperaturas entre 100 °C e 340 °C sob pressões que a conservam em estado líquido. Nessas condições, a constante de ionização da água atinge valores máximos, tornando-a uma fonte rica em íons H+ e OH–, consequentemente um excelente solvente para extração de compostos. Rendimentos de extração de proteínas do farelo de arroz superiores a 84% têm sido relatos; porém, apesar da alta eficiência de extração, a alta temperatura de extração pode ocasionar a desnaturação das proteínas.

5.4.2 INGREDIENTE ALIMENTAR

Tendo em vista que o farelo de arroz é rico em fibras dietéticas e apresenta um elevado potencial terapêutico, sua adição pode contribuir para o desenvolvimento de alimentos de alto valor agregado ou funcionais com alta demanda, como os suplementos esportivos. A cor, o elevado teor de compostos nutracêuticos e as propriedades das proteínas, como a capacidade de absorção de água e gordura, emulsificação e capacidade de formação de espuma, são as principais características que o farelo de arroz dispõe.

O farelo de arroz estabilizado ou desengordurado tem sido utilizado como suplemento para fins funcionais e nutricionais em várias matrizes alimentares, como pão (HU; HUANG; CAO; MA, 2009), biscoitos (YOUNAS *et al.*, 2011), pizzas (DE

DELAHAYE; JIMÉNEZ; PÉREZ, 2005), bebidas (FACCIN *et al.*, 2009), leite em pó (NANUNA; MCGREGOR; GODBER, 2000) e carne moída (SHIH; DAIGLE, 2003).

O enriquecimento de produtos de panificação é a principal finalidade do farelo de arroz devido ao seu baixo teor de gordura e elevado teor de fibras, que proporcionam, além dos benefícios fisiológicos, melhorias nas propriedades de gelificação, espessamento e estabilização. Por exemplo, alimentos revestidos com farelo de arroz estabilizado tendem a absorver menos gordura durante a fritura. Outra aplicação recente dos compostos extraídos do farelo de arroz está nos compostos de pigmentos, nomeadamente as antocianinas presentes nas variedades de arroz pigmentado. Além de fornecer coloração natural aos alimentos, eles apresentam efeitos benéficos para a saúde. Vários estudos recentes sugerem aplicações das antocianinas extraídas de arroz preto em produtos como iogurte (NONTASAN; MOONGNGARM; DEESEENTHUM, 2012) e salsicha (LOYPIMAI; MOONGNGARM; NAKSAWAT, 2017). A coloração das antocianinas pode variar de azul a roxo-escuro em pH elevado até vermelho e cor-de-rosa em valores de pH baixo.

5.4.3 EXTRAÇÃO DE COMPOSTOS BIOATIVOS

O farelo de arroz é uma fonte rica em compostos bioativos, incluindo ácidos fenólicos, flavonoides, vitamina E e γ-orizanol, que apresentam elevada atividade antioxidante. Muitos métodos diferentes já foram desenvolvidos para a extração de compostos bioativos do farelo de arroz – entre eles, radiação infravermelha distante, extração por Soxhlet, assistida por micro-ondas, por aquecimento ôhmico e por ultrassom – e os principais são apresentados na Tabela 5.7. Os métodos convencionais de extração com solventes combinados com agitação e extração de Soxhlet são as mais frequentemente utilizadas. No entanto, esses processos são fortemente dependentes da polaridade do solvente, têm baixa eficiência e podem aumentar a poluição ambiental.

Tabela 5.7 – Métodos de extração de compostos bioativos do farelo de arroz

Método de extração	Solvente	Composto químico	Referência
Agitação mecânica e solvente	Metanol	Fenólicos e flavonoides	Rao *et al.* (2010)
Agitação mecânica e solvente	Acetona, metanol e etanol	Ácidos fenólicos	Jun *et al.* (2012)
Radiação infravermelha e solvente	Metanol	Ácidos fenólicos	Nam *et al.* (2004)
Aquecimento ôhmico e solvente	Solução hidroalcoólica acidificada	Antocianinas, vitamina E e γ-orizanol	Loypimai *et al.* (2015)
Sohxlet	Hexano	Vitamina E e γ-orizanol	Bhatnagar *et al.* (2014)

5.5 CONSIDERAÇÕES FINAIS

Como mencionado neste capítulo, o farelo de arroz é composto de proteínas, lipídios, minerais, fibras alimentares e compostos bioativos, que lhe conferem uma ampla aplicabilidade em alimentos. Contudo, anteriormente a isso, a etapa de estabilização do farelo é essencial para sua conservabilidade durante o armazenamento, visto que o processo de remoção do farelo acarreta maior exposição dos lipídios para o ataque de enzimas e, consequentemente, para o aumento da rancidez.

As principais técnicas de estabilização são secagens ao ar quente, aquecimento por micro-ondas e infravermelho e métodos de estabilização química. Outra importante alternativa é a utilização do farelo de arroz parboilizado, que não necessita da etapa de estabilização, devido à inativação enzimática proporcionada pelo processo de autoclavagem dos grãos.

A extração de lipídios é um dos principais destinos do farelo, porém, mesmo depois da extração, o farelo de arroz desengordurado pode ser utilizado para aplicação em produtos de panificação e embutidos, obtenção de isolados proteicos ou extração de compostos bioativos. As proteínas do farelo de arroz apresentam um balanceado teor de aminoácidos essenciais e elevadas propriedades de digestibilidade; também são hipoalergênicas, mostrando-se uma potencial fonte para produtos de elevado valor agregado, como alimentos infantis. Os compostos bioativos, como compostos fenólicos e vitaminas, podem ser extraídos e utilizados para o aumento da atividade antioxidante dos produtos, além de contribuir com a conservabilidade e a produção de pigmentos específicos.

REFERÊNCIAS

AMAGLIANI, L. *et al.* The composition, extraction, functionality and applications of rice proteins: a review. **Trends in Food Science & Technology**, v. 64, p. 1-12, 2017.

AMARASINGHE, B. M. W. P. K.; GANGODAVILAGE, N. C. Rice bran oil extraction in Sri Lanka data for process equipment design. **Food and Bioproducts Processing**, v. 82, n. 1, p. 54-59, 2004.

ANSHARULLAH; HOURIGAN, J. A.; CHESTERMAN, C. F. Application of carbohydrases in extracting protein from rice bran. **Journal of the Science of Food and Agriculture**, v. 74, n. 2, p. 141-146, 1997.

BHATNAGAR, A. S. *et al.* Processing of commercial rice bran for the production of fat and nutraceutical rich rice brokens, rice germ and pure bran. **LWT – Food Science and Technology**, v. 58, n. 1, p. 306-311, 2014.

CANAN, C. *et al.* Studies on the extraction and purification of phytic acid from rice bran. **Journal of Food Composition and Analysis**, v. 24, n. 7, p. 1057-1063, 2011.

CHOI, Y.-S. *et al.* Effects of rice bran fiber on heat-induced gel prepared with pork salt-soluble meat proteins in model system. **Meat Science**, v. 88, n. 1, p. 59-66, 2011.

DE DELAHAYE, E. P.; JIMÉNEZ, P.; E PÉREZ, E. Effect of enrichment with high content dietary fibre stabilized rice bran flour on chemical and functional properties of storage frozen pizzas. **Journal of Food Engineering**, v. 68, n. 1, p. 1-7, 2005.

FABIAN, C.; JU, Y.-H. A review on rice bran protein: its properties and extraction methods. **Critical Reviews in Food Science and Nutrition**, v. 51, n. 9, p. 816-827, 2011.

FACCIN, G. L. *et al.* Chemical, sensorial and rheological properties of a new organic rice bran beverage. **Rice Science**, v. 16, n. 3, p. 226-234, 2009.

GOPINGER, E. *et al.* Whole rice bran stabilization using a short chain organic acid mixture. **Journal of Stored Products Research**, v. 61, p. 108-113, 2015.

GOUFO, P.; TRINDADE, H. Rice antioxidants: phenolic acids, flavonoids, anthocyanins, proanthocyanidins, tocopherols, tocotrienols, γ-oryzanol, and phytic acid. **Food Science & Nutrition**, v. 2, n. 2, p. 75-104, 2014.

GRAF, E.; EATON, J. W. Antioxidant functions of phytic acid. **Free Radical Biology and Medicine**, v. 8, n. 1, p. 61-69, 1990.

HAMADA, J. S. Use of proteases to enhance solubilization of rice bran proteins. **Journal of Food Biochemistry**, v. 23, n. 3, p. 307-321, 1999.

HATFIELD, R. D.; RALPH, J.; GRABBER, J. H. Cell wall cross-linking by ferulates and diferulates in grasses. **Journal of the Science of Food and Agriculture**, v. 79, n. 3, p. 403-407, 1999.

HOOGENKAMP, H.; KUMAGAI, H.; WANASUNDARA, J. P. D. Rice protein and rice protein products. *In*: NADATHUR, S. R.; WANASUNDARA, J. P. D.; SCANLIN, L. **Sustainable Protein Sources**. Amsterdã: Academic Press/Elsevier, 2017. p. 47-65.

HU, G. *et al.* Effect of enrichment with hemicellulose from rice bran on chemical and functional properties of bread. **Food Chemistry**, v. 115, n. 3, p. 839-842, 2009.

IRAKLI, M.; KLEISIARIS, F.; MYGDALIA, A.; KATSANTONIS, D. Stabilization of rice bran and its effect on bioactive compounds content, antioxidant activity and storage stability during infrared radiation heating. **Journal of Cereal Science**, v. 80, p. 135-142, 2018.

JULIANO, B. O. Rice starch: production, properties, and uses. *In*: WHISTLER, R. L.; BEMILLER, J. N.; PASCHALL, E. F. (ed.). **Starch**: Chemistry and technology Academic Press, Orlando, Florida, 1984. p. 507-528.

JULIANO, B. O. (org.). **Rice**: chemistry and technology. St. Paul: American Association of Cereal Chemists, 1985.

JUN, H. I. *et al.* Antioxidant activities and phenolic compounds of pigmented rice bran extracts. **Journal of Food Science**, v. 77, n. 7, p. C759-C764, 2012.

JUNG, E. H. *et al.* Hypoglycemic effects of a phenolic acid fraction of rice bran and ferulic acid in C57BL/KsJ-db/db mice. **Journal of Agricultural and Food Chemistry**, v. 55, n. 24, p. 9800-9804, 2007.

KIM, S.-M.; CHUNG, H.-J.; LIM, S.-T. Effect of various heat treatments on rancidity and some bioactive compounds of rice bran. **Journal of Cereal Science**, v. 60, n. 1, p. 243-248, 2014.

LAKKAKULA, N. R.; LIMA, M.; WALKER, T. Rice bran stabilization and rice bran oil extraction using ohmic heating. **Bioresource Technology**, v. 92, n. 2, p. 157-161, 2004.

LOYPIMAI, P. *et al.* Ohmic heating-assisted extraction of anthocyanins from black rice bran to prepare a natural food colourant. **Innovative Food Science & Emerging Technologies**, v. 27, p. 102-110, 2015.

LOYPIMAI, P.; MOONGNGARM, A.; NAKSAWAT, S. Application of natural colorant from black rice bran for fermented Thai pork sausage – Sai Krok Isan. **International Food Research Journal**, v. 24, n. 4, p. 1529-1537, 2017.

MORITA, T.; KIRIYAMA, S. Mass production method for rice protein isolate and nutritional evaluation. **Journal of Food Science**, 58, n. 6, p. 1393-1396, 1993.

NAM, K. C. *et al.* Far-infrared radiation increases the antioxidant properties of rice hull extract in cooked Turkey meat. **Journal of Agricultural and Food Chemistry**, v. 52, n. 2, p. 374-379, 2004.

NONTASAN, S.; MOONGNGARM, A.; DEESEENTHUM, S. Application of functional colorant prepared from black rice bran in yogurt. **APCBEE Procedia**, v. 2, p. 62-67, 2012.

NANUA, J. N.; MCGREGOR, J. U.; GODBER, J. S. Influence of high-oryzanol rice bran oil on the oxidative stability of whole milk powder. **Journal of Dairy Science**, v. 83, n. 11, p. 2426-2431, 2000.

OSBORNE, T. B. **The vegetable proteins**. Longmans: Green and Company, 1924.

PANG, Y. *et al.* Bound phenolic compounds and antioxidant properties of whole grain and bran of white, red and black rice. **Food Chemistry**, v. 240, p. 212-221, 2018.

PEANPARKDEE, M.; IWAMOTO, S. Bioactive compounds from by-products of rice cultivation and rice processing: extraction and application in the food and pharmaceutical industries. **Trends in Food Science & Technology**, v. 86, p. 109-117, 2019.

PRABHAKAR, J. V.; VENKATESH, K. V. L. A simple chemical method for stabilization of rice bran. **Journal of the American Oil Chemists' Society**, v. 63, n. 5, p. 644-646, 1986.

RAHMAN, S. *et al.* Development of rice bran functional food and evaluation of its healthful properties. *In*: CHEONG, L.; XU, X. **Rice bran and rice bran oil**: chemistry, processing and utilization. London: Academic Press/AOCS Press, 2019. p. 183-206.

RAMEZANZADEH, F. M. *et al.* Prevention of hydrolytic rancidity in rice bran during storage. **Jounal of Agriculture and Food Chemistry**, v. 47, n. 8, p. 3050-3052, 1999.

RAO, A. S. *et al.* The antioxidant and anti- proliferative activities of methanolic extracts from Njavara rice bran. **BMC Complementary and Alternative Medicine**, v. 10, n. 4, 2010.

SAUNDERS, R. M. Rice bran: composition and potential food uses. **Food Reviews International**, v. 1, n. 3, p. 465-495, 1985.

SHARMA, H. R.; CHAUHAN, G. S.; AGRAWAL, K. Physico-chemical characteristics of rice bran processed by dry heating and extrusion cooking. **International Journal of Food Properties**, v. 7, n. 3, p. 603-614, 2007.

SHIH, F. F.; DAIGLE, K. W. Antioxidant properties of milled-rice co-products and their effects on lipid oxidation in ground beef. **Journal of Food Science**, v. 68, n. 9, p. 2672-2675, 2003.

TANG, S.; HETTIARARCHY, N. S.; SHELLHAMMER, T. H. Protein extraction from heat-stabilized defatted rice bran. 1. Physical processing and enzyme treatments. **Journal of Agriculture and Food Chemistry**, v. 50, n. 25, p. 7444-7448, 2002.

WANG, M. *et al.* Preparation and functional properties of rice bran protein isolate. **Journal of Agricultural and Food Chemistry**, v. 47, n. 2, p. 411-416, 1999.

YOUNAS, A. *et al.* Effect of rice bran supplementation on cookie baking quality. **Pakistan Journal of Agricultural Sciences**, v. 48, n. 2, p. 129-134, 2011.

CAPÍTULO 6
ÓLEO DE ARROZ

Adriano Hirsch Ramos
Newiton da Silva Timm
Cristiano Dietrich Ferreira
Maurício de Oliveira

O óleo de arroz é um produto obtido do beneficiamento de grãos de arroz e vem sendo utilizado em larga escala, principalmente em países asiáticos. No Brasil, seu uso vem crescendo para fins alimentícios, principalmente por conta de odor, sabor e seus benefícios nutricionais, que incluem antioxidantes e redução do colesterol em razão do seu perfil de ácidos graxos, ocorrendo em especial os insaturados. Atualmente, é utilizado para complementação de saladas, frituras, alimentação animal, produtos de higiene e estética, entre outros.

As primeiras indústrias construídas para extração e refino de óleo de arroz são da década de 1950 e estão nos Estados Unidos; entretanto, apenas a partir da década de 1990 a produção de óleo de arroz foi destinada para o mercado de uso doméstico e exportação. O custo final do óleo de arroz ainda é um dos maiores entraves para comercialização, principalmente em razão do alto investimento em instalações para extração e refino de óleo e da necessidade de estabilização do farelo (ver Capítulo 4).

O óleo de arroz é obtido do farelo oriundo do processo de polimento, por conta de sua maior concentração nessa camada. Os lipídios presentes internamente no grão também contribuem para características físicas, funcionais, sensoriais, nutricionais e químicas do grão de arroz, mas em menores quantidades. O farelo de arroz também é utilizado em grande escala na alimentação animal, enquanto a indústria alimentícia utiliza o farelo estabilizado como fonte de fibra alimentar, proteína e óleo comestível.

Este capítulo reúne informações científicas e tecnológicas sobre consumo, composição, características nutricionais, produção, refino e perspectivas futuras do óleo de arroz.

6.1 COMPOSIÇÃO DOS LIPÍDIOS DE ARROZ

Os lipídios são uma classe majoritária de moléculas orgânicas, hidrofóbicas e apolares. Estão presentes nos grãos na forma de oleossomos ou corpos lipídicos, principalmente na camada de aleurona, na subaleurona e no embrião (Figura 6.1). A maior parte dos lipídios presentes no endosperma está associada com corpos proteicos e grânulos de amido, formando complexos lipídio-amido e lipídio-proteína.

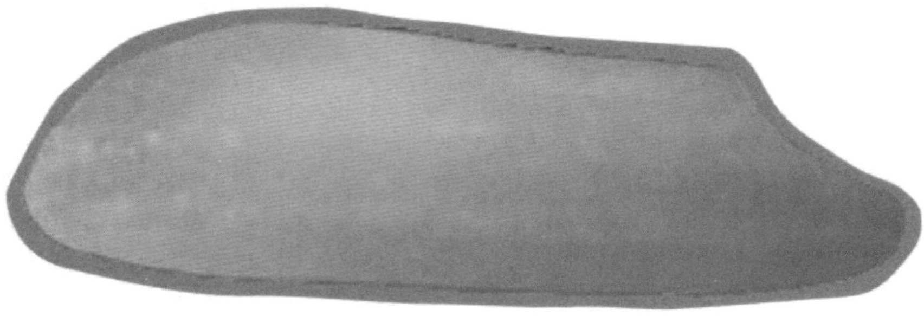

Figura 6.1 – Grão de arroz beneficiado e polido, com destaque para a porção do farelo (contorno).

Os lipídios em grãos de arroz são compostos de triacilgliceróis (TAGs), fosfolipídios (FLs), ácidos graxos livres (AGLs) e outros (Tabela 6.1). Estão classificados em lipídios livres e ligados; os livres são aqueles que estão adsorvidos na superfície dos grânulos de amido ou corpos proteicos, como os TAGs, enquanto os ligados estão complexados internamente com esses componentes, como a fosfatidilcolina. A distribuição de lipídios livres encontra-se entre 14% e 18% no embrião, 39% e 41% no farelo, 25% e 33% na subcamada de aleurona e no endosperma; nos lipídios complexados, entre 48% e 71% encontram-se no endosperma (CHOUDHURY; JULIANO, 1980a; 1980b).

O conteúdo e o perfil de lipídios em grãos de arroz podem variar dependendo de genótipo, condições de cultivo e etapas de pós-colheita. O conteúdo total de lipídios em grãos de arroz varia entre 0,7% e 3,9% em arroz integral e entre 0,1% e 1,5% em arroz polido, dependendo do genótipo (LIN *et al.*, 2011; MIR; BOSCO, 2014; POLIDORO, 2018; VERMA; SRIVASTAV, 2017). Quanto às variedades pigmentadas, os teores de lipídios variam entre 1,15% e 3,87 % para arroz com pericarpo preto (SOMPONG *et al.*, 2011) e entre 4,1% e 4,4% em grãos de arroz com pericarpo vermelho (ROCKENBACH, 2018; ZIEGLER *et al.*, 2016).

Os triacilgliceróis (TAG) são a forma predominante de lipídios de armazenamento, sendo encontrados na forma de corpos lipídicos. Um corpo lipídico possui uma matriz de TAG, cercada por fosfolipídios e proteínas alcalinas, chamadas oleosinas, ocorrendo principalmente no embrião, nas camadas de aleurona e de subaleurona (TZEN; HUANG, 2004). O acúmulo de lipídios de armazenamento ocorre rapidamente com início entre cinco e doze dias após o florescimento. Quanto ao perfil de ácidos graxos, há um aumento de concentração durante o amadurecimento (palmítico, oleico e linoleico), no entanto, alguns ácidos graxos se mantêm em baixos teores (ICHIHARA; FUKUBAYASHI, 2010; ICHIHARA; KOBAYASHI; SAITO, 2003).

Fosfolipídios são uma classe de lipídios que está presente em baixos teores nos grãos de arroz, porém são componentes fundamentais como constituintes de membranas celulares, superfície de corpos lipídicos e outras membranas de organelas, por exemplo. Os fosfolipídios compõem 10% do total de lipídios e estão presentes no embrião, no farelo, na camada de aleurona e no endosperma, contendo um vasto número de componentes (LIU *et al.*, 2013). Os glicerofosfolipídios são ácidos graxos esterificados a glicerol, um grupo fosfato e resíduo hidrofílico, sendo uma classe única de fosfolipídios presentes no arroz; os lisofosfolipídios são uma importante subcategoria de glicerofosfolipídios, com um álcool livre na posição Sn-2, os quais são os maiores componentes de lipídios ligados do endosperma do arroz (LIU *et al.*, 2013). A composição química desse lipídio permite a fluidez de membrana devido a sua polaridade, tendo estrutura polar (grupo fosfato e glicerol) e apolar (grupo de ácido graxo) na mesma molécula. Geralmente, a ocorrência de fosfatidilcolina, fosfatidiletanolamina e fosfatidilisitol é mais comum em farelo de arroz e germe, constituindo aproximadamente 80% do total de fosfolipídio.

Os ácidos graxos de cadeia longa, como palmítico (C16:0), oleico (C18:1) e linoleico (C18:2), são os dominantes na fração lipídica de arroz, mas esses ácidos graxos podem variar quanto ao genótipo e ao tratamento pós-colheita, como armazenamento (ZIEGLER *et al.*, 2017). Por exemplo, as variedades pigmentadas (pericarpo preto e vermelho) possuem maior proporção de ácidos graxos saturados, mas menor proporção de insaturados, ao serem comparadas com as variedades não pigmentadas. O processamento de arroz também afeta a concentração dos ácidos graxos dos grãos de arroz, como o brunimento e a cocção dos grãos, que reduzem e modificam o perfil de ácidos graxos saturados, monoinsaturados e poli-insaturados, em comparação com o grão *in natura*, conforme Tabela 6.1 (TONG; BAO, 2019). Ainda, aspectos como genótipo, temperatura do ar, manejo agronômico da lavoura e processo na pós-colheita podem afetar os lipídios presentes no arroz.

Tabela 6.1 – Composição de lipídios em arroz de diferentes subgrupos

Subgrupo	Lipídios (g/100 g)	Ácidos graxos saturados (g/100 g)	Ácidos graxos monoinsaturados (g/100 g)	Ácidos graxos poli-insaturados (g/100 g)	Ácidos graxos trans (g/100 g)	Vitamina E (α-tocoferol) (mg/100 g)
Arroz integral longo fino	3.200	0,591	1.054	1.000	0,001	0,600
Arroz integral longo fino (cozido)	0,970	0,260	0,369	0,366	-	0,170
Arroz parboilizado integral longo fino	2.750	0,481	1.024	0,841	0,001	0,090

Arroz parboilizado integral (cozido)	0,850	0,213	0,300	0,269	-	-
Arroz polido longo fino	0,660	0,180	0,206	0,177	-	0,110
Arroz polido longo fino (cozido)	0,280	0,077	0,880	0,076		0,040
Farelo de arroz	20.850	4.171	7.549	7.459	-	4.920
Óleo de arroz	100	19.700	39.300	35.000	-	32.300

Fonte: adaptada de Tong e Bao (2019).

No óleo de arroz, estão presentes alguns compostos bioativos, oriundos dos grãos de arroz, mesmo que em menor concentração. Os principais compostos bioativos são os tocoferóis, os tocotrienóis e o γ-orizanol.

Os tocoferóis são membros da família da vitamina E, apresentando-se em quatro diferentes formas: α-, β-, γ- e δ-. São encontramos em animais, cereais, óleos, frutas, vegetais e nozes. Para as plantas, ambos tocoferóis e γ-orizanol possuem papel importante na defesa contra agentes oxidantes, como espécies reativas de oxigênio. Tocoferóis são constituídos de um anel cromanol, que é metilado em diferentes graus, nas posições cinco, sete e oito. Possui uma cadeia lateral saturada (C16) na posição dois. Diferenciam-se dos tocotrienóis na presença de grupos metila adicionais ao redor do anel aromático do núcleo cromanol. Esses compostos são facilmente oxidados na presença de calor e luz. Os ésteres de tocoferóis são considerados mais estáveis que os dos tocotrienóis. O α-tocoferol, historicamente, é considerado como um homólogo da vitamina E de alto valor agregado, em razão da atividade antioxidante. Quando esse tocoferol é exposto a luz, por exemplo, sua estabilidade diminui para metade, a cada aumento de 10 °C. Portanto, são compostos altamente sensíveis à degradação, mas exercem papel fundamental na defesa da matriz e para consumo humano contra agentes oxidativos. Além disso, os tocoferóis são utilizados na formulação de produtos como loções para bebês, óleos e cremes.

Os tocotrienóis são semelhantes aos tocoferóis, mas têm insaturações nos carbonos 3, 7 e 11 na forma *trans*. Possuem, assim como os tocoferóis, quatro análogos, porém com menor atividade da vitamina E. A aplicação em produtos é semelhante à dos tocoferóis, no entanto, possuem grande potencial para estabilizar radicais livres produzidos na pele durante a exposição à radiação, retardando o envelhecimento; também são compostos que possuem potencial para prevenção de câncer.

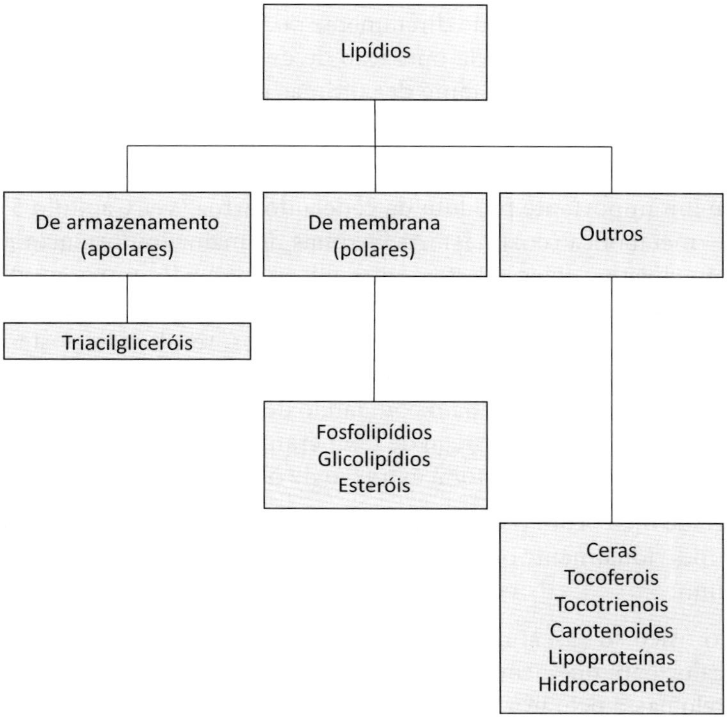

Figura 6.2 – Classificação dos lipídios encontrados em arroz.

Outros compostos encontrados em menores quantidades nos lipídios de arroz são o esqualeno e fitoesteróis, que possuem aplicação na indústria de alimentos e farmacêutica. O esqualeno é precursor da biossíntese do colesterol e é um lipídio sintetizado em humanos. Comercialmente, o extrato de esqualeno é obtido do óleo de fígado de tubarão e, em menores quantidades, de azeite de oliva, óleo de germe de trigo e óleo de arroz. É um composto altamente instável e sensível a deterioração oxidativa em plantas e benéfico para a saúde humana. Os fitoesteróis são conhecidos por serem encontrados somente em plantas. Como o colesterol, possuem papel importante na função celular regulando a fluidez da membrana celular e sua permeabilidade e promovendo o suporte da estrutura celular. O esqualeno é um forte antioxidante, enquanto os fitoesteróis possuem características que ajudam a diminuir o colesterol e ação bactericida e antifúngica.

Portanto, a composição dos lipídios de arroz é ampla e altamente benéfica ao consumo humano. O óleo de arroz apresenta, portanto, um importante produto da indústria de arroz e o mercado consumidor.

6.2 EXTRAÇÃO DO ÓLEO DE ARROZ

O óleo bruto de arroz é extraído diretamente do farelo, obtido na etapa de polimento (Figura 6.3). O arroz passa pela operação de descasque, brunimento e polimento, sendo o farelo um produto resultante das últimas duas etapas. No Brasil, geralmente as indústrias obtêm o farelo diretamente de empresas que beneficiam o arroz para consumo de grãos inteiros, por exemplo.

O farelo é um importante produto da cadeia do arroz (ver Capítulo 5), possuindo alta atividade metabólica (enzimas). As enzimas de maior importância no farelo são as lipases, que clivam a ligação éster, entre glicerol e ácido graxo, promovendo um aumento dos ácidos graxos livres. Ainda, a ação de lipoxigenases em conjunto com o oxigênio promove oxidação e formação de peróxidos, resultando posteriormente na formação de aldeídos, cetonas e ácidos que alteram os aspectos sensoriais do farelo. Portanto, as indústrias que trabalham com farelo devem garantir que esse produto seja estabilizado, em geral com o emprego de temperatura para que se mantenha ao máximo a composição lipídica posterior à extração de óleo.

A extração de óleo bruto pode ocorrer por meio de métodos físicos e/ou químicos empregados individualmente ou em conjunto, utilizando o método físico complementado pelo químico.

O método físico se baseia no princípio da prensagem dos grãos, com uso ou não de fonte de calor para que ocorra a facilitação de extração de óleo bruto. Na extração de óleo, o farelo passa pelo processo de cozimento e laminação, os quais permitem um afrouxamento da matriz e um aumento da superfície de contato para a facilitação da extração. Em geral, são empregados para matrizes com alto teor de lipídios (~25%), como canola e oliva.

O método químico se baseia no uso de solventes apolares, como hexano, benzeno e éter, que, por afinidade de polaridade, "arrastam" a fração apolar da matriz, por conta de solubilidade das moléculas em solventes hidrofóbicos; assim, é um método que pode ser utilizado isoladamente para matrizes com teores inferiores a 25% de óleo, mas também em conjunto, após as etapas químicas. O processo de cozimento, laminação e peletização favorecem a extração nessa etapa.

Outros métodos vêm sendo desenvolvidos, por exemplo extração fluida supercrítica e uso de solventes alternativos, como acetona e isopropanol. As indústrias vêm utilizando extrusoras para formação de *pellets*, que também utilizam temperatura para a elaboração desse produto, assim estabilizando o farelo e evitando que haja processos de degradação, como reações enzimáticas e oxidações. Um dos principais desafios em relação ao óleo de arroz é a atividade da enzima lipase, que cliva a ligação do glicerol com os ácidos graxos, aumentando a acidez (ácidos graxos livres); no processo de formação dos *pellets*, a lipase é inativada. Além disso, a conformação geométrica dos *pellets* favorece maior área de contato com o solvente, e a peletização das partículas do farelo de arroz permite uma maior percolação do solvente na matriz, aumentando o rendimento de extração.

Entre os métodos de extração, o químico, pela utilização de solvente apolar, é o mais utilizado, principalmente com o uso de hexano. Em geral, a extração ocorre em extrator de modo contínuo por algumas horas, com o material cozido, laminado e/ou peletizado (geralmente à vácuo), que depois é filtrado; o solvente é removido via destilação, e o óleo bruto é colocado em tanques apropriados para esse fim.

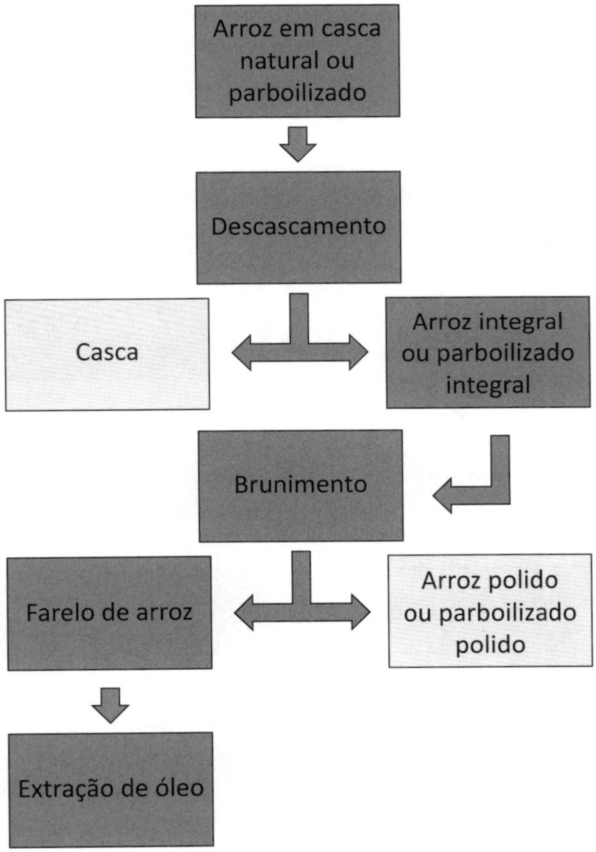

Figura 6.3 – Fluxograma das etapas de extração de óleo de arroz

6.3 REFINO DO ÓLEO BRUTO DE ARROZ

O óleo bruto de arroz passa pelo processo de refino para remoção de gomas, sabões e ceras, além de correção de acidez e branqueamento, os quais constituem esse óleo. Além disso, na etapa de refino, são removidos alguns dos principais bioativos do farelo, como tocoferóis, carotenoides, orizanóis, fitoesteróis, lecitinas e álcoois de cadeia longa, que posteriormente podem ser aplicados na indústria de alimentos e farmacêutica, por exemplo (WONGWAIWECH; WEERAWATANAKORN; THARATHA, 2019).

As principais etapas de refino são degomagem, neutralização e desodorização; já os principais resíduos são gomas, sabão, ceras, terra de branqueamento e ácidos graxos (Figura 6.4) (GHOSH, 2007). As etapas de refino visam remover todos os constituintes presentes em óleos que possam afetar a qualidade e o tempo de prateleira antes do consumo.

Os métodos de refino podem ser divididos entre físicos e químicos, conforme as necessidades da empresa. O método químico visa remover os ácidos graxos livres utilizando hidróxido de sódio (NaOH), enquanto o método físico remove os ácidos graxos livres e desodoriza por meio da degomagem aquosa.

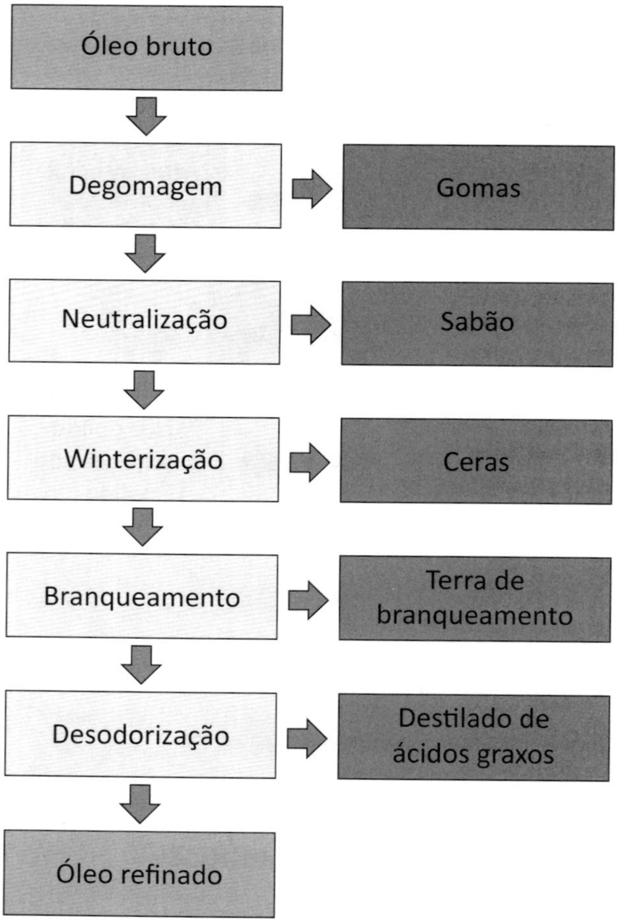

Figura 6.4 – Fluxograma das etapas do refino de óleo bruto de arroz e seus derivados de refino.

Em razão da alta concentração de ceras, ácidos graxos livres, compostos insaponificáveis e lipídios polares que estão contidos no óleo de arroz bruto, os processos de refino requerem otimização das condições empregadas na indústria (TERIGAR *et al.*, 2011).

Novos métodos de refino vêm sendo desenvolvidos, como destilação molecular em várias etapas, que obtém rendimentos de óleo refinado entre 80% e 85% ao final do processo, resultando em um óleo de coloração clara e com retenção de 80% de orizanol do óleo bruto (JIN *et al.*, 2016).

6.3.1 DEGOMAGEM

As gomas são obtidas após o processo de degomagem, etapa inicial de refino, que remove a maior parte dos fosfolipídios. Na etapa de degomagem, água quente é utilizada para a remoção de gomas e obtenção de lecitina; também pode ser empregado ácido fórmico ou cítrico. Quando a degomagem é realizada visando o aproveitamento da lecitina, é utilizado o método com água quente e ácido cítrico, para que esse derivado seja futuramente usado na indústria alimentícia como aditivo. A lecitina obtida do óleo é importante na indústria, principalmente por substituir a lecitina de soja como alternativa ao uso de fonte de transgênicos.

6.3.2 NEUTRALIZAÇÃO

Esse método consiste na adição de soluções alcalinas para reduzir a acidez resultante dos ácidos graxos livres, que diminuem o pH. A partir do processo de neutralização se obtém sabão por conta do processo de saponificação. Assim como o produto do processo anterior, a geração desse derivado pode ser comercializada ou utilizada na própria indústria de refino de óleo de arroz. Após o processo de degomagem e neutralização, é obtido óleo de arroz ácido, um dos maiores resíduos da indústria de extração de óleo de arroz (WONGWAIWECH; WEERAWATANAKORN; THARATHA, 2019).

6.3.3 WINTERIZAÇÃO

As ceras são removidas pelo processo de winterização, o qual se baseia na utilização de baixas temperaturas, em que as ceras formam cristais que facilitam sua remoção. A desodorização é uma etapa que visa a remoção de compostos que alteram o odor do óleo pelo uso de temperaturas entre 200°C e 220°C e pressão de 6 mmHg e10 mmHg. Pode ser realizada por agitação a vapor, em condições de 250°C e 1-3mmHg, fazendo que as moléculas que caracterizam um odor forte (aldeídos e cetonas) e outras que alteram coloração, parâmetros indesejáveis pelo consumidor, diminuam.

As ceras obtidas com o processo de winterização também são utilizadas na indústria como lubrificante, graças às suas características físicas. Além disso, são utilizadas para produção de óleos e géis, que possuem inúmeras aplicações na indústria alimentícia, como *cookies*, bolos, sorvetes e outros.

6.3.4 BRANQUEAMENTO

Serve para remover impurezas que dão coloração escura ao óleo. É realizado em terras de clareamento (terra de diatomácea), que removem os compostos pela decomposição de hidroperóxidos e pela troca de íons que eliminam metais. Ocorre em condições de vácuo, a 110 °C. O resíduo dessa etapa são as terras utilizadas para o branqueamento, com os constituintes que causam a coloração escura no óleo.

6.3.5 DESODORIZAÇÃO

Permite a retirada de compostos voláteis. Os destilados de ácidos graxos também são importantes derivados do refino de óleo de arroz. O conteúdo de ácidos graxos livres nesse produto é alto, necessitando passar por processos de esterificação para aplicação na indústria alimentícia como emulsificante. O produto gerado é benéfico à saúde humana por conter orizanóis, tocoferóis, esqualeno e alguns esteróis. Entretanto, é destinado principalmente para fabricação de sabões, sabões metálicos, cosméticos, surfactantes e produtos farmacêuticos.

6.3.6 ÓLEO REFINADO, ENVAZE E ASPECTOS PÓS-REFINO

As diferentes etapas de refino afetam a tendência de oxidação, estabilidade térmica e composição dos diversos compostos no óleo de arroz. Assim, a otimização de todo o processo, ou seja, do beneficiamento até o consumidor, é necessária para diminuir o tempo de extração e manter a qualidade do óleo do farelo de arroz.

Os tocoferóis estão entre os principais compostos do óleo de arroz. Atuam como agente antioxidante, frente aos diversos eventos oxidativos dos óleos, seja por microrganismos, seja por enzimas da própria matriz. Durante o processo de refino, esse e outros compostos bioativos podem ser removidos em sua totalidade ou parcialmente, ficando retidos nos principais resíduos de cada etapa de refino, como ceras e sabões (PESTANA-BAUER *et al.*, 2012). O perfil de ácidos graxos de modo geral não é alterado em razão dos processos de refino.

Após o refino, o óleo é armazenado até o envaze em embalagens plásticas ou em latas metálicas, cujo material, constituído basicamente de politereftalato de etileno (PET), mesmo transparente, possui características que impedem a passagem de luz com absorvedores de luz ultravioleta, evitando a foto-oxidação. Outros materiais podem ser incorporados para evitar oxidações e reações de degradação lipídica.

O tempo de prateleira do óleo de arroz possui importância do ponto de vista da saúde humana e econômica e é determinado principalmente pelo conteúdo de ácidos graxos, tocoferóis, tocotrienóis, esteróis e γ-orizanol. Esses compostos bioativos, além de auxiliarem nesse aspecto, ainda são benéficos ao consumo, mas ao longo do tempo os tocoferóis, por exemplo, diminuem sua concentração, enquanto o γ-orizanol tende a se manter estável.

6.4 BIODIESEL

Outra aplicação para o óleo bruto de arroz é a utilização na geração de biocombustíveis, em razão do alto teor de ácidos graxos livres. O biodiesel é produzido pela reação de transesterificação de óleos vegetais, gorduras animais ou outras fontes lipídicas. É utilizado por ser atóxico ao ambiente, biodegradável e um combustível renovável. Também é usado como substituto do diesel obtido do petróleo, pois pode ser utilizado em qualquer motor sem qualquer modificação.

Inicialmente, a produção de biodiesel ocorria basicamente de óleos vegetais de soja, girassol ou algodão e de gordura animal. Por possuir alto teor de ácidos graxos livres, o óleo bruto de arroz pode ser destinado diretamente para a produção do biodiesel. No entanto, a maior preocupação na produção de biodiesel de arroz se dá por conta de seu alto preço. A produção de biodiesel em si visa um baixo custo de produção, além do perfil de ácidos graxos e compostos bioativos presentes no óleo de arroz, fazendo que não seja comum destinar óleo de arroz para produção de combustível no Brasil (LIN *et al.*, 2009).

6.5 ASPECTOS NUTRITIVOS, SENSORIAIS E FUNCIONAIS DE ÓLEO DE ARROZ

A composição química e o perfil de ácidos graxos do óleo de arroz, assim como de outros cereais e leguminosas, podem variar conforme a variedade, o manejo agronômico, as condições ambientais e os processos na pós-colheita. A subespécie índica possui maior proporção de ácidos graxos saturados e insaturados que a japônica. O arroz glutinoso possui maiores teores de ácido mirístico, palmítico e esteárico, em comparação com o arroz não glutinoso. O próprio refino de óleo de arroz, como a remoção de ceras, altera o perfil de ácidos graxos ao remover mais ácidos graxos saturados que insaturados.

Tabela 6.2 – Teor de compostos bioativos em óleo de arroz

Compostos bioativos (%)	Óleo bruto	Óleo refinado
γ-Orizanol	1,7-2,1	1,2-1,7
Tocoferol	0,0264	0,02-0,08
Tocotrienol	0,007	0,025-0,17
Fitoesterol	1,362-1,37	0,858-1,037
Esqualeno	0,756	0,3-0,4
Fosfolipídios	4,2	1,3

Fonte: adaptada de Singanusong e Garba (2019).

A composição de ácidos graxos em óleo de arroz é bem variada, sendo ácidos graxos insaturados os majoritários (55%-87%). O ácido palmítico é o ácido graxo saturado em maior concentração, e o ácido oleico é o mais abundante (38%-48%) entre os insaturados, seguido do ácido linoleico (16%-36%).

Os compostos bioativos presentes no óleo de arroz são moléculas produzidas pelo metabolismo especializado das plantas, necessários em pequenas quantidades para o corpo humano. A maioria dos compostos bioativos no óleo de arroz está concentrada na fração insaponificável do óleo. O refino de óleo de arroz permite a retirada de compostos indesejáveis, porém também remove alguns compostos bioativos, cuja concentração diminui após o processo de refino (Tabela 6.2). Entretanto, os compostos bioativos acabam se acumulando nos principais derivados dos processos de refino, como as gomas e os sabões (Figura 6.4). Por exemplo, quase 90% dos tocoferóis e tocotrienóis totais são perdidos em razão do processo de desodorização.

O óleo de arroz é altamente indicado para cozimento e fritura, em razão de sua estabilidade térmica, ligada diretamente ao teor de tocoferóis e tocotrienóis, que oferecem estabilidade superior a outros óleos, como os de soja e amendoim. Em frituras, por exemplo, o óleo de arroz possui estabilidade de odor e sabor. Também pode ser utilizado em *blends* (misturas) com outros óleos, como de soja, para reduzir o aumento de materiais polares, em altas temperaturas (ROHMAN, 2014).

Os compostos bioativos presentes no óleo são de alta importância para a saúde humana. Como já citado, a atividade antioxidante desses compostos está ligada a efeitos na saúde, como redução do teor de colesterol, menor incidência de doenças cardíacas, entre outros. Importante também entender que esses compostos, como tocoferóis, tocotrienóis, orizanóis e fitoesteróis auxiliam na estabilidade lipídica do óleo, que possui naturalmente alta concentração de enzimas lipases e ácidos graxos livres, que diminuem o tempo de prateleira. Entretanto, há outros usos não alimentícios em que esses compostos podem ser aplicados, como na formulação de rações (tanto o óleo como o farelo engordurado), aplicações em produtos farmacêuticos, como protetores solares (orizanol), em cremes contra o envelhecimento (tocoferóis e tocotrienóis) etc. (RIGO *et al.*, 2014).

O óleo de arroz, no entanto, é consumido em menor quantidade em comparação com outros óleos vegetais, como o óleo de soja. Como explanado neste capítulo, em razão das características benéficas para a saúde humana e da possibilidade de aplicação dos produtos derivados na indústria farmacêutica, nutracêutica e alimentícia, seu consumo é recomendado. Os fitoquímicos presentes nesse óleo possuem capacidade antioxidante e características anti-inflamatórias, anticâncer, hipoglicêmico e hipocolesterolêmico. Por conta dessas características, devem ser desenvolvidas novas plataformas de aplicação para que o mercado absorva esse produto (WANG, 2019).

6.6 CONSIDERAÇÕES FINAIS

O óleo de arroz destaca-se pelo teor de compostos bioativos e estabilidade oxidativa frente a altas temperaturas. Além disso, no seu processo de refino, diversos coprodutos são obtidos e utilizados em diversos setores da indústria e da sociedade, como também a possibilidade de produção de biocombustível. O maior desafio para a viabilidade econômica do óleo de arroz se dá em razão de seu alto teor de ácidos graxos livres, resultando em uma grande perda de massa na etapa de refino, mas é um produto que possui inúmeras características importantes à indústria e ao consumo humano.

REFERÊNCIAS

CHOUDHURY, N. N. H.; JULIANO, B. O. Lipids in developing and mature rice grain. **Phytochemistry**, v. 19, n. 6, p. 1063-1069, 1980a.

CHOUDHURY, N. N. H.; JULIANO, B. O. Effect of amylose content on the lipids of mature rice grain. **Phytochemistry**, v. 19, n. 7, p. 1385-1389, 1980b.

FABIAN, C.; JU, Y.-H. A review on rice bran protein: its properties and extraction methods. **Critical Reviews in Food Science and Nutrition**, v. 51, n. 9, p. 816-827, 2011.

GHOSH, M. Review on recent trends in rice bran oil processing. **JAOCS – Journal of the American Oil Chemists' Society**, v. 84, n. 4, p. 315-324, 2007.

ICHIHARA, K.; FUKUBAYASHI, Y. Preparation of fatty acid methyl esters for gas-liquid chromatography. **Journal of Lipid Research**, v. 51, n. 3, p. 635-640, 2010.

ICHIHARA, K.; KOBAYASHI, N.; SAITO, K. Lipid synthesis and acyl-CoA synthetase in developing rice seeds. **Lipids**, v. 38, n. 8, p. 881-884, 2003.

JIN, J. *et al.* Production of rice bran oil with light color and high oryzanol content by multi-stage molecular distillation. **Journal of the American Oil Chemists' Society**, v. 93, n. 1, p. 145-153, 2016.

LIN, J. H. *et al.* Factor analysis of the functional properties of rice flours from mutant genotypes. **Food Chemistry**, v. 126, n. 3, p. 1108-1114, 2011.

LIN, L. *et al.* Biodiesel production from crude rice bran oil and properties as fuel. **Applied Energy**, v. 86, n. 5, p. 681-688, 2009.

LIU, L. *et al.* Phospholipids in rice: significance in grain quality and health benefits: a review. **Food Chemistry**, v. 139, n. 1-4, p. 1133-1145, 2013.

MANO, Y. *et al.* Comparative composition of brown rice lipids (lipid fractions) of indica and japonica rices. **Bioscience, Biotechnology, and Biochemistry**, v. 63, n. 4, p. 619-626, 1999.

MIR, S. A.; BOSCO, S. J. D. Cultivar difference in physicochemical properties of starches and flours from temperate rice of Indian Himalayas. **Food Chemistry**, v. 157, p. 448-456, 2014.

PESTANA-BAUER, V. R. *et al.* γ-Oryzanol and tocopherol contents in residues of rice bran oil refining. **Food Chemistry**, v. 134, n. 3, p. 1479-1483, 2012.

POLIDORO, E. **Qualidade de grãos de diferentes genótipos de arroz produzidos em Pelotas-RS e industrializados por processo convencional e por parboilização**. 2018. 70 f. Dissertação (Mestrado em Ciência e Tecnologia de Alimentos) – Faculdade de Agronomia Eliseu Maciel, Universidade Federal de Pelotas, Pelotas, 2018.

RESURRECCION, A. P.; JULIANO, B. O. Fatty acid composition of rice oils. **Journal of the Science of Food and Agriculture**, v. 26, n. 4, p. 437-439, 1975.

RIGO, L. A. *et al.* Rice bran oil: benefits to health and applications in pharmaceutical formulations. *In*: WATSON, R. R.; PREEDY, V. R.; ZIBADI, S. (org.). **Wheat and rice in disease prevention and health**. Cambridge: Academic Press, 2014. p. 311-322.

ROCKENBACH, B. A. **Efeitos do tempo de espera, temperatura de secagem e tempo de armazenamento sobre propriedades tecnológicas e compostos fenólicos de grãos de arroz com pericarpo vermelho**. 2018. 121 f. Dissertação (Mestrado em Ciência e Tecnologia de Alimentos) – Universidade Federal de Pelotas, Pelotas, 2018.

ROHMAN, A. Rice bran oil's role in health and cooking. *In*: WATSON, R. R.; PREEDY, V. R.; ZIBADI, S. (org.). **Wheat and rice in disease prevention and health**. Cambridge: Academic Press, 2014. p. 481-490.

SINGANUSONG, R.; GARBA, U. Micronutrients in rice bran oil. *In*: CHEONG, L.; XU, X. **Rice bran and rice bran oil**: chemistry, processing and utilization. Londres: Academic Press/AOCS Press, 2019. p. 125-158.

SOMPONG, R. *et al.* Physicochemical and antioxidative properties of red and black rice varieties from Thailand, China and Sri Lanka. **Food Chemistry**, v. 124, n. 1, p. 132-140, 2011.

TERIGAR, B. G. *et al.* Soybean and rice bran oil extraction in a continuous microwave system: from laboratory- to pilot-scale. **Journal of Food Engineering**, v. 104, n. 2, p. 208-217, 2011.

TONG, C.; BAO, J. Rice lipids and rice bran oil. *In*: BAO. J. (org.). **Rice**: chemistry and technology. Duxford: Woodhead Publishing/AACC International, 2019. p. 131-168.

TZEN, J. T. C.; HUANG, A. H. C. Surface structure and properties of plant seed oil bodies. **The Journal of Cell Biology**, v. 117, n. 2, p. 327-335, 2004.

U.S. DEPARTMENT OF AGRICULTURE. Agricultural Research Service. FoodData Central. 2019. Disponível em: fdc.nal.usda.gov. Acesso em: 16 jun. 2020.

VERMA, D. K.; SRIVASTAV, P. P. Proximate composition, mineral content and fatty acids analyses of aromatic and non-aromatic Indian rice. **Rice Science**, v. 24, n. 1, p. 21-31, 2017.

WANG, Y. Applications of rice bran oil. *In*: CHEONG, L.; XU, X. **Rice bran and rice bran oil**: chemistry, processing and utilization. Londres: Academic Press/AOCS Press, 2019. p. 159-168.

WONGWAIWECH, D. *et al.* Comparative study on amount of nutraceuticals in by-products from solvent and cold pressing methods of rice bran oil processing. **Journal of Food and Drug Analysis**, v. 27, n. 1, p. 71-82, 2019.

ZIEGLER, V. *et al.* Pigmented rice oil: changes in oxidative stability and bioactive compounds during storage of whole grains. **Journal of Food Processing and Preservation**, v. 41, n. 6, p. 1-7, 2017.

CAPÍTULO 7
PROTEÍNAS DO ARROZ: OBTENÇÃO, CARACTERIZAÇÃO E APLICAÇÃO

Inajara Beatriz Brose Piotrowicz
Cristiano Dietrich Ferreira
Maurício de Oliveira

Proteínas alimentares vêm sendo muito estudadas em razão de sua importância na constituição (aminoácidos essenciais) e suas funções do ponto de vista funcional, tecnológico e biológico. Dessa forma, existem técnicas aplicadas a obtenção, extração e modificação dessas proteínas com potencial para uso em alimentos.

Ao apresentar um pouco mais sobre as proteínas do arroz, este capítulo aborda métodos de extração desses compostos por meio de tratamentos físicos, químicos e/ou enzimáticos, processos de secagem, sua caracterização química e física e as propriedades funcionais e bioativas das modificações realizadas em sua estrutura. Destaca ainda as opções de aplicação em produtos alimentícios em razão da influência nas características sensoriais e tecnológicas e sua importância funcional em nosso metabolismo.

7.1 PROTEÍNAS DO ARROZ

As proteínas, de modo geral, são macromoléculas compostas de aminoácidos unidos por ligações peptídicas, ou seja, o aminoácido é considerado a unidade monomérica formadora das proteínas. Quando possui uma ou mais unidades, esses aminoácidos são chamados peptídeos, mais precisamente dipeptídeos (dois aminoácidos), tripeptídeos (três aminoácidos), tetrapeptídeos (quatro aminoácidos) e assim por diante, tendo por fim o polipeptídeo, quando há a união de uma variedade de aminoácidos. Estruturalmente, as proteínas são formadas pelas cadeias primária (união simples dos aminoácidos por ligações peptídicas), secundária (ligações de hidrogênio formadas entre o grupamento amina e o carboxílico), terciária (desdobramento da própria molécula estabilizada por ligações de enxofre ou pontes dissulfeto) e quaternária (união de várias estruturas terciárias, assumindo formas espaciais bem definidas), conforme podem ser visualizadas na Figura 7.1. As proteínas estão presentes na maioria dos alimentos, em maior ou menor quantidade e desempenham importantes funções no desenvolvimento e crescimento corporal de quem as consome.

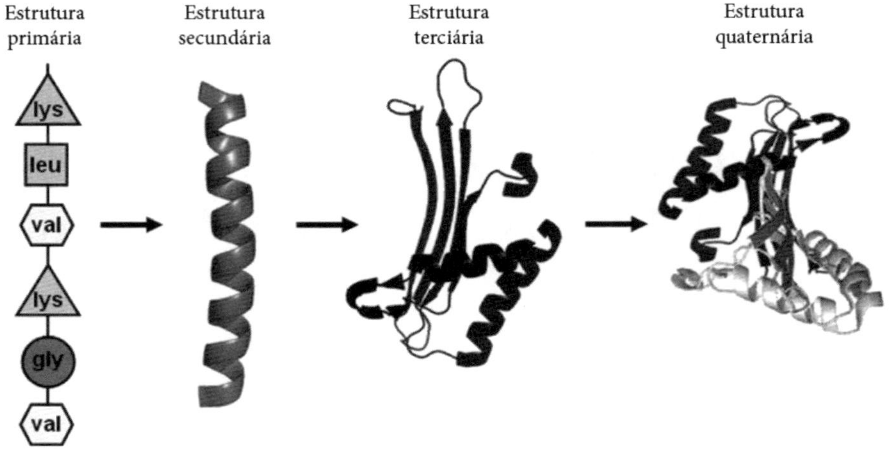

Figura 7.1 – Representação dos quatro níveis de organização estrutural das proteínas. Fonte: Moraes *et al.* (2013).

O arroz é um dos cereais mais conhecidos e consumidos no mundo na forma integral, parboilizado ou polido. Apresenta-se com um aporte nutricional importante devido a presença de diversos macro e micronutrientes, como carboidratos, proteínas, lipídios, vitaminas e minerais. A proteína presente no arroz merece destaque por sua composição de aminoácidos e por ser uma fonte alimentar hipoalergênica. Conforme apresentado por Walter, Marchezan e Avila (2008), a quantidade de proteína presente no grão de arroz integral, polido e parboilizado polido é diferente, representado por 10,5%, 8,9% e 9,44%, respectivamente. Esses mesmos autores citam que o conteúdo proteico pode alterar conforme as características genotípicas, a adubação nitrogenada, a radiação solar e a temperatura durante o desenvolvimento do grão.

Albuminas, globulinas, prolaminas e glutelinas são os tipos de proteína que compõem o grão. Essas frações proteicas são diferenciadas quando analisadas no endosperma e no farelo, sendo que no primeiro há maior quantidade de glutelina (80%), e no segundo a albumina possui maior destaque (60%). A qualidade das proteínas está ligada aos aminoácidos que as formam, e no arroz o aminoácido limitante é a lisina, apresentando uma das maiores concentrações em comparação com outros cereais. Além disso, aminoácidos livres também se fazem presentes no grão, merecendo destaque o ácido aspártico e o ácido glutâmico, com aproximadamente 60% do total de aminoácidos livres (WALTER; MARCHEZAN; AVILA, 2008).

7.2 TÉCNICAS DE EXTRAÇÃO DAS PROTEÍNAS DO ARROZ

Existem diferentes métodos de extração e fracionamento de proteínas e peptídeos, baseados nas características físico-químicas e estruturais da matéria-prima, como solubilidade, hidrofobicidade, massa molar, ponto isoelétrico, entre outros (TOLDRÁ; NOLLET, 2013). Por isso, a escolha da técnica de extração é fundamental, estando diretamente ligada com a finalidade da proteína a ser extraída e o solvente.

As técnicas de extração e concentração de proteínas podem ser físicas, químicas e/ou enzimáticas. Os métodos físicos consistem na extração assistida por ultrassom e por micro-ondas; os químicos são muito utilizados devido a sua simplicidade no processo e o custo mais baixo. No entanto, a técnica com a aplicação de enzimas pode ser controlada de forma a obter produtos com a composição mais padronizada.

7.2.1 MÉTODOS FÍSICOS DE EXTRAÇÃO

Por meio da aplicação de forças físicas, é possível promover a extração das proteínas dos demais constituintes de uma matéria-prima. Existem duas técnicas, consideradas emergentes em operações unitárias e adotadas por Bedin (2018) para extrair proteínas de farelo de arroz: o ultrassom e o micro-ondas.

A extração assistida por ultrassom está relacionada com fenômenos físicos e químicos fundamentalmente diferentes quando comparados com os fenômenos utilizados em técnicas de extração, transformação e preservação convencionais. É uma tecnologia que pode acelerar a transferência de calor e massa e tem sido bastante estudada no campo da extração (CHEMAT; HUMA; KHAN, 2011; BEDIN, 2018). As ondas geram energia, alterando as propriedades físicas e químicas do material, e são capazes de romper as paredes celulares e aumentar a área de contato entre solvente e matriz. Esses fatores facilitam a penetração do solvente na matriz, permitindo a liberação dos compostos extraíveis, melhorando a transferência de massa nas interfaces e possibilitando uma maior penetração do solvente na matriz (CORBIN *et al.*, 2015; CHEMAT; HUMA; KHAN, 2011). Bedin (2018) obteve um rendimento proteico de 11,71% e um teor de proteína de 74,77% ao trabalhar com o farelo de arroz com diâmetro de partícula de 175 μm, na proporção de 0,5:10 de farelo e água, utilizando um pulso de 60/30 s de pulso *on/off* no tempo de 10 minutos. Nessa situação, a proporção de farelo e água interferiram mais no rendimento proteico e na porcentagem de proteína.

As micro-ondas são radiações eletromagnéticas com frequência na faixa de 0,3 GHz a 300 GHz. A técnica consiste no aquecimento do solvente por energia de micro-ondas, para liberar o composto desejado da matriz para a fase líquida (MANDAL; MOHAN; HEMALATHA, 2007). A irradiação com micro-ondas em processos de extração promove dois mecanismos que atuam simultaneamente, um que resulta em um maior movimento de íons e aumenta a eficiência do processo de extração e outro que aumenta rapidamente a temperatura, o que reduz a viscosidade da solução e quebra o filme exterior da amostra, melhorando o rendimento de extração (THIRUGNANASAMBANDHAM; SIVAKUMAR; MARAN, 2014). No estudo realizado por Bedin (2018), nas condições de diâmetro de partícula 175 μm, razão farelo e água de 0,5:10 e tempo de 1,5 minuto, foi possível obter um rendimento de 12,20% e um concentrado proteico com 75,90% de proteína. Por essa técnica, foi observado que a proporção de farelo e água utilizada apresentou maior influência no rendimento proteico, porém não no teor de proteínas.

A partir das duas técnicas citadas, a obtenção da proteína do arroz mostrou-se viável do ponto de vista operacional, uma vez que proporcionou mais rendimento de extração e teores de proteína em períodos menores, em comparação com a convencional extração alcalina, tema do próximo item.

7.2.2 MÉTODOS QUÍMICOS DE EXTRAÇÃO

Existem dois métodos químicos muito aplicados para obtenção de proteínas: pH-*shifting* e técnica de Osborne. Ambos consistem na solubilização da proteína e consequente separação dos demais componentes da matriz. A técnica do pH-*shift* promove a solubilização da proteína, geralmente em pH alcalino, e a posterior precipitação no ponto isoelétrico. Para isso, anteriormente, reproduz-se a curva de solubilidade das proteínas em função do pH ao qual vão ser expostas, para se obter maior rendimento na extração.

Na Figura 7.2, está ilustrada uma curva obtida por Silva (2012), que reproduz o valor de solubilidade das proteínas presentes no farelo de arroz desengordurado, em porcentagem, frente a diferentes valores de pH.

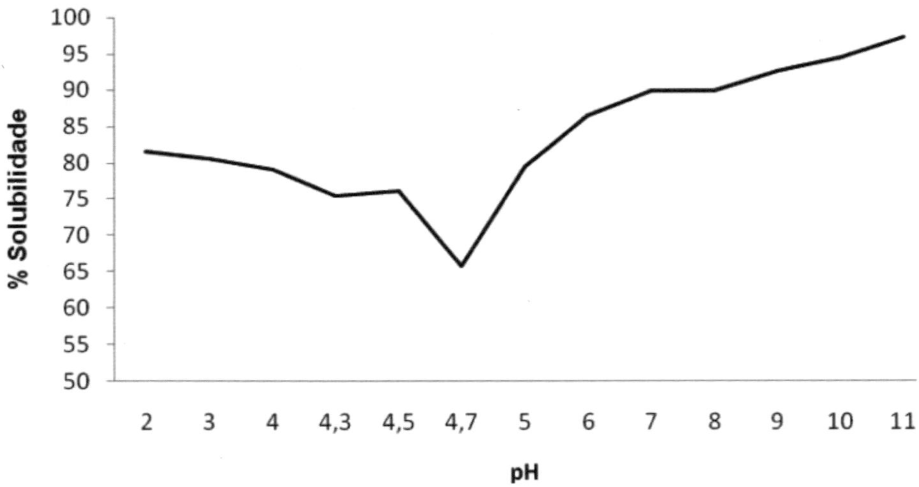

Figura 7.2 – Curva de solubilidade proteica do farelo de arroz e diferentes valores de pH. Fonte: Silva (2012).

Com a visualização da curva, é possível constatar que em pH mais alcalino e ácido existe maior solubilidade das proteínas do farelo de arroz, considerando que em pH alcalino encontram-se solubilizadas acima de 95% das proteínas. No entanto, em pH de 4,7, encontrou-se a menor solubilidade, de aproximadamente 67%, comparada com o valor encontrado em pH 11. Dessa forma, o ponto em que a proteína se apresenta menos solúvel é considerado o ponto isoelétrico. Isso ocorre porque há uma equivalência nas cargas na superfície das proteínas, fazendo com que haja um máximo de atração entre as moléculas e, consequentemente, causando sua precipitação. Assim, conhecendo a solubilidade proteica em função do pH, é possível realizar o procedimento de pH-*shifting* para a extração de proteínas, promovendo inicialmente sua solubilização e, em seguida, a precipitação no ponto isoelétrico.

Piotrowicz e Salas-Mellado (2017) obtiveram concentrados proteicos do farelo de arroz extraídos pela técnica de pH-*shifting* e constataram que o concentrado proteico proveniente do farelo de arroz estabilizado e desengordurado na indústria apresentava maior pureza em proteína (de 57,1% a 70,4%), mostrando um rendimento proteico que variou de 7,3 a 30,7%. No entanto, ao trabalhar com o farelo desengordurado no laboratório, sem o processo de peletização, verificaram que havia uma concentração menor de proteínas nativas extraídas, porém maior rendimento em massa, o que acarretou maior rendimento proteico (de 45,8% a 63,7%). Os autores atribuem essas discrepâncias ao processo realizado na indústria, que foi diferente daquele do laboratório. Na indústria é realizada a peletização, que utiliza altas temperaturas e pressão. Esses fatores causariam a modificação na conformação proteica e, por isso, haveria variação na composição do concentrado proteico. Segundo os autores, as diferenças estariam relacionadas com essa diversificação da conformação da proteína que, em razão da desnaturação, pode ter sido liberada de outros elementos e que estaria mais fortemente ligada quando na forma nativa, apresentando maior pureza em relação à proteína não desnaturada.

Outro método para extração de proteínas foi o criado por Osborne e Mendel (1914), como citado por Bertolino (2015) e Villalva (2008), também conhecido por frações de Osborne. Essa técnica consiste na solubilização de diferentes frações proteicas (albuminas, glutelinas, globulinas e prolaminas) pelo uso de diferentes solventes, como água, solução alcalina, solução salina e etanol, respectivamente. Zhao *et al.* (2014) separaram as frações de Osborne do endosperma e da borra de arroz (subproduto proveniente da produção do xarope de arroz), quantificando essas frações, conforme demonstrado na Tabela 7.1.

Tabela 7.1 – Conteúdo das diferentes frações de proteínas obtidas do endosperma e da borra de arroz

Fração (g/100 g)	Albumina	Glutelina	Globulina	Prolamina
Endosperma	5,72±0,12	81,85±4,72	13,24±3,53	2,53±0,85
Borra	7,67±0,53	84,57±0,81	4,90±0,26	2,87±0,08

Fonte: Zhao *et al.* (2014).

Essa técnica permite conhecer as frações de proteínas presentes em uma amostra e constatar que, em diferentes partes do grão, é possível obter diferentes frações. Nesse caso, pode-se verificar que nas duas amostras a classe de proteínas que mais se destacou foi a glutelina, compreendendo mais de 80% em relação as demais. Isso comprova o que foi dito por Walter, Marchezan e Avila (2008): no endosperma encontra-se maior quantidade de glutelina, que pode ser extraída em solução alcalina de NaOH (0,1 M). No entanto, em menor proporção, porém com destaque, o conteúdo de globulina presente no endosperma foi maior que na borra restante do processamento de obtenção do xarope de arroz. Os autores entenderam como causa a esse comportamento a desnaturação das proteínas, que pode ter diminuído o seu poder de solubilização em meio salino.

Dessa forma, a técnica de Osborne possibilita quantificar as frações presentes na matriz a ser estudada e, consequentemente, escolher o tipo de proteína que se deseja obter com a exposição do meio adequado.

7.2.3 MÉTODOS ENZIMÁTICOS DE EXTRAÇÃO

Apesar dos métodos químicos serem mais práticos e de menor custo, a aplicação de enzimas mostra-se uma tecnologia que garante maior padronização do produto obtido. Conforme citado por Vieira *et al.* (2008), existem estudos que procuram isolar as proteínas do arroz de seus produtos e coprodutos (a farinha e o farelo) pela remoção enzimática de conteúdos não proteicos, como o amido, obtendo um subproduto rico em proteínas. Algumas enzimas têm sido utilizadas, como a pancreatina e as proteases alcalinas, fúngicas ou bacterianas, em conjunto ou não com a ação de amilases e carboidrases.

Zhao *et al.* (2012) demonstraram que o material resultante da produção do xarope de arroz é uma ótima matéria-prima para a produção de concentrados proteicos, em razão do alto conteúdo de proteína. Em estudo posterior, foram adicionadas enzimas do tipo carboidrases e α-amilases, que eliminaram outros constituintes presentes nesse resíduo, facilitando a obtenção de mais proteínas (ZHAO *et al.*, 2014). Nesse estudo, que usou uma matéria-prima com 60% de proteína (em base seca), tratamentos com Viscosyme® (carboidrase) e Termamyl® (α-amilase) possibilitaram a obtenção de um produto com aproximadamente 80% de proteína. No entanto, os autores revelaram que processos químicos e enzimáticos de obtenção de proteínas podem causar a geração de compostos tóxicos e alterações na estrutura química da molécula proteica, diminuindo a sua qualidade tecnológica. Uma alternativa para agregar mais valor aos produtos proteicos provenientes de arroz é a aplicação de proteases, enzimas que atuam nas ligações peptídicas, promovendo a hidrólise da proteína em frações menores, como peptídeos de diferentes tamanhos e até mesmo aminoácidos. Essa modificação possibilita o melhoramento das propriedades funcionais e qualidade tecnológica desses produtos proteicos.

Silva (2012) testou o método enzimático para obter isolados proteicos, aplicando as enzimas fitase e xilanase. Segundo o autor, esse método pode ser usado para aumentar o rendimento da extração, pois libera maior conteúdo de proteína da matriz. As carboidrases são utilizadas no processo enzimático, com a finalidade de melhorar a extração das proteínas de origem vegetal, pois contribuem ao desintegrar os tecidos da parede celular. De modo geral, alguns fatores são determinantes para maior eficiência nos processos enzimáticos, assim como o pH, a temperatura, a relação enzima/substrato, o tempo de hidrólise e a afinidade da enzima diante dos substratos. Levando em consideração esses fatores, há uma gama de condições que podem ser estudadas para a otimização do processo de extração enzimática de proteínas do arroz ou outras fontes.

7.3 TÉCNICAS DE SECAGEM DA PROTEÍNA DO ARROZ

Após a extração e a separação das proteínas, obtém-se o produto na forma líquida ou pastosa, o que reduz sua estabilidade e acarreta o aumento nos custos para armazenamento e manutenção. Para melhorar essa condição, realiza-se a secagem do conteúdo, ou seja, reduz-se a quantidade de água presente na matriz proteica. Usando diferentes técnicas de secagem, é possível obter um produto seco, mais estável e com diferentes características.

Dentre as técnicas conhecidas, há o processo de liofilização (*freeze drying*), *spray drying* (aspersão e leito fluidizado), estufa convencional e a vácuo. Abdul-Fattah *et al.* (2007) afirmaram que as técnicas de liofilização e *spray drying* desprendem alto gasto energético e estrutural para o funcionamento, por isso seu uso industrial é limitado a algumas matrizes específicas, que necessitam de alto nível de eficiência. Essas técnicas são desejáveis, pois conseguem manter a integridade dos componentes da matriz, como proteínas, carboidratos e vitaminas, que geralmente podem desnaturar, caramelizar ou degradar com a aplicação de altas temperaturas em uma estufa convencional, por exemplo. O *spray drying* ainda é o mais indicado para uso industrial na produção de alimentos em pó quando comparado com a liofilização. No entanto, em escala laboratorial, a liofilização tem mostrado grande eficiência na geração de um produto com o conteúdo de umidade menor. Na avaliação de algumas propriedades funcionais das proteínas (como solubilidade, capacidade emulsificante e estabilidade de emulsão), foram evidenciadas diferenças entre isolados secos por *spray drying* e por liofilização, sendo que o primeiro apresentou destacada solubilidade em pH acima da neutralidade. Esse comportamento pode estar ligado à estrutura da partícula do isolado seco em *spray drying* que é menor e, consequentemente, possui uma superfície maior de contato.

A secagem como prática comum para a obtenção de produtos proteicos estáveis deve receber atenção com relação à técnica empregada, pois almeja-se obter melhores propriedades funcionais, nutricionais e biológicas. Rudra *et al.* (2016) trabalharam com concentrados secos por liofilização, atomização e estufa a vácuo e obtiveram valores diferentes em solubilidade e capacidade de retenção de água e óleo. O principal problema durante a desidratação é a formação de agregados insolúveis irreversíveis em razão à desnaturação parcial da proteína durante a desidratação (VOJDANI, 2006). A produção comercial de isolado de proteína envolve a secagem por *spray drying* (aspersão), enquanto a maioria dos pesquisadores utilizou pós-isolados liofilizados para caracterização de isolados de proteína (KAUR; SINGH, 2007).

A secagem a vácuo é um método de baixo custo em comparação com as técnicas de aspersão e liofilização e é realizada a baixa temperatura (abaixo da temperatura de desnaturação da proteína). Bandyopadhyay, Chakraborty e Barman (2012) realizaram a secagem do seu isolado obtido por via química em estufa a vácuo a 50 °C por 10 horas, e o produto obtido por tratamento em micro-ondas ou por via enzimática foi liofilizado. A integridade estrutural, nutricional e funcional é importante quando a secagem é uma etapa do processo, pois, como foi descrito anteriormente, a técnica pode influenciar essas características, que são importantes quando se objetiva a aplicação em alimentos. Os isolados obtidos por Zhao *et al.* (2012) foram secos por atomização e liofilização, e verificou-se que o produto liofilizado gerou um isolado com o conteúdo de umidade menor, ou seja, com maior estabilidade. Apesar de serem técnicas mais caras, o resultado final, relacionado às características do produto, é melhor.

7.4 CARACTERIZAÇÃO DAS PROTEÍNAS

As proteínas podem apresentar diferentes propriedades e estão relacionadas à sua estrutura e ao meio no qual está inserida. Dessa forma, as proteínas podem apresentar diferentes características: físicas, químicas e funcionais tecnológicas. Massa molecular, composição aminoacídica, solubilidade, capacidade de absorção de água e óleo, propriedades espumantes e emulsificantes são algumas das características que podem ser determinadas nas proteínas de diferentes fontes.

7.4.1 MASSA MOLECULAR

Uma técnica simples para a determinação da massa molecular de proteínas é a eletroforese, que utiliza forças eletroforéticas e eletroendosmóticas presentes no sistema. Como foi comentado, as moléculas de proteínas são formadas por cadeia de aminoácidos unidos entre si por ligações peptídicas. A combinação de diferentes aminoácidos e suas quantidades presentes em uma molécula de proteína conferem a ela um peso e uma carga elétrica distinta. As frações separadas por massa molecular, como ilustrado na Figura 7.3, tornam-se visíveis por conta do corante sensível às proteínas, e os resultados podem ser sempre expressos sob forma percentual e de concentração das diversas frações ou em forma gráfica (SILVA; LOPES; FARIA, 2008).

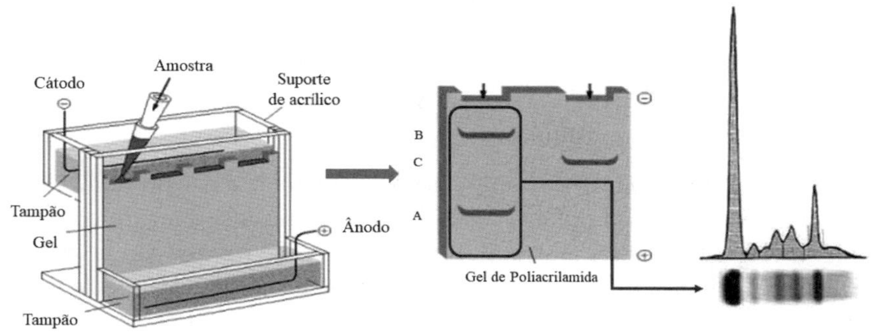

Figura 7.3 – Sistema de eletroforese em gel de poliacrilamida com identificação das bandas proteicas. As letras A, B e C indicam diferentes bandas (proteínas de diferentes tamanhos moleculares), mostradas com maior detalhe na imagem de um gel amplificado.

O princípio físico-químico da eletroforese é a capacidade de moléculas carregadas migrarem sob influência de um campo elétrico, em que partículas de carga positiva migram para o polo negativo (cátodo) e partículas de carga negativa migram para o polo positivo (ânodo). A velocidade de migração das moléculas é proporcional ao campo elétrico e inversamente proporcional a seu volume molecular. Assim, uma amostra submetida a eletroforese tem cada molécula constituinte localizada em uma zona do gel, em que as moléculas com menor volume migram mais rapidamente e as que possuem maior volume migram mais lentamente (MORAES *et al.*, 2013). Os concentrados proteicos provenientes do farelo de arroz, obtidos por Silva (2012) e Piotrowicz e Salas-Mellado (2017), apresentaram massa molecular menor que 50 kDa, assim como verificaram Zhao *et al.* (2012).

No entanto, a estimativa da massa molecular de frações peptídicas torna-se dificultada pela técnica eletroforeica. Assim, quando se realiza a hidrólise proteica, reduz-se a massa molecular das proteínas em frações peptídicas e, muitas vezes, não se consegue ter a massa molecular avaliada por eletroforese. Nessa situação, utiliza-se a cromatografia, como a produzida por Kong, Zhou e Qian (2007), com hidrolisados proteicos de germe de trigo. Em ambas as situações, utilizam-se padrões de massa molecular conhecida como referência para determinar a massa das frações existentes de proteínas e polipeptídeos.

7.4.2 COMPOSIÇÃO DE AMINOÁCIDOS

A importância nutricional de concentrados, isolados e hidrolisados proteicos pode estar relacionada com a composição de aminoácidos presentes no produto, podendo ser essenciais e não essenciais, ou seja, aqueles que o organismo considerado é capaz de sintetizar para o seu funcionamento. Assim, a lisina é considerada limitante, sendo o arroz o cereal que apresenta uma das maiores concentrações desse aminoácido

(WALTER; MARCHEZAN; AVILA, 2008). Além dos aminoácidos que compõem a molécula de proteína, o arroz também apresenta pequena quantidade de aminoácidos livres, predominando o ácido aspártico e o ácido glutâmico, com aproximadamente 60% do total. Melhoramentos conduzidos na planta, por meio de modificação genética, foram citados por Walter, Marchezan e Avila (2008), visando aumentar a concentração de lisina, metionina e cisteína.

Para realizar a determinação da composição aminoacídica das proteínas, é necessário promover uma quebra completa das ligações peptídicas com ácido concentrado e usar alta temperatura e pressão, formando aminoácidos livres que são posteriormente processados em cromatografia líquida de alta eficiência (*high performance liquid chromatography*, HPLC) e identificados por espectrofotômetro de UV-visível, que gera um cromatograma, conforme visualizado na Figura 7.4.

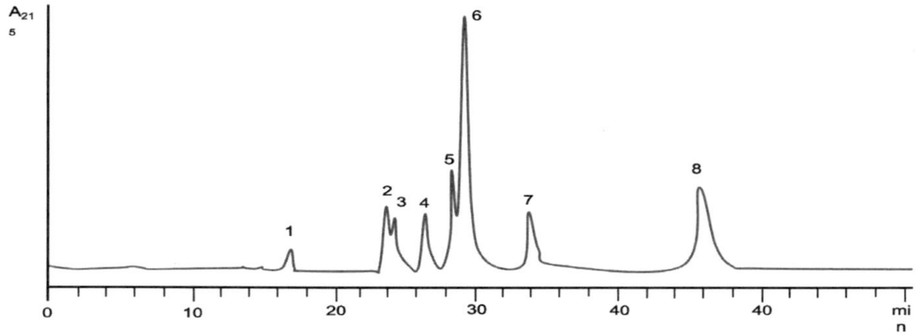

Figura 7.4 – Mistura padrão de aminoácidos essenciais separados por cromatografia líquida de alta eficiência (*high performance liquid chromatography*, HPLC). Aminoácidos: (1) lisina, (2) triptofano, (3) fenilalanina, (4) leucina, (5) isoleucina, (6) metionina, (7) valina e (8) treonina. Fonte: Carreira *et al.* (2002).

Como citado anteriormente, por meio do padrão de aminoácidos de concentração conhecida, obtém-se a composição presente na amostra em teste pela identificação dos picos nos determinados tempos de eluição, e a concentração do aminoácido é verificado pela área abaixo do pico representativo.

7.4.3 PERFIL SEQUENCIAL DE AMINOÁCIDOS

Muitas características podem ser explicadas por análises mais específicas e de identificação dos elementos que fazem parte do produto. Para proteínas, em geral, uma técnica eficiente de separação é a cromatografia de exclusão molecular. Baseada no efeito de peneira molecular, essa técnica separa as espécies de acordo com seu tamanho (HAGEL, 2011). A determinação aproximada da massa molecular pode ser analisada diretamente por espectrometria de massas (MS), o que permite determinar a sequência de aminoácidos de uma proteína (SZPUNAR; LOBINSKI, 1999).

Ao buscar estudos sobre o sequenciamento de aminoácidos, geralmente se encontra expressos na forma codificada, conforme pode ser visto na Tabela 7.2, em que estão apresentados os códigos de três e de uma letra, representativos de cada aminoácido.

Tabela 7.2 – Tipos de aminoácidos e suas codificações de três e uma letra

Aminoácido	Código 3 letras	Código 1 letra
Alanina	*Ala*	A
Arginina	*Arg*	R
Asparagina	*Asn*	N
Aspartato (ácido aspártico)	*Asp*	D
Cisteína	*Cys*	C
Glutamina	*Gln*	Q
Glutamato (ácido glutâmico)	*Glu*	E
Glicina	*Gly*	G
Histidina	*His*	H
Isoleucina	*Ile*	I
Leucina	*Leu*	L
Lisina	*Lys*	K
Metionina	*Met*	M
Fenilalanina	*Phe*	F
Prolina	*Pro*	P
Serina	*Ser*	S
Treonina	*Thr*	T
Triptofano	*Trp*	W
Tirosina	*Tyr*	Y
Valina	*Val*	V

Fonte: Moraes *et al.* (2013).

As letras que codificam os aminoácidos, conforme apresentadas na Tabela 7.2, são bastante usuais e podem ser usadas para a identificação da sequência de aminoácidos que formam os peptídeos. Nota-se que o código de três letras geralmente está relacionado com o início do nome do aminoácido em inglês, como a cisteína (*cystein*; *Cys*). No entanto, o código de uma letra não possui a mesma relação.

Na maioria das vezes, para se realizar o sequenciamento de aminoácidos, faz-se o processo de hidrólise, fracionamento e purificação das frações peptídicas que, após análise e identificação das frações com maior potencial (em geral bioativo), são direcionadas à determinação da sequência de aminoácidos que compõem tais peptídeos. Dessa forma, pode-se identificar e descobrir novas frações que enquadram uma importante propriedade bioativa. Assim fez Xu *et al.* (2019) nos peptídeos obtidos pela hidrólise enzimática de proteínas extraídas da farinha de arroz. Após diversas etapas, de extração, hidrólise, purificação para obtenção de frações, análise e identificação da fração de melhor potencial, o perfil encontrado foi Tyr-Gly-Ile-Tyr-Pro-Arg (ou YGIYPR), um hexapeptídeo não identificado até o momento, com massa molecular de 767 dáltons e de propriedade imunomoduladora, indicando ser um composto promissor em alimentos funcionais.

Wattanasiritham *et al.* (2016) obtiveram peptídeos da hidrólise das proteínas concentradas do farelo de arroz, utilizando a enzima tripsina. Nesse hidrolisado foi verificada a propriedade antioxidante, sendo separadas as frações de maior potencial e determinado o sequenciamento dos peptídeos presentes. Após a identificação, os resultados revelaram que os peptídeos de determinadas frações, com estruturas particulares como VAGAEDAAK, AAVQGQVEK, GGHELSK, KEQMGEEGYR, VAAGTATDYAR, FIECCSCGEYLKK, CQHHHDQWK APGGEAYTR e FIECCSCGEYLKK podem ser aplicados em alimentos, como antioxidantes naturais, em razão da presença de aminoácidos hidrofóbicos e da posição e do arranjo espacial que possuem determinados peptídeos, contribuindo para tal propriedade.

Além desses, outros estudos são realizados para identificação de peptídeos com propriedades bioativas e, consequentemente, o potencial desse composto em alimentos, agregando maior importância ao valor nutricional e biológico.

7.4.4 PROPRIEDADES FUNCIONAIS DAS PROTEÍNAS

As propriedades funcionais de uma proteína são definidas como seu comportamento diante de uma matriz alimentar, ou seja, características de solubilidade, capacidade de retenção de água (CRA), de retenção de óleo (CRO), emulsificante e estabilidade de emulsão, de formação e estabilidade de espuma, de formar gel, térmica, viscoelástica, entre outras. A identificação dessas características torna-se importante para que se possa direcionar as proteínas para determinada aplicação em um alimento, o qual influencia suas propriedades tecnológicas sensoriais, como a textura e o sabor, além do aporte nutricional.

A avaliação das proteínas quanto a suas propriedades funcionais torna-se complexa devido à grande diversidade de estruturas e conformações e às possíveis interações com outros componentes dos alimentos, como lipídios, carboidratos, água, íons e outras proteínas (RIBEIRO; SERAVALLI, 2004). Diversos alimentos possuem melhorias tecnológicas pela adição de proteínas em sua formulação, como bebidas, cremes, produtos de panificação e produtos cárneos. Alimentos variados estão apresentados na

Tabela 7.3, bem como as respectivas propriedades que as proteínas devem apresentar para agregar influência tecnológica.

Tabela 7.3 – Propriedade das proteínas utilizadas em diversos alimentos

Alimento	Propriedade
Bebidas	Solubilidade em diferentes valores de pH, estabilidade térmica, viscosidade
Sopas e molhos	Viscosidade, emulsificação, retenção de água
Produtos de panificação	Formação de uma matriz e um filme com propriedade viscoelástica, coesão, desnaturação térmica, formação de gel, absorção de água, emulsificação e aeração
Derivados de leite (sorvetes e iogurtes)	Emulsificação, retenção de gordura, viscosidade, aeração, formação de gel
Substituto de ovos	Aeração, formação de gel
Produtos cárneos (embutidos, presunto)	Emulsificação, geleificação, coesão, absorção de água e gordura, retenção de água
Coberturas	Coesão e adesão
Produtos de confeitaria	Dispersibilidade e emulsificação

Fonte: Ribeiro e Seravali (2004).

Silva (2012) verificou que o isolado proteico de farelo de arroz apresentou solubilidade máxima próxima a 70% em pH alcalino e entre 50% e 60% em pH neutro e pH 3. Com isso, o isolado proteico pode ser adicionado em bebidas com pH mais alcalino ou em fermentados lácteos, por exemplo, ou em bebidas fermentadas a base de vegetais, em caso de intolerantes a lactose.

Para produtos como presunto cozido e salsicha, que apresentam o pH na faixa de 6 e 7, é importante que a proteína tenha capacidade de absorção e retenção de água (CRA), além das propriedades de emulsão. A proteína isolada de farelo de arroz produzida por Silva (2012) apresentou CRA de 6 g de água para cada grama de proteína. Em relação à capacidade emulsificante, para cada grama de proteína, 26,6 mL de óleo foi emulsificado. A capacidade de retenção de água também é importante para produtos de panificação, pois a perda de água durante o armazenamento acarreta um problema tecnológico e sensorial, pois influencia a textura de pães e bolos. Nos bolos produzidos por Silva (2012) com farinha de arroz com adição de proteína isolada de farelo de arroz, verificou-se que a firmeza foi diminuindo conforme se aumentou a concentração de isolado adicionado. O autor relacionou esse fato ao alto percentual (62%) de formação de espuma do isolado proteico, pois no momento do batimento os alvéolos são formados, e o aquecimento faz que essa estrutura espumosa permaneça, através da coagulação proteica; isso provavelmente fez os bolos com maior percentual de isolado obterem menores valores de firmeza, ou seja, apresentaram-se mais fofos.

Zhang *et al.* (2016) compararam as propriedades funcionais entre as proteínas obtidas do endosperma de arroz (REP) e do resíduo da extração do xarope de arroz

(RDP) e constataram que houve destaque e diferença nas propriedades emulsificantes e solubilidade em pH alcalino, o qual se apresentou maior no RDP. As demais propriedades, como formação e estabilidade de espuma, assim como capacidade de retenção de água e óleo, não apresentaram diferença entre os dois concentrados proteicos. A solubilidade é uma das características mais importantes de uma proteína, tanto para sua aplicação tecnológica em alimentos com alto conteúdo de água como para auxiliar positivamente em outras propriedades (por exemplo, emulsionante e formação de espuma).

Alguns fatores podem influenciar as propriedades funcionais das proteínas, como a técnica de secagem, que foi citada anteriormente. Rudra *et al.* (2016) obtiveram proteínas concentradas desidratadas por liofilização, atomização e estufa a vácuo. A solubilidade do produto foi menor quando desidratado em estufa a vácuo, o que pode ser atribuído à estrutura cristalina formada durante a secagem. Muitas vezes, ao utilizar estufas convencionais ou ao trabalhar com matérias-primas submetidas a tratamentos térmicos de estabilização, a temperatura elevada pode acarretar alterações na estrutura proteica e, consequentemente, nas suas propriedades. A desnaturação proteica provoca a exposição de grupos apolares e aumenta a hidrofobicidade da molécula (RUDRA *et al.*, 2016; ZAYAS, 1997), consequentemente diminuindo a solubilidade do produto.

Assim, as propriedades funcionais são importantes para a tecnologia de alimentos, visto que o conhecimento de algumas delas pode elaborar diferentes produtos e, consequentemente, obter um alimento com melhor textura, sabor, cor e apresentando-se mais nutritivo com o uso de proteínas hipoalergênicas, como as do arroz. Em seguida, serão conhecidos alguns produtos que foram elaborados e adicionados de proteínas de arroz com o intuito de enriquecimento tecnológico e nutricional.

7.4.5 PROPRIEDADE BIOLÓGICA DOS PEPTÍDEOS DE ARROZ

Após a extração proteica, seguida da sua modificação pela hidrólise enzimática, são produzidos peptídeos que podem apresentar diversas atividades bioativas, como antioxidante, anti-hipertensiva, antidiabética, anticancerígena, entre outras. Essas propriedades são de grande importância biológica, pois a inclusão desses peptídeos em nossa dieta pode influenciar positivamente nosso metabolismo, reduzindo os radicais livres, os peróxidos e a atividade de enzimas que atuam em nosso sistema biológico desencadeando enfermidades. Tais peptídeos auxiliam nesse controle.

Piotrowicz e Salas-Mellado (2017) obtiveram peptídeos da proteína concentrada do farelo de arroz, verificando a capacidade antioxidante e a anti-hipertensiva por meio de análises químicas (*in vitro*) e ensaio agudo (24 a 48 horas) em animais (*in vivo*). Nesse estudo, foi demonstrado que os peptídeos de farelo de arroz possuem um potencial importante na atuação de redução de radicais livres; além disso, um ensaio biológico em plasma de animais tratados com os peptídeos trouxe redução de compostos que são capazes de degradar as membranas celulares, mostrando ser um importante agente antioxidante. Ademais, após oito horas do consumo desses peptídeos, foi verificada uma redução significante da pressão arterial de ratos espontaneamente hipertensos, que pode estar ligada à diminuição da atividade da enzima conversora da angiotensina e à ação antioxidante que foi verificada.

Kannan *et al.* (2010) conseguiram frações peptídicas resistentes aos sucos gastrointestinais gerados de farelo de arroz desidratado e estabilizado pelo calor, do qual a fração menor de 5 mil dáltons mostrou ser capaz de inibir a proliferação de células cancerígenas. Após purificação e caracterização da fração, foi constatado que as propriedades anticancerígenas também foram purificadas, sendo possível obter um peptídeo puro, o qual causou 84% de inibição do crescimento de células de câncer de cólon (Caco-2, HCT-116), 80% de crescimento de células de câncer de mama (MCF-7, MDA-MB-231) e 84 % de crescimento de células de câncer de fígado (HepG-2). A análise por espectrometria de massa e sequenciamento revelou a sequência de Glu-Gln-Arg-Pro-Arg para o peptídeo com uma massa molecular de 685,378 Da. Dessa forma, um novo pentapeptídeo foi isolado do farelo de arroz e apresentou propriedades inibidoras do crescimento de células representativas do câncer de cólon, de mama, de pulmão e de fígado, podendo servir como um agente nutracêutico contra essa doença.

Hatanaka *et al.* (2012) usaram duas proteases comercialmente disponíveis para hidrolisar proteínas do farelo de arroz desengordurado, obtendo um hidrolisado com ação inibitória da enzima dipeptidil peptidase IV (DPP-IV), o que indica ação antidiabética. Os peptídeos inibidores específicos foram encontrados, sendo identificados como Leu-Pro e Ile-Pro. Uraipong e Zhao (2015) hidrolisaram quatro frações de proteínas (albumina, globulina, prolamina e glutelina), utilizando quatro proteases (Alcalase®, Neutrase®, Flavourzyme® e Protamax®) para investigar as atividades inibitórias dos hidrolisados contra α-amilase e α-glicosidase. A inibição dessas enzimas beneficia o controle da liberação de glicose, o que auxilia no controle do diabetes (LIN *et al.*, 2012). O hidrolisado de glutelina na fração de massa molecular menor que 3.000 Da, obtida por hidrólise com Alcalase, exibiu a maior atividade inibitória. Além disso, a purificação por cromatografia revelou que a maior fração de atividade inibitória foi identificada como contendo treze sequências peptídicas únicas de seis a 32 resíduos de aminoácidos.

7.5 APLICAÇÕES DAS PROTEÍNAS DO ARROZ EM ALIMENTOS

A proteína é um dos macronutrientes de grande importância na alimentação humana, principalmente no que diz respeito a indivíduos que possuem alguma restrição alimentar por conta de intolerâncias e alergias. Como foi comentado anteriormente, o arroz é um dos alimentos que possui um aporte importante de proteínas, consideradas hipoalergênicas e de alta digestibilidade. A aplicação consiste na produção de alimentos infantis e no enriquecimento de alimentos para celíacos, como pães, bolos, biscoitos, massas e outros.

Em um estudo realizado por Zhao *et al.* (2014), que avaliou a composição aminoacídica e as diferentes características das proteínas isoladas do subproduto da extração do xarope de arroz (*rice dreg protein*; RDP), em comparação com a proteína isolada de soja, foi verificado que quase todos os aminoácidos essenciais preencheram os requisitos sugeridos para a nutrição de uma criança, de acordo com a FAO, WHO e UNU (1985). Além dos parâmetros nutricionais necessários, a digestibilidade *in vitro* (pepsina e pancreatina) no isolado do arroz foi melhor que a da soja. Com isso, foi possível verificar o potencial do RDP para ser utilizado para o consumo humano como uma fonte de proteína mais barata que a de soja, podendo ser um substituto parcial em alguns alimentos em resposta à crescente demanda por proteínas vegetais. Além disso, a utilização dessa proteína em particular pode fornecer um valor acrescentado significativo aos subprodutos do processamento de xarope de arroz para maiores benefícios econômicos e sociais, especialmente nos países em desenvolvimento.

Existe uma gama de alimentos que são saudáveis, mas alguns constituintes podem afetar a saúde de indivíduos intolerantes a eles, como as proteínas do glúten em celíacos. A doença celíaca, de acordo com a Organização Mundial de Saúde (OMS), abrange 1% da população mundial. Entre as maiores dificuldades que os celíacos enfrentam, está o acesso ao alimento adequado, ou seja, sem a presença de glúten, como bolos, pães, biscoitos e massas. Hoje existem produtos *in natura* nas gôndolas especiais para celíacos. No entanto, por não haver uma legislação vigente, muitas vezes um produto, como a farinha de arroz, fica acondicionado próximo da farinha de trigo ou seus produtos. Isso se torna um problema porque existem indivíduos que têm mais sensibilidade, e o simples contato com o pó pode acarretar malefícios à saúde (ASBRAN, 2017). Nessa situação, o uso da farinha ou da proteína isolada do arroz torna-se uma alternativa para a população celíaca.

Silva (2012) produziu bolos com farinha de arroz adicionando isolado proteico do farelo de arroz (IPFA) e constatou que a farinha de arroz teve melhor desempenho tecnológico comparada com a farinha de trigo com IPFA. Nesse estudo foram produzidos bolos sem glúten com adição de 3%, 5% e 7% de IPFA na formulação. Com essa implementação, foram obtidos maiores teores proteicos e melhores características tecnológicas que o bolo controle (de trigo). Em relação a aceitação, foram igualmente preferidos, mostrando que existe um grande potencial para o uso da proteína do farelo de arroz em produtos de panificação livres de glúten.

O macarrão também é uma opção para a aplicação da proteína de arroz. Apesar das vantagens de digestibilidade e hipoalergenicidade das proteínas desse grão, a qualidade viscoelástica do macarrão de arroz depende unicamente das propriedades do componente de amido, por conta do fraco desenvolvimento da proteína de arroz. Com isso, Kim *et al.* (2014) produziram o macarrão de arroz sem glúten utilizando transglutaminase (TGase) e isolado de proteína de arroz (*rice protein isolate*, RPI) para melhorar as propriedades da massa e a qualidade do produto. Os resultados apresentados demonstraram que a suplementação com RPI e a reação de *cross-linking*, catalisada pela TGase, induziu as alterações em propriedades da massa, qualidade do macarrão, qualidade de cozimento e microestrutura do macarrão de arroz.

Proteínas de outros grãos, como as encontradas na farinha de arroz, também são utilizadas na formulação de alimentos sem glúten. Matos, Sanza e Rosell (2014) avaliaram o papel das proteínas na reologia e qualidade de *muffins* sem trigo, usando farinha de arroz em seis formulações: sem adição de proteína, com adição de proteína isolada de soja, de ervilha e de glúten de trigo (para comparação), com adição de clara de ovo e caseína (estas duas de origem animal). Os resultados gerais indicaram que tanto as propriedades reológicas das massas como as características tecnológicas dos *muffins* são dominadas pela presença do tipo de proteína utilizado nas formulações. Portanto, a fonte de proteína incluída na massa é fundamental para garantir a textura adequada e outras propriedades tecnológicas desses produtos.

REFERÊNCIAS

ASSOCIAÇÃO BRASILEIRA DE NUTRIÇÃO (ASBRAN). **Celíacos:** faltam estatísticas e protocolos no Brasil. 16 jun. 2017. Disponível em: https://www.asbran.org.br/noticias/celiacos-faltam-estatisticas-e-protocolos-no-brasil. Acesso em: 12 jun. 2020.

BANDYOPADHYAY, K.; CHAKRABORTY, C.; BARMAN, A. K. Effect of microwave and enzymatic treatment on the recovery of protein from Indian defatted rice bran meal. **Journal of Oleo Science**, v. 61, n. 10, p. 525-529, 2012.

BEDIN, S. **Extração de proteína do farelo de arroz**: processo alcalino, por ultrassom e micro-ondas. 2018. 147 f. Tese (Doutorado em Engenharia Química) - Universidade Estadual de Campinas, Campinas, 2018.

BERTOLINO, D. B. M. **Fracionamento e identificação de proteínas de linhaça dourada** (Linum usitatissimum **L.) associadas aos metais Cu, Fe e Zn**. 2015. 93 f. Tese (Doutorado em Ciências Químicas) - Universidade Federal de Minas Gerais, 2015.

CARREIRA, R. L. *et al.* Emprego de cromatografia líquida de alta eficiência hidrofílica na determinação dos aminoácidos de hidrolisados de caseína. **Ciência e Tecnologia de Alimentos**, v. 22, n. 3, p. 229-232, 2002.

CHEMAT, F.; HUMA, Z.; KHAN, M. K. Applications of ultrasound in food technology: processing, preservation and extraction. **Ultrasonics Sonochemistry**, v. 18, n. 4, p. 813-835, 2011.

CORBIN, C. *et al.* Development and validation of an efficient ultrasound assisted extraction of phenolic compounds from flax (*Linum usitatissimum* L.) seeds. **Ultrasonics Sonochemistry**, v. 26, p. 176-185, 2015.

FAO; WHO; UNU. Expert Consultation. Energy and protein requirements. **World Health Organ Tech Rep Ser**, v. 724, p. 1-206, 1985.

HAGEL, L. Gel Filtration: Size Exclusion Chromatography. *In*: **Protein Purification**. New York: John Wiley and Sons, 2011. p. 51-92.

HATANAKA, T. *et al.* Production of dipeptidyl peptidase IV inhibitory peptides from defatted rice bran. **Food Chemistry**, v. 134, n. 2, p. 797-802, 2012.

KANNAN, A. *et al.* Human cancer cell proliferation inhibition by a pentapeptide isolated and characterized from rice bran. **Peptides**, v. 31, n. 9, p. 1629-1634, 2010.

KIM, Y. *et al.* Quality improvement of rice noodle restructured with rice protein isolate and transglutaminase. **Food Chemistry**, v. 145, p. 409-416, 2014.

KONG, X.; ZHOU, H.; QIAN, H. Enzymatic hydrolysis of wheat gluten by proteases and properties of the resulting hydrolysates. **Food Chemistry**, v. 102, p. 759-763, 2007.

LIN, H. *et al.* Protein hydrolysate from brewer's spent grainand its inhibitory ability of α-glucosidase. **Advanced Materials Research**, v. 581-582, p. 138-141, 2012.

MANDAL, V.; MOHAN, Y.; HEMALATHA, S. Microwave assisted extraction – an innovative and promising extraction tool for medicinal plant research. **Pharmacognosy Reviews**, v. 1, p. 7-18, 2007.

MATOS, M. E.; SANZA, T.; ROSELL, C. M. Establishing the function of proteins on the rheological and quality properties of rice based gluten free muffins. **Food Hydrocolloids**, v. 35, p. 150-158, 2014.

MORAES, C. S. *et al.* **Métodos experimentais no estudo de proteínas**. Rio de Janeiro: IOC, 2013.

OSBORNE, T. B.; MENDEL, L. B. Nutritive properties of proteins of the maize kernel. **The Journal of Biological Chemistry**, v. 18, n. 1, p. 1-16, 1914.

PIOTROWICZ, I. B. B.; SALAS-MELLADO, M. M. Protein concentrates from defatted rice bran: preparation and characterization. **Food Science and Technology**, v. 37 (suppl. 1), p. 165-172, 2017.

RIBEIRO, E. P.; SERAVALLI, E. A. G. **Química de Alimentos**. São Paulo: Blucher, 2004.

RUDRA, S. G. *et al.* Physico-chemical and functional properties of cowpea protein isolate as affected by the dehydration technique. **Agricultural Research Communication Centre**, v. 39, p. 370-378, 2016.

SILVA, P. M. **Isolado proteico de farelo de arroz**: obtenção, propriedades funcionais e aplicação. 2012. 85 f. Dissertação (Mestrado em Engenharia e Ciência de Alimentos) – Universidade Federal do Rio Grande, Rio Grande, 2012.

SILVA, R. O.; LOPES, A. F.; FARIA, R. M. D. Eletroforese de proteínas séricas: interpretação e correlação clínica. **Revista Médica de Minas Gerais**, v. 18, n. 2, p. 116-122, 2008.

SZPUNAR, J.; LOBINSKI, R. Species-selective analysis for metal-biomacromolecular complexes using hyphenated techniques. **Pure and applied chemistry**, v. 71, n. 5, p. 899-918, 1999.

THIRUGNANASAMBANDHAM, K.; SIVAKUMAR, V.; MARAN, J. P. Process optimization and analysis of microwave assisted extraction of pectin from dragon fruit peel. **Carbohydrate Polymers**, v. 112, p. 622-626, 2014.

TOLDRÁ, F.; NOLLET, L. M. L. (org.). **Proteomics in foods**: principles and applications. Nova York: Springer, 2013. v. 2.

URAIPONG, C.; ZHAO, J. Rice bran protein hydrolysates exhibit strong in vitro α-amylase, β-glucosidase and ACE-inhibition activities. **Journal of the Science of Food and Agriculture**, v. 96, n. 4, p. 1101-1110, 2015.

VIEIRA, C. R. *et al.* Extração enzimática das proteínas da farinha de arroz. **Ciência e Tecnologia de Alimentos**. v. 28, p. 599-606, 2008.

VILLALVA, M. M. H. **Modificação química para obtenção de um isolado proteico de soja com solubilidade semelhante à da caseína humana**. 2008. 74 f. Dissertação (Mestrado em Ciência e Tecnologia de Alimentos) - Universidade Federal de Viçosa, Viçosa, 2008.

VOJDANI, F. Solubility. *In*: HALL, G. M. (ed.). **Methods of testing protein functionality**. St. Edmundsbury: Springer, 2006. p. 11-60.

WALTER, M.; MARCHEZAN, E.; AVILA, L. A. Arroz: composição e características nutricionais. **Ciência Rural**, v. 38, n. 4, p. 1184-1192,. 2008.

WATTANASIRITHAM, L. *et al.* Isolation and identification of antioxidant peptides from enzymatically hydrolyzed rice bran protein. **Food Chemistry**, v. 192, p. 156-162, 2016.

XU, Z. *et al.* Purification and identification immunomodulatory peptide from rice protein hydrolysates. **Food and Agricultural Immunology**, v. 30, n. 1, p. 150-162, 2019.

ZAYAS, J. F. Solubility of proteins. *In*: **Functionality of proteins in food**. Berlin: Springer, 1997. p. 6-75.

ZHANG, Y.-X. *et al.* Proteomic analysis reveals different involvement of embryo and endosperm proteins during aging of Yliangyou 2 hybrid rice seeds. **Frontiers in plant science**, v. 7, p. 1394, 2016.

ZHAO, Q. *et al.* Comparison of functional and structural properties of native and industrial process-modified proteins from long-grain Indica rice. **Journal of Cereal Science**, v. 56, n. 3, p. 568-575, 2012.

ZHAO, Q. *et al.* Rice Dreg Protein as an Alternative to Soy Protein Isolate: Comparison of Nutritional Properties. **International Journal of Food Properties**, v. 17, n. 8, p. 1791-1804, 2014.

CAPÍTULO 8
AMIDO DE ARROZ E SUAS APLICAÇÕES

Dianini Hüttner Kringel
Alvaro Renato Guerra Dias
Elessandra da Rosa Zavareze

O arroz está entre as cinco principais fontes comerciais de amido em âmbito mundial, ao lado do milho, do trigo, da batata e da mandioca (BAO; BERGMAN, 2004). O amido é um biopolímero semicristalino encontrado em cereais, raízes, tubérculos, sementes e frutas. Estima-se que em algumas áreas da África e do Extremo Oriente o amido seja responsável por fornecer até 80% da ingestão calórica diária, sendo representado, principalmente, por uma única fonte: o arroz (AMAGLIANI *et al.*, 2016). O amido pode corresponder a aproximadamente 90% do peso do grão de arroz esbramado e está presente em especial nas células do endosperma (BIDUSKI *et al.*, 2018). É extraído principalmente dos grãos quebrados que excedem os limites permitidos pela legislação, oriundos da etapa de brunimento e polimento. Dessa forma, a extração de amido surge como uma alternativa viável para o aproveitamento dos grãos quebrados, que geralmente apresentam menor valor econômico (COLUSSI *et al.*, 2017).

O interesse na utilização do amido de arroz se deve a algumas características especiais que ampliam sua utilização no mercado, entre elas o sabor suave e o aspecto cremoso na sua forma gelatinizada, o tamanho pequeno dos seus grânulos (entre 3 µm e 8 µm) comparado aos demais cereais e sua ampla faixa de teor de amilose (entre 1% e 37%) (BAO; BERGMAN, 2018).

A utilização do amido de arroz se concentra especialmente na indústria de alimentos, como ingredientes em sobremesas, produtos de panificação, cereais matinais, alimentação infantil e hipoalergênicos. Também é usado como substituto de gorduras (COLUSSI *et al.*, 2014; COLUSSI *et al.*, 2015).

8.1 EXTRAÇÃO DE AMIDO DE ARROZ

A extração de amido de arroz se baseia em técnicas para remover as proteínas e, assim, isolar o amido. As proteínas do arroz são consideradas únicas em comparação com as proteínas de outros cereais e, por isso, sua remoção para o isolamento do amido requer alguns procedimentos diferentes. Entretanto, a extração do amido de arroz, além de ser considerada mais complicada que a de outros cereais, é também considerada mais cara em razão da dificuldade em separar as proteínas, que se encontram fortemente associadas aos grânulos de amido no endosperma. Além disso, outro fator que dificulta a separação e a purificação do amido é o pequeno tamanho de seus grânulos, tornando sua sedimentação mais lenta e resultando em maiores perdas durante processo (CARDOSO *et al.*, 2007).

Para extrair o amido da farinha de arroz são utilizados, principalmente, métodos com solventes alcalinos, surfactantes ou enzimas que hidrolisam as proteínas (CHOI *et al.*, 2018). A maioria das proteínas presentes no arroz é representada pelas glutelinas, proteínas solúveis em soluções alcalinas ou ácidas, por isso um dos métodos comumente utilizados é a extração alcalina, considerada eficiente para produzir amido de arroz com boa recuperação e baixo teor de proteína residual (CARDOSO *et al.*, 2007). A Figura 8.1 apresenta o fluxograma para obtenção do amido de arroz pela extração alcalina. O método de extração alcalina utiliza soluções de hidróxido de sódio em concentrações que podem variar de 0,1% a 0,2% geralmente apresentam alto rendimento, produzindo de 73% a 85% de amido, de 0,07% a 0,42% de proteína residual e de 0,07% a 2,6% de amido danificado (BAO; BERGMAN, 2018).

O amido de arroz pode ser extraído dos grãos inteiros, em um processo chamado moagem úmida. Nesse tipo de moagem, os grãos são encharcados na presença de NaOH, produzindo uma pasta de amido, que será mantida em repouso por entre 10 e 24 horas, a fim de promover uma maior dissolução das proteínas. Por fim, os componentes da parede celular são removidos por filtração, e o amido é obtido após etapas como lavagem, neutralização e secagem (SOUZA *et al.*, 2016).

A extração enzimática utilizando proteases também é considerada um método eficaz para a obtenção de amido de arroz, que preserva a estrutura e as características nativas dos grânulos de amido (LI *et al.*, 2009). A utilização da protease em combinação com ultrassom de alta intensidade é outra técnica para extração de amido, com rendimento entre 79,8% e 86,7%, proteína residual entre 0,50% e 0,96% e amido danificado entre 0,98% e 1,87% (WANG; WANG, 2004). Além disso, a ausência de danos à superfície do grânulo de amido tem sido comprovada por microscopia eletrônica de varredura.

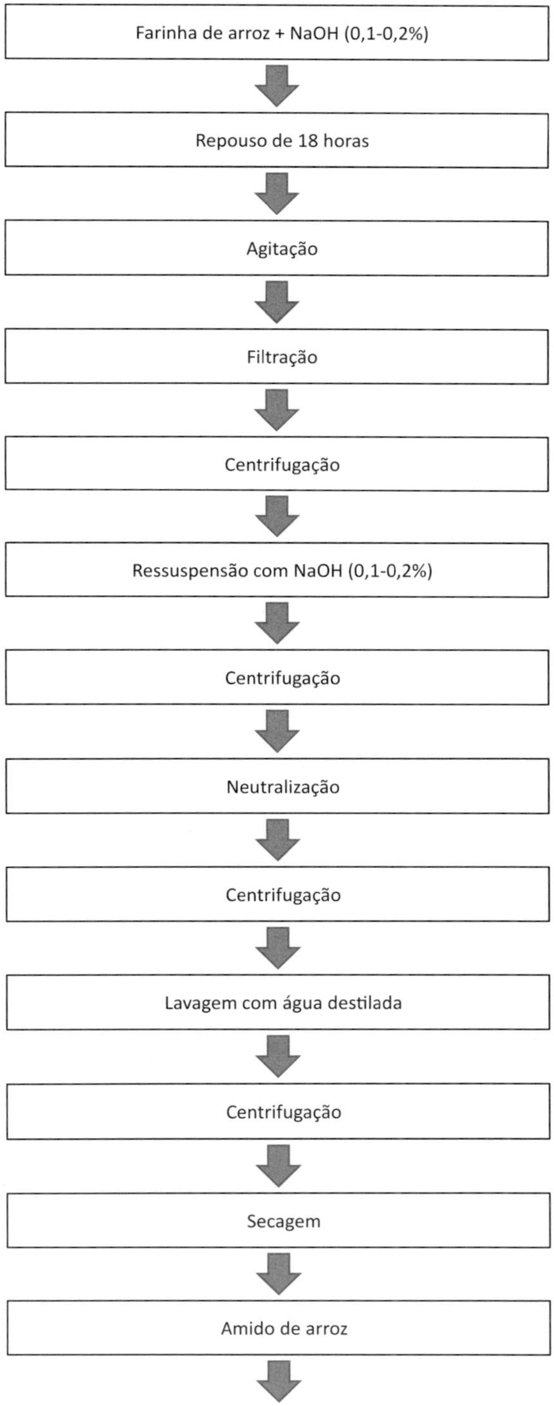

Figura 8.1 – Método alcalino para extração de amido de arroz.

8.2 COMPOSIÇÃO E ESTRUTURA DOS GRÂNULOS DE AMIDO DE ARROZ

Os grânulos de amido são constituídos de moléculas de amilose e amilopectina, representando de 98% a 99% do peso seco. O arranjo e a proporção amilose/amilopectina são responsáveis por tamanho, forma, estrutura e propriedades funcionais, dependendo principalmente de sua origem botânica (DIAS *et al.*, 2010a; ZAVAREZE *et al.*, 2010; AMAGLIANI *et al.*, 2016).

No arroz, a proporção média de amilose e amilopectina corresponde a cerca de 25% e 75%, respectivamente. No entanto, existem variedades que apresentam proporções diferentes de amilose/amilopectina, o que consequentemente influencia as características do amido (TECHAWIPHARAT; SUPHANTHARIKA; BEMILLER, 2008). Em função do teor de amilose, o arroz pode ser considerado de baixo teor (12%-20%), de teor intermediário (20%-25%), de alto teor (> 25%) e com pouco teor ou isento de amilose (ceroso) (BARTZ *et al.*, 2012; ZHOU *et al.*, 2002). Além de amilose e amilopectina, o amido comercial de arroz apresenta outros componentes, como lipídios e proteínas. O amido ceroso contém pequenas quantidades de lipídio (0,03%), ao passo que nos demais amidos de arroz são encontrados cerca de 0,3% a 0,4% de lipídios totais, sendo que desses, 32% são ácidos graxos livres e 68% são lisofosfolipídios. O teor de proteínas de amido de cereais geralmente fica entre 0,25% e 0,3%, no entanto esse teor depende da eficácia do processo de extração e isolamento do amido. Para o amido de arroz isolado, é esperado um teor de proteínas de no máximo 0,5% (BAO; BERGMAN, 2018).

O amido ainda contém uma quantidade pouco expressiva de minerais, cerca de 0,4%, composta de cálcio, magnésio, fósforo, potássio e sódio. O fósforo se apresenta principalmente de duas formas: monoésteres de fosfato, contido principalmente no amido de arroz ceroso, e fosfolipídios, contido nos demais amidos (AMAGLIANI *et al.*, 2016; BAO; BERGMAN, 2018).

Os grânulos de amido de arroz são considerados os menores entre os amidos de cereais, com tamanho variando entre 2 μm a 10 μm, com formato poliédrico e irregular (CHOI *et al.*, 2018; YE *et al.*, 2019). A Figura 8.2 apresenta uma micrografia dos grânulos de amido de arroz nativo, com uma ampliação em 2 mil vezes, obtida por microscopia eletrônica de varredura.

Figura 8.2 – Micrografia dos grânulos de amido de arroz nativo. Fonte: Zavareze *et al.* (2010).

8.3 PROPRIEDADES FUNCIONAIS DO AMIDO DE ARROZ

A utilização do amido de arroz nos mais variados setores industriais se deve principalmente a suas propriedades funcionais, como poder de inchamento e solubilidade, cristalinidade, gelatinização, retrogradação, digestibilidade, entre outras, influenciadas por temperatura, tempo, quantidade de água e propriedades estruturais do amido, como interações com proteínas e lipídios, morfologia, estrutura molecular e cristalina (CAI *et al.*, 2015). Outro fator que exerce grande influência nas propriedades funcionais do amido de arroz é o teor e a organização das cadeias de amilose e amilopectina (LI *et al.*, 2018).

As propriedades de pasta e de gelatinização do amido de arroz são influenciadas não só pelo teor de amilose como também pelo tamanho e distribuição do comprimento da cadeia de amilose e amilopectina. Por exemplo, quanto maior a quantidade de cadeias curtas de amilose, maior a viscosidade de pico; por outro lado, a maior presença de cadeias longas de amilose tende a diminuir essa viscosidade. A tendência à retrogradação é afetada principalmente pela maior quantidade de cadeias longas de amilose (TAO *et al.*, 2019). O poder de inchamento é correlacionado positivamente com o grau de ramificação da cadeia de amilopectina, enquanto a solubilidade em água apresenta correlação negativa (CAI *et al.*, 2015).

Em relação às propriedades de digestibilidade do amido de arroz, estudos demonstram que, quanto maior o teor de amilose, menor a digestibilidade do amido de arroz (CAI *et al.*, 2015; KONG *et al.*, 2015; ZHU *et al.*, 2011). Isso porque a amilose apresenta uma estrutura linear e flexível capaz de formar duplas-hélices após o cozimento, demonstrando assim uma maior resistência à hidrólise. Dessa forma, o amido com maior teor de amilose é digerido mais lentamente que o amido com menor teor de amilose (SYAHARIZA *et al.*, 2013).

8.4 APLICAÇÕES DO AMIDO DE ARROZ

Amidos de cereais como milho, trigo e arroz são usados principalmente para modificar textura e aparência de alimentos. Das principais funções desses amidos, pode-se citar: estabilizantes de emulsão, de turvação e de espuma; agentes de gelificação e atuação na retenção de umidade de diversos alimentos.

A aplicação do amido de arroz se deve em especial a sua ampla faixa de amilose e amilopectina, capaz de produzir pastas com diferentes características de textura (AGAMA-ACEVEDO; FLORES-SILVA; BELLO-PEREZ, 2019). Além disso, o amido de arroz apresenta características interessantes em aplicações como substituto de gorduras, estabilidade frente a ciclos de congelamento-descongelamento com baixo percentual de sinérese e capacidade de produzir uma estrutura esponjosa com lenta mudança na textura de géis. Por essas razões, o amido de arroz é aplicado principalmente em produtos congelados, panificação e confeitaria, massas, sopas, molhos, iogurtes, pudins, cremes, alimentos infantis, entre outros (JONGSUTJARITTAM; CHAROENREIN, 2013). A aplicação do amido de arroz em alimentos infantis, por sua vez, se deve a hipoalergenicidade da sua proteína residual e sua função como texturizante, estabilizante de viscosidade e sinerese; também é uma importante fonte de calorias (AMAGLIANI *et al.*, 2016).

A aplicação do amido de arroz como substituto de gordura se deve ao tamanho dos seus grânulos, que é semelhante ao dos glóbulos de gordura. Com essa função, é usado em produtos de panificação, laticínios, produtos cárneos processados, molhos e sopas. Pode ser usado ainda para produzir maltodextrinas, aplicadas como recheios em alimentos, agentes de sabor, redutores de doçura e modificadores de textura (BAO; BERGMAN, 2004).

Apesar das aplicações descritas, o amido de arroz nativo tem seu uso limitado em produtos alimentícios em razão de sua instabilidade a condições drásticas de temperatura, pH e cisalhamento. Nesse sentido, com o intuito de melhorar suas propriedades funcionais, o amido de arroz nativo pode ser submetido a modificações, que podem ser físicas, químicas ou enzimáticas (COLUSSI *et al.*, 2015; COLUSSI *et al.*, 2014). Além das modificações, a adição de outros compostos, como aminoácidos e proteínas do leite, pode contribuir para a melhoria de suas propriedades reológicas, que podem ser exploradas em produtos lácteos, como queijos processados, iogurtes, sorvetes. Ademais, atuam como condicionadores de massa e amaciadores de miolo em pão e biscoito visando retardar o endurecimento desses produtos (COPELAND *et al.*, 2009). O amido de arroz também modificado quimicamente é utilizado para melhorar as propriedades de textura de armazenamento sem alterar o sabor e a aceitabilidade de pudins (MOIN; ALIN; HASNAIN, 2017).

Desde os anos 2010, tem aumentado a tendência do uso de estabilizantes de partículas vegetais no desenvolvimento de emulsões, principalmente proteínas e polissacarídeos vegetais, e o amido é considerado um bom estabilizante de emulsões devido ao tamanho pequeno dos seus grânulos (SIMSEK *et al.*, 2015) e a sua capacidade de esterificação com óleo (GARCÍA-TEJEDA *et al.*, 2018).

A área de biopolímeros tem visto com interesse o amido de arroz, principalmente na produção de embalagens para alimentos, por conta de sua capacidade filmogênica e baixo custo. Além de propiciar a otimização do uso de recursos agroindustriais, a aplicação em embalagens biodegradáveis contribui para a redução do impacto ambiental causado pelo uso de polímeros sintéticos (COLUSSI *et al.*, 2017; ROMANI; HERNÁNDEZ; MARTINS, 2017).

As embalagens à base de amido são incolores, o que torna sua aparência atraente, possibilitando sua utilização com diversos produtos, como frutas, legumes, entre outros. No entanto, devido a sua natureza hidrofílica, essas embalagens apresentam baixa capacidade de barreira ao vapor de água. Para reduzir a higroscopicidade, alguns compostos hidrofóbicos podem ser adicionados à matriz polimérica, como plastificantes, surfactantes, lipídios, entre outros (SAPPER; CHIRALT, 2018).

Outra tendência na área de embalagens biodegradáveis são as "blendas", misturas naturais de proteínas, polissacarídeos e lipídios obtidos de resíduos agroindustriais. Dias *et al.* (2010b) destacaram o desenvolvimento de filmes biodegradáveis à base de amido e farinha de arroz, por serem materiais de baixo custo produzidos dos grãos de arroz quebrados durante o processamento. A adição de óleo essencial de orégano em blendas de amido de arroz e proteína de pescado pode conferir atividade às embalagens, principalmente na inibição da peroxidase, atuando como agente antiescurecimento em frutas e vegetais (ROMANI; HERNÁNDEZ; MARTINS, 2017).

Dentro da área de biopolímeros, o amido de arroz apresenta também outra interessante aplicação: hidrogéis de amido de arroz. São materiais compostos de polímeros hidrofílicos que apresentam uma rede tridimensional capaz de absorver e manter uma elevada quantidade de água dentro de sua estrutura (AHMED, 2015). Os hidrogéis podem ser aplicados em diversas áreas, como em alimentos e na agricultura.

A variabilidade das propriedades dos hidrogéis à base de amido de arroz permite uma variada gama de aplicações desse biomaterial. Parâmetros como o método de gelatinização e o teor de amilose do amido de arroz influenciam as características dos hidrogéis. Aqueles obtidos por método alcalino demonstram ser mais firmes; amidos de arroz de baixo teor de amilose tendem a produzir hidrogéis parcial ou completamente solúveis em água, enquanto os hidrogéis com amido de alto teor de amilose apresentam menor absorção de água e maior resistência mecânica (BIDUSKI *et al.*, 2018).

Na área de alimentos, os hidrógeis podem ser utilizados com as seguintes funções: diminuir a atividade de água; retardar o crescimento de bactérias e de fungos de deterioração em alimentos em pó ou vegetais minimamente processados, por exemplo; e diminuir o amolecimento de produtos secos visando manter sua crocância, como em biscoitos. Outras aplicações potenciais na indústria de alimentos incluem o uso de hidrogéis como parte de um sistema de embalagem inteligente ou seu uso como portadores de sabores ou compostos bioativos (BATISTA *et al.*, 2019).

Tabela 8.1 – Filmes e revestimentos à base de amido de arroz e suas aplicações

Composição do material	Aplicação	Principais resultados	Referência
Amido de mandioca e arroz	Pomelo minimamente processado	Menor perda de peso comparado ao controle (pomelo sem revestimento polimérico)	Kerdchoechuen *et. al.* (2011)
Amido de arroz, glicerol, óleo de coco e extrato de chá verde	Tomates armazenados a temperatura ambiente	O revestimento utilizado retardou a mudança de cor do tomate e prolongou o período de maturação dos tomates armazenados a temperatura ambiente	Das, Dutta e Mahanta (2013)
Amidos de trigo, milho e arroz e aditivos (quitosana, emulsificante e óleo de palma)	Armazenamento de nozes em temperatura acelerada	O revestimento comestível à base de amido de arroz e quitosana apresentou potencial para ser usado para prolongar a vida útil das nozes	Aghazadeh *et. al.* (2018)
Amido de arroz, proteína de pescado, glicerol e compostos fenólicos de pimenta rosa	Maçãs minimamente processadas	A mistura amido/proteína (15/85) com compostos fenólicos de pimenta rosa a 6% (v/p) inibiu o escurecimento enzimátio em fatias de maçãs, conservando-as durante doze dias	Romani, Hernández e Martins (2018)
Amido de arroz, ésteres de ácido graxo de sacarose e carragena	Armazenamento pós-colheita e qualidade de ameixa	As ameixas revestidas permaneceram firmes e com boa cor por até três semanas a temperatura ambiente. O revestimento utilizado atrasou o aumento da taxa respiratória e inibiu a produção de etileno, o que também refletiu no acúmulo de fitoquímicos, como compostos fenólicos e flavonoides	Thakur *et. al.* (2018)

Na área da agricultura, os hidrogéis podem ser utilizados como sistemas de liberação mais segura para fertilizantes e como condicionadores de solo. Eles são considerados valiosos no setor agrícola, sendo capazes de reter água, reduzir a erosão da terra, aumentar o consumo eficiente de água pela diminuição dos custos de irrigação e fornecer umidade e nutrientes às plantas, o que por consequência melhora o crescimento das plantas e aumenta o rendimento das culturas (MILANI *et al.*, 2017; ABOBATTA, 2018).

Vários estudos relatam o uso do amido de arroz no desenvolvimento de filmes e revestimentos com diferentes propriedades, indicando-o como material promissor para diversas aplicações. Alguns desses estudos estão presentes na Tabela 8.1.

8.5 CONSIDERAÇÕES FINAIS

Conforme abordado neste capítulo, o amido de arroz é um produto obtido dos grãos quebrados de arroz, mediante técnicas baseadas em remoção das proteínas e isolamento do amido. Algumas de suas características particulares, como menor tamanho de grânulo entre os amidos de cereal e ampla faixa do teor de amilose, ampliam suas aplicações nas mais diversas áreas.

Apesar das inúmeras aplicações do amido de arroz relatadas neste capítulo, esse material ainda é considerado de alto custo em comparação com o de outros cereais. No entanto, perspectivas indicam a redução do custo de produção do amido de arroz com o desenvolvimento de novas tecnologias de processamento, em conjunto com a demanda por novos produtos e melhoria da qualidade dos já existentes (BAO; BERGMAN, 2018).

REFERÊNCIAS

ABOBATTA, W. Impact of hydrogel polymer in agricultural sector. **Advances in Agriculture and Environmental Science**, v. 1, n. 2, p. 59-64, 2018.

AGAMA-ACEVEDO, E.; FLORES-SILVA, P. C.; BELLO-PEREZ, L. A. Cereal Starch Production for Food Applications. *In*: CLERICI, M.P., SCHMIELE, M. (org.). **Starches for Food Application**: Chemical, Technological and Health Properties. Cambridge: Academic Press, 2019. p. 71-102.

AGHAZADEH, M. *et al.* Comparison of starch films and effect of different rice starch-based coating formulations on physical properties of walnut during storage time at accelerated temperature. **Journal of Food Process Engineering**, v. 4, n. 1, p. 1-11, 2018.

AHMED, E. M. Hydrogel: preparation, characterization, and applications: a review. **Journal of Advanced Research**, v. 6, n. 2, p. 105-121, 2015.

AMAGLIANI, L. *et al.* Chemistry, structure, functionality and applications of rice starch. **Journal of Cereal Science**, v. 70, p. 291-300, 2016.

BAO, J., BERGMAN, C. J. The functionality of rice starch. *In*: ELIASSON, A. C. (org.). **Starch in food**: structure, function and applications. Cambridge: Woodhead Publishing, 2004. p. 258-294.

BAO, J.; BERGMAN, C. J. Rice flour and starch functionality. *In*: SJÖÖ, M.; NILSSON, L. **Starch in food**: structure, function and applications. Duxford: Woodhead Publishing, 2018. p. 373-419.

BAO, J. *et al.* Analysis of genotypic and environmental effects on rice starch. 1. Apparent amylose content, pasting viscosity, and gel texture. **Journal of Agriculture and Food Chemistry**, v. 52, n. 19, p. 6010-6016, 2004.

BARTZ, J. *et al.* Propriedades de pasta de amidos de arroz nativo e acetilados. **Brazilian Journal of Food Technology**, v. 15, p. 78-83, 2012. (Número especial).

BATISTA, R. A. *et al.* Hydrogel as an alternative structure for food packaging systems. **Carbohydrate Polymers**, v. 205, p. 106-116, 2019.

BIDUSKI, B. *et al.* Starch hydrogels: the influence of the amylose content and gelatinization method. **International Journal of Biological Macromolecules**, v. 113, p. 443-449, 2018.

CAI, J. *et al.* Relationship between structure and functional properties of normal rice starches with different amylose contents. **Carbohydrate Polymers**, v. 125, p. 35-44, 2015.

CARDOSO, M. B. *et al.* Influence of alkali concentration on the deproteinization and/ or gelatinization of rice starch. **Carbohydrate Polymers**, v. 70, n. 2, p. 160-165, 2007.

CHOI, J.-M. *et al.* Enzymatic extraction of starch from broken rice using freeze-thaw infusion with food-grade protease. **Starch**, v. 70, n. 1-2, p. 1-8, 2018.

COLUSSI, R. *et al.* Acetylation of rice starch in an aqueous medium for use in food. **LWT – Food Science and Technology**, v. 62, n. 2, p. 1076-1082, 2015.

COLUSSI, R. *et al.* Acetylated rice starches films with different levels of amylose: mechanical, water vapor barrier, thermal, and biodegradability properties. **Food Chemistry**, v. 221, p. 1614-1620, 2017.

COLUSSI, R. *et al.* Structural, morphological, and physicochemical properties of acetylated high-, medium-, and low-amylose rice starches. **Carbohydrate Polymers**, v. 103, p. 405-413, 2014.

COPELAND, L. *et al.* Form and functionality of starch. **Food Hydrocolloids**, v. 23, n. 6, p. 1527-1534, 2009.

DAS, D. K.; DUTTA, H.; MAHANTA, C. L. Development of a rice starch-based coating with antioxidant and microbe-barrier properties and study of its effect on tomatoes stored at room temperature. **LWT – Food Science and Technology**, v. 50, n. 1, p. 272-278, 2013.

DIAS, A. B. *et al.* Biodegradable films based on rice starch and rice flour. **Journal of Cereal Science**, v. 51, p. 213-219, 2010b.

DIAS, A. R. G. *et al.* Effects of annealing on the physicochemical properties and enzymatic susceptibility of rice starches with different amylose contents. **Food Chemistry**, v. 123, n. 3, p. 711-719, 2010a.

GARCÍA-TEJEDA, Y. V. *et al.* Synthesis and characterization of rice starch laurate as food-grade emulsifier for canola oil-in-water emulsions. **Carbohydrate Polymers**, v. 194, p. 177-183, 2018.

JONGSUTJARITTAM, N.; CHAROENREIN, S. Influence of waxy rice flour substitution for wheat flour on characteristics of batter and freeze-thawed cake. **Carbohydrate Polymers**, v. 97, n. 2, p. 306-314, 2013.

KERDCHOECHUEN O. *et al.* Effect of starch-based edible coatings on quality of minimally processed pummelo (*Citrus maxima* Merr.). **International Journal of Fruit Science**, v. 11, n. 4, p. 410-423, 2011.

KONG, X. L. *et al.* Relationships among genetic, structural, and functional properties of rice starch. **Journal of Agricultural and Food Chemistry**, v. 63, n. 27, p. 6241-6248, 2015.

LI, H. *et al.* Relations between chain-length distribution, molecular size, and amylose content of rice starches. **International Journal of Biological Macromolecules**, v. 120, part B, p. 2017-2025, 2018.

LI, Y. *et al.* Effects of alcalase/protease N treatments on rice starch isolation and their effects on its properties. **Food Chemistry**, v. 114, n. 3, p. 821-828, 2009.

MILANI, P. *et al.* Polymers and its applications in agriculture. **Polímeros**, v. 27, n. 3, n. 256-266, 2017.

MOIN, A.; ALI, T. M.; HASNAIN, A. Characterization and utilization of hydroxypropylated rice starches for improving textural and storage properties of rice puddings. **International Journal of Biological Macromolecules**, v. 105, part 1, p. 843-851, 2017.

ROMANI, V. P.; HERNÁNDEZ, C. P.; MARTINS, V. G. Active and sustainable materials from rice starch, fish protein and oregano essential oil for food packaging. **Industrial Crops and Products**, v. 97, p. 268-274, 2017.

ROMANI, V. P.; HERNÁNDEZ, C. P.; MARTINS, V. G. Pink pepper phenolic compounds incorporation in starch/protein blends and its potential to inhibit apple browning. **Food Packaging and Shelf Life**, v. 15, p. 151-158, 2018.

SAPPER, M.; CHIRALT, A. Starch-Based Coatings for Preservation of Fruits and Vegetables. **Coatings**, v. 8, n. 5, p. 1-19, 2018.

SIMSEK, S. *et al.* Chemical composition, digestibility and emulsification properties of octenyl succinic esters of various starches. **Food Research International**, v. 75, p. 41-49, 2015.

SOUZA, D. *et al.* Characterization of rice starch and protein obtained by a fast alkaline extraction method. **Food Chemistry**, v. 191, p. 36-44, 2016.

SYAHARIZA, Z. A. *et al.* The importance of amylose and amylopectin fine structures for starch digestibility in cooked rice grains. **Food Chemistry**, v. 136, n. 2, p. 742-749, 2013.

TAO, K. *et al.* How amylose molecular fine structure of rice starch affects functional properties. **Carbohydrate Polymers**, v. 204, p. 24-31, 2019.

TECHAWIPHARAT, J.; SUPHANTHARIKA, M.; BEMILLER, J. N. Effects of cellulose derivatives and carrageenans on the pasting, paste, and gel properties of rice starches. **Carbohydrate Polymers**, v. 73, p. 417-426, 2008.

THAKUR, R. *et al.* Development and application of rice starch based edible coating to improve the postharvest storage potential and quality of plum fruit (*Prunus salicina*). **Scientia Horticulturae**, v. 237, p. 59-66, 2018.

WANG, L. F.; WANG, Y. J. Rice starch isolation by neutral protease and high-intensity ultrasound. **Journal of Cereal Science**, v. 39, n. 2, p. 291-296, 2004.

YE, X. *et al.* Extraction and characterization of starch granule-associated proteins from rice that affect *in vitro* starch digestibility. **Food Chemistry**, v. 276, p. 754-760, 2019.

ZAVAREZE, R. R. *et al.* Effect of heat-moisture treatment on rice starch of varying amylose content. **Food Chemistry**, v. 121, n. 2, p. 358-365, 2010.

ZHOU, Z. *et al.* Composition and functional properties of rice. **International Journal of Food Science and Technology**, v. 37, n. 8, p. 849-868, 2002.

ZHU, L. J. *et al.* Digestibility and physicochemical properties of rice (*Oryza sativa* L.) flours and starches differing in amylose content. **Carbohydrate Polymers**, v. 86, n. 4, p. 1751-1759, 2011.

CAPÍTULO 9
FARINHA DE ARROZ E SUAS APLICAÇÕES

Dianini Hüttner Kringel
Alvaro Renato Guerra Dias
Elessandra da Rosa Zavareze

A diversificação de produtos é apontada como a melhor maneira de tornar o agronegócio das indústrias arrozeiras sustentável. Adotar mudanças estratégicas para utilização do arroz em diferentes segmentos de mercado garante a competitividade do setor, afetado fortemente pela redução do consumo de arroz *in natura*.

Entre os produtos que podem ser obtidos a partir do arroz, destaca-se a farinha de arroz, considerada um ingrediente atrativo devido às seguintes características: coloração branca e sabor suave, que não altera de forma significativa as características sensoriais dos produtos; ausência de glúten em sua composição e sua hipoalergenicidade, que possibilita utilização em produtos voltados para o atendimento de nichos específicos de mercado; e fácil digestão no organismo, que promove sua indicação em produtos infantis e aqueles destinados a pessoas com necessidades especiais de alimentação (BAXTER; BLANCHARD; ZHAO, 2014).

A farinha de arroz é produzida durante o processo de seleção dos grãos de arroz na indústria de beneficiamento, em que são gerados subprodutos como a casca, o farelo e os grãos quebrados. Esses grãos quebrados, quando submetidos ao processo de moagem e peneiramento para classificação granulométrica, resultam na farinha de arroz, com maior interesse industrial e comercial.

Os grãos quebrados gerados no beneficiamento do arroz podem representar entre 4% e 40% do peso total dos grãos, dependendo do cultivar e da temperatura de secagem; ademais, apresentam baixo valor comercial: apenas um quinto do valor obtido pelo grão inteiro (ROSELL; MARCO, 2008). Dessa forma, a transformação dessa matéria-prima em farinha representa um grande benefício socioeconômico para o setor arrozeiro do país. No entanto, apesar de sua importância econômica e nutricional, a farinha de arroz ainda é explorada no mercado em quantidades modestas, o que justifica a falta de dados estatísticos oficiais em relação a sua produção e consumo mundial.

9.1 PRODUÇÃO DA FARINHA DE ARROZ

A farinha de arroz pode ser produzida de grãos inteiros ou quebrados de arroz integral ou polido (KIM, 2013). A farinha de arroz integral pode contribuir para a redução do custo de produção, uma vez que não são necessários processos de polimento (HAMADA; AOKI; SUZUKI, 2012).

A farinha de arroz pode ser encontrada de três diferentes formas: comum e crua; estabilizada; e pré-gelatinizada ou pré-cozida. A farinha de arroz comum e crua é aquela obtida por meio da moagem pura e simples logo após o beneficiamento; a farinha estabilizada é obtida de grãos recém-beneficiados submetidos a tratamentos térmicos, como extrusão e outros abordados em capítulos anteriores, para estabilização enzimática; por fim, a farinha pré-gelatinizada ou pré-cozida se refere àquela farinha obtida dos grãos após beneficiamento submetido a pré-gelatinização por extrusão ou tratamento infravermelho.

Para a obtenção de farinha de arroz, podem ser utilizados quatro métodos de moagem: via seca, via úmida, via semiúmida ou por método alcalino. Na moagem via seca, o grão é submetido à moagem em moinhos de impacto, como os moinhos de martelo. Na moagem via úmida, primeiramente os grãos são umedecidos com água e mantidos encharcados por um período de aproximadamente uma hora; depois, são moídos na presença de água e posteriormente secos. Já na moagem via semiúmida, ocorre a drenagem do excesso de água antes da etapa de moagem (QIAN; ZHANG, 2013). Além desses métodos, a farinha de arroz ainda pode ser obtida por moagem úmida na presença de hidróxido de sódio (NaOH), em concentrações que podem variar de 0,3% a 0,5%, quando se deseja obter amido e maltodextrina de arroz.

O tipo de método utilizado exerce influência direta nas características da farinha obtida, como em propriedades funcionais, tamanho das partículas e, consequentemente, suas propriedades tecnológicas. As farinhas obtidas por moagem úmida ou semiúmida se caracterizam por apresentar menor teor de amido danificado e maior brilho, destinando-se principalmente a diferentes produtos asiáticos, como *noodles* (macarrão instantâneo) e bolo japonês. Uma desvantagem desses métodos é o maior tempo requerido para a secagem da farinha, aumentando com isso seu custo e inviabilizando seu uso em produtos que necessitem de maior quantidade de farinha, como é o caso dos produtos de panificação, extrusados e alimentos infantis (ARAKI *et al.*, 2016; BHATTACHARYA, 2011a).

Por outro lado, o processo de moagem a seco tem como vantagens a simplicidade e o curto tempo de processamento, porém produz uma quantidade elevada de amido danificado. Durante a moagem a seco, alguns grânulos de amido são danificados pelo trabalho mecânico, causado pela pressão dos grãos contra uma superfície abrasiva em alta velocidade de rotação. Isso acarreta redução da entalpia de gelatinização e das propriedades de pasta e elevação da absorção de água, bem como maior susceptibilidade a hidrólise enzimática, características consideradas indesejáveis para uso de arroz em alimentos processados (CHO; LEE; EUN, 2019).

A aparência da farinha de arroz também é um fator que pode ser influenciado pelo processo de moagem utilizado para sua produção. Farinhas obtidas via moagem úmida tendem a ser mais claras e brancas que as farinhas obtidas por moagem a seco, pois esta última resulta na oxidação de compostos polifenólicos (ROSNIYANA; HAZILA; ABDULLAH, 2016; TONG *et al.*, 2015). Em um estudo conduzido por Leewatchararongjaroen e Anuntagool (2016), é demonstrado que o método de moagem influencia nove propriedades físicas e químicas da farinha de arroz (Tabela 9.1).

Além do método utilizado, outro fator que pode influenciar as características da farinha é o tipo de moinho utilizado, uma vez que podem promover variações no tamanho de partícula e no teor do amido danificado. O moinho de martelo tende a produzir farinhas muito finas, porém com elevados teores de amido danificado, sendo assim indicadas para a produção de bolos. Segundo Qian e Zhang (2013), farinhas de arroz com menor tamanho de partículas tendem a apresentar menor teor de proteínas e maior teor de minerais. Por sua vez, o moinho de rolos produz farinhas de granulometria média, sendo indicadas para produtos panificados; partículas mais grosseiras, como as produzidas por moinhos de rebarba (chamados moinho de *Burr*), não são apropriadas para produtos de panificação (BHATTACHARYA, 2011a; ROSELL; MARCO, 2008).

Tabela 9.1 – Propriedades físicas e térmicas de farinhas de arroz submetidas a processos de moagem via seca e via úmida

Moagem via úmida	
Tamanho de partícula (μm)	19,8 a 56,9
Cristalinidade (%)	20,1 a 24,2
Entalpia de gelatinização (J/g)	7,6 a 12,1
Capacidade de absorção de água	1,29 a 1,47
Moagem via seca	
Tamanho de partícula (μm)	66,1 a 87,2
Cristalinidade (%)	13 a 14,7
Entalpia de gelatinização (J/g)	2,5 a 5,9
Capacidade de absorção de água	2,69 a 3,87

Fonte: adaptada de Leewatchararongjaroen e Anuntagool (2016).

9.2 COMPOSIÇÃO QUÍMICA DA FARINHA DE ARROZ

A Tabela 9.2 apresenta a composição química de farinhas obtidas por moagem seca, semiúmida e úmida. Comparativamente, na farinha obtida por moagem úmida são encontrados menores teores de proteínas e carboidratos, no entanto, também são encontradas menores quantidades de amidos danificados. Na moagem úmida e na semiúmida, ocorre o processo de imersão, ocasionando a diminuição desses compostos solúveis pela lixiviação ou solubilização durante a moagem.

Tabela 9.2 – Composição química de farinhas de arroz obtidas por moagem seca, semiúmida e úmida

Componentes (%)	Tipo de moagem		
	Seca	Semiúmida	Úmida
Umidade	10,37	11,15	11,22
Proteínas	12,89	10,37	9,26
Fibras	0,53	0,64	1,37
Lipídios	0,26	0,13	0,27
Minerais	0,08	0,03	0,01
Carboidratos	79,49	77,68	74,23
Amilose	20,47	20,22	20,76
Amido danificado	10,04	4,2	4,08

Fonte: adaptada de Asmeda, Noorlaila e Norziah (2015).

Além do método de moagem utilizado para a obtenção da farinha, outros fatores como variedades distintas, condições de cultivo (estação do ano, altitude e localização) e de armazenamento também podem influenciar a composição da farinha de arroz (YU *et al.*, 2012).

Independentemente do tipo de moagem utilizada, o teor de carboidratos é superior a 75%, o que indica que a farinha de arroz pode ser considerada uma boa fonte de carboidratos na dieta básica. Os grãos quebrados de arroz apresentam composição química similar à de grãos inteiros, dessa forma, não há diferença na composição química quando a farinha de arroz é extraída de grãos inteiros ou quebrados (KRINGEL; FILIPINI; SALLAS-MELADO, 2017).

As proteínas do arroz são representadas principalmente pelas glutelinas, proteínas solúveis em álcalis, podendo representar até 80% do total de proteínas, seguido de prolaminas, proteínas solúveis em álcool e uma pequena fração das proteínas globulinas e albuminas (VIEIRA *et al.*, 2008).

Apesar do conteúdo proteico da farinha de arroz comercial ser considerado relativamente baixo, suas proteínas se destacam principalmente por serem hipoalergênicas, fato que caracteriza a farinha de arroz como uma das melhores farinhas de grãos de cereais destinadas a pacientes portadores da doença celíaca, intolerantes a proteínas do glúten (KRINGEL; FILIPINI; SALAS-MELLADO, 2017).

9.3 PROPRIEDADES TECNOLÓGICAS E NUTRICIONAIS DA FARINHA DE ARROZ

O processo de moagem de grãos para dar origem à farinha de arroz resulta em danos nos grânulos de amido e na estrutura onde esses grânulos interagem com a parede celular e com a matriz proteica, aumentando a absorção de água e solubilidade. Ademais, promove maior susceptibilidade a hidrólise enzimática, afetando diretamente as características de digestibilidade, como aumento do amido rapidamente digerível (FAROOQ *et al.*, 2018; QIU *et al.*, 2019).

Um fator que também interfere de forma efetiva nas propriedades tecnológicas da farinha de arroz é o tamanho de partícula, que é influenciado principalmente pelo método de moagem. De forma geral, farinhas com tamanho de partícula muito fina apresentam alto grau de intumescimento devido à formação de uma estrutura de gel mais rígida, superior à produzida por farinhas com partículas grossas (QIAN; ZHANG, 2013).

O tamanho de partícula é uma variável que destina a utilização da farinha de arroz em certos produtos. Por exemplo, para macarrão produzido de farinha arroz, o tamanho da partícula deve estar situado na faixa de 160 μm a 180 μm (cerca de 60-80 *mesh*), porque farinhas com tamanho de partícula muito finas podem acarretar dificuldades de transporte na linha de processo, enquanto farinhas com tamanho de partícula muito grande podem influenciar na qualidade dos alimentos, apresentando-se com uma textura "grosseira", indesejável pelos consumidores (QIANG; ZHANG, 2013).

A farinha de arroz é considerada de fácil digestão e altamente nutritiva em relação a outros cereais, sendo seu teor de aminoácidos essenciais considerados como "razoável" pela Organização Mundial da Saúde (OMS). A fração de glutelina é a que mais se destaca, pois apresenta um perfil de aminoácidos mais equilibrado quando comparado ao trigo, representado principalmente por seu elevado teor de lisina, cerca de 3% a 4%, aproximadamente 50% maior que o teor de lisina do trigo (JU; HETTIARACHCHY; RATH, 2001; QIANG; ZHANG, 2013; TAVARES *et al.*, 2010).

9.4 UTILIZAÇÃO DA FARINHA DE ARROZ

A farinha de arroz tem sido utilizada em uma ampla gama de produtos, como bebidas, carnes processadas, pudins, alimentos infantis e produtos de panificação sem glúten (FALADE; CHRISTOPHER, 2015).

A área em que a farinha de arroz tem sido mais aplicada é a de produtos sem glúten, em substituição à farinha de trigo (DAS NEVES *et al.*, 2010). No entanto, apesar de a farinha de arroz ser a mais adequada para elaboração de produtos *gluten-free*, não atende a todos os requisitos necessários para o processamento deles, uma vez que suas proteínas não são capazes de desenvolver a rede viscoelástica de glúten, que permite reter o CO_2 produzido durante o processo de fermentação (MARCO; ROSELL, 2008a; 2008b).

A melhoria das propriedades de panificação vem sendo realizada através do uso de gomas e enzimas e modificações no amido da farinha de arroz. Das aplicações da farinha de arroz, o que vem sendo mais estudado é a produção de pães sem glúten. Os pães à base de arroz tendem a apresentar a viscosidade da massa muito semelhante à da massa de bolo (MOHAMMADI *et al.*, 2014).

A adição da enzima transglutaminase em farinha de arroz promove o aumento do volume específico e adesividade dos pães, diminuindo a firmeza (STORCK *et al.*, 2009). Esta redução e o aumento no volume específico do pão de arroz também podem ser alcançados com adição de gomas e emulsificantes ou farinha de castanha na proporção 10:90 de castanha e arroz.

Demirkesen *et al.* (2010) investigaram as propriedades reológicas de formulações de pão sem glúten e concluíram que, adicionando gomas, emulsificantes ou farinha de castanha na formulação, a firmeza e o volume específico dos pães melhoram significativamente. Demirkesen *et al.* (2013) também estudaram os efeitos da adição de farinha de castanha em formulações de pães com farinha de arroz e verificaram que ela, quando incorporada em um nível ideal (10:90/castanha:arroz), aumentou o volume específico dos pães, reduzindo o endurecimento e a perda de umidade ao longo do armazenamento.

A adição de farinha de arroz extrusada em farinha de arroz (nativa) também aumenta o volume específico dos pães. Além disso, a inclusão de até 25% dessa farinha na elaboração dos pães promove a diminuição na dureza durante o armazenamento (EVANGELHO *et al.*, 2012).

Além da adição de farinha de outras fontes e ingredientes como emulsificantes e enzimas, o uso de amidos modificados também foi investigado no âmbito de produtos sem glúten à base de farinha de arroz. A fosfatação da farinha de arroz modifica as características de panificação, com menor dureza, maior volume específico e melhor aparência do miolo (KRINGEL; FILIPINI; SALAS-MELLADO, 2017). A modificação física da farinha de arroz por tratamento hidrotérmico das farinhas promove um aumento do volume específico e redução da dureza dos pães (BOUREKOUA *et al.*, 2016).

Outros produtos também estão sendo alvo de estudos visando atender à população celíaca, como macarrão, bolos, biscoitos etc. Alguns desses estudos são apresentados na Tabela 9.3.

Tabela 9.3 – Produtos de panificação à base de farinha de arroz

Produto	Objetivo do estudo	Principais resultados/contribuições	Referência
Macarrão	Caracterização funcional de macarrão de farinha de arroz integral.	O macarrão de farinha de arroz integral tem alto nível de fibra alimentar e de antioxidantes.	Back e Lee (2014)
Macarrão	Investigação do efeito da moagem seca e úmida da farinha de arroz na qualidade de macarrão sem glúten.	A farinha de arroz moída a seco aumentou a resistência à extensão do macarrão de arroz.	
Macarrão	Estudo de efeitos de diferentes fontes de proteína nas propriedades de cozimento de macarrão de arroz.	A adição de albumina de ovo melhorou as propriedades de cozimento de macarrão de farinha de arroz.	Phongthai *et al.* (2017)

Espaguete	Avaliação de propriedades de cocção e sensorial de espaguete de farinha de arroz e farinha de soja desengordurada.	O espaguete cozido apresentou consistência satisfatória com boa aceitação sensorial.	Sereewat *et al.* (2015)
Massa pré--cozida	Desenvolvimento de massa de arroz pré--cozida enriquecida com farinhas de leguminosas.	A massa pré-cozida enriquecida com farinhas de leguminosas até 30 g/100 g apresentaram boa qualidade.	Bouasla, Wójtowicz e Zidoune (2017)
Cookie	Desenvolvimento de formulações de cookies à base de farinhas de arroz e de trigo sarraceno.	Cookies com 20% de farinha de trigo sarraceno apresentaram o melhor score sensorial.	Torbica, Hadnađev e Hadnađev (2012)
Cookie	Avaliação dos aspectos nutricionais e de textura de cookies de arroz com amido resistente a partir de amido modificado de arroz ceroso.	A substituição parcial da farinha de arroz pelo amido modificado de arroz ceroso produziu cookies com maior teor de fibra dietética e amido lentamente digerível.	Giuberti *et al.* (2017)
Cookie	Avaliação das características de qualidade de biscoitos sem glúten feitos de trigo sarraceno, milho e farinha de arroz com e sem transglutaminase.	A adição de transglutaminase diminuiu a dureza dos cookies, mas promoveu aumento do teor de umidade, taxa de dispersão e fraturabilidade.	Altindag *et al.* (2015)
Biscoito	Avaliação de misturas farinha-amido--proteína de arroz para produzir biscoitos sem açúcar nem glúten.	Biscoitos com maior teor de proteína apresentaram maior aceitabilidade do que biscoitos com maior teor de amido e sem adição de proteína.	Mancebo, Rodriguez e Gómez (2016)
Biscoito	Desenvolvimento de biscoitos com farinha de arroz roxa.	O biscoito com farinha de arroz roxa apresentou alto teor antioxidante e de fibra alimentar.	Klunklin e Savage (2018)
Snack	Avaliação das características de snacks extrusados de arroz enriquecidos com proteína de ervilha.	A adição de isolado proteico de ervilha à farinha de arroz afetou o comportamento de expansão e, portanto, os atributos texturais dos snacks.	Philipp *et al.* (2017)
Snack	Avaliação das propriedades tecnológicas e nutricionais de snacks à base de arroz integral e farinha de castanha.	A adição da farinha de castanha não só aumenta o valor nutricional como melhora o sabor dos snacks.	Mir, Don Bosco e Shah (2017)

Bolo	Avaliação das propriedades físico-químicas e resposta glicêmica de bolos com diferentes farinhas de arroz.	O bolo com farinha de arroz da variedade índica apresentou melhores propriedades de textura; todos os bolos apresentaram índice glicêmico de baixo a médio.	Ferng *et al.* (2016)
Bolo	Caracterização físico-química, antioxidante e sensorial de bolo de farinha de arroz preto.	Dureza, adesividade, viscosidade e mastigabilidade, teor de fenóis totais e antocianinas dos bolos aumentaram com a adição de farinha de arroz preto.	Mau *et al.* (2017)
Bolo	Avaliação do efeito de diferentes gomas na macroestrutura de bolos de arroz.	Adição de diferentes gomas afeta a porosidade dos bolos de arroz. A maior fração porosa é obtida em bolos com mistura de goma guar e xantana.	Turabi, Sumnu e Sahin (2010)
Cupcake	Avaliação dos efeitos da distribuição do tamanho de partículas da farinha de arroz na qualidade de cupcakes.	Dureza, elasticidade e tamanho das células de ar dos cupcakes diminuem com a redução do tamanho das partículas.	Kim e Shin (2014)
Muffin	Desenvolvimento de muffins usando farinha de arroz e amidos de milho e mandioca.	Sensorialmente, a melhor formulação continha 50% de farinha de arroz e 50% de fécula de mandioca e o melhor (volume específico, elasticidade e dureza) foi 20% de farinha de arroz, 30% de fécula de mandioca e 50% de amido de milho.	Schamne, Dutcosky e Demiate (2010)
Torta	Avaliação de efeitos do teor de proteína nas propriedades de processamento e textura de torta de farinha de arroz ceroso.	As tortas produzidas de farinhas com 3% de proteína foram as preferidas sensorialmente.	Li *et al.* (2018)

Para a produção de massas, é de suma importância conhecer a variedade do arroz usada, bem como sua origem e suas características de cozimento, de maneira geral. Para a elaboração de macarrão, recomendam-se variedades de arroz de grão longo que apresentem teores de amilose variando de intermediário a alto, acima de 22% (ORMENESE; CHANG, 2005).

No caso do bolo, a farinha de arroz apresenta as características apropriadas, uma vez que no bolo o glúten não desempenha papel tão importante quanto no pão. A farinha de arroz fornece a estrutura de bolos quando seu amido gelatiniza, e o fortalecimento estrutural é equilibrado pela adição de ingredientes como açúcar e gordura, que exercem efeito amaciador (KIM; SHIN, 2014). Em bolos, além da farinha de arroz de pericarpo pardo, podem ser utilizadas as farinhas obtidas de arroz de pericarpo pigmentado, preto e vermelho, conforme visualizado na Figura 9.1. A inserção dessas farinhas promove melhorias nas propriedades nutricionais, como aumento do teor de compostos fenólicos.

Figura 9.1 – Bolos com farinha de arroz de pericarpo pardo (A), preto (B) e vermelho (C).

Em biscoitos, a rede de glúten também não desempenha papel tão crucial quanto em pães; nesse sentido, a farinha de arroz já vem sendo amplamente utilizada na produção de biscoitos (DI CAIRANO *et al.*, 2018). Do ponto de vista nutricional, biscoitos de farinha de arroz são considerados mais benéficos que biscoitos de farinha de trigo, uma vez que apresenta menor teor de gordura, menor teor de sódio, baixo colesterol, alto teor de fibras e menos calorias (MORE; GHODKE; CHAVAN, 2013).

Assim como os produtos de panificação sem glúten, a farinha de arroz pode ser utilizada para a produção de flocos de arroz. Os flocos de trigo substituídos por farinha de arroz e farelo de arroz apresentam maiores teores de cinzas, proteínas, lipídios e fibras que a amostra controle (100% farinha de trigo), bem como valores superiores de atividade antioxidante (WANYO; CHOMNAWANG; SIRIAMORNPUN, 2009).

O arroz selvagem também vem sendo utilizado para produção de flocos, principalmente por sua composição química, destacando-se vitamina B (ácidos pantotênico, fólico, niacina e tiamina), α-tocoferol, minerais (magnésio, fósforo, zinco e ferro) e oligoelementos (SUMCZYNSKI *et al.*, 2018).

A farinha de arroz pode ser utilizada como matéria-prima para a preparação de filmes biodegradáveis (DIAS *et al.*, 2010). O arroz de pericarpo pigmentado tem sido usado na elaboração de filmes biodegradáveis, destacando-se o filme à base de farinha de arroz vermelho, com melhores propriedades mecânicas e menor custo em comparação com o filme à base de amido (VARGAS *et al.*, 2016), além da possibilidade de ser adicionada para melhorar as propriedades de filmes à base de outros materiais.

9.5 CONSIDERAÇÕES FINAIS

A farinha de arroz é considerada um ingrediente atrativo para utilização em produtos destinados a alimentação infantil e portadores da doença celíaca, em razão de algumas características interessantes, como sabor suave, atrativa cor branca, ausência de glúten e fácil digestão no organismo. Pode ser produzida de grãos inteiros ou quebrados, de arroz integral ou polido, por meio de diferentes processos de moagem, sendo mais comuns a moagem via seca, via úmida ou via semiúmida. O tipo de moagem afeta significativamente as propriedades da farinha de arroz, alterando sobretudo características como tamanho de partícula, teor de amido danificado, integridade dos grânulos de amido, temperatura de gelatinização, absorção de água, taxa de digestão do amido, entre outras. Em função dessas características, a farinha de arroz pode ser usada como ingrediente principal, coadjuvante ou até mesmo veículo para outros ingredientes ou substâncias.

A diversificação de produtos à base de arroz tem como objetivo atender às necessidades dos consumidores e promover maior valorização das características nutricionais desse cereal. Nesse sentido, a farinha de arroz representa uma interessante alternativa de mercado para as indústrias, apresentando o potencial de inovação, inserção e crescimento do setor arrozeiro.

REFERÊNCIAS

ALTINDAG, G. *et al.* Quality characteristics of gluten-free cookies made of buckwheat, corn, and rice flour with/without transglutaminase. **Food Science and Technology International**, v. 21, n. 3, p. 213-220, 2015.

ARAKI, E. *et al.* Characteristics of rice flour suitable for the production of rice flour bread containing gluten and methods of reducing the cost of producing rice flour. **Japan Agricultural Research Quaterly**, v. 50, n. 1, p. 23-31, 2016.

ASMEDA, R.; NOORLAILA, A.; NORZIAH. M. H. Effects of different grinding methods on chemical and functional properties of MR211 rice flour. **International Journal of Food Engineering**, v. 1, n. 2, p. 111-114, 2015.

BAEK, J.-J.; LEE, S. Functional characterization of brown rice flour in an extruded noodle system. **Journal of the Korean Society for Applied Biological Chemistry**, v. 57, n. 4, p. 435-440, 2014.

BAXTER, G.; BLANCHARD, C.; ZHAO, J. Effects of glutelin and globulin on the physicochemical properties of rice starch and flour. **Journal of Cereal Science**, v. 60, n. 2, p. 414-420, 2014.

BHATTACHARYA, K. R. Product-making quality of rice. *In*: **Rice quality**: a guide to rice properties and analysis. Oxford: Woodhead Publishing, 2011a. p. 298-336.

BHATTACHARYA, K. R. **Rice quality**: a guide to rice properties and analysis. Oxford: Woodhead Publishing, 2011b.

BOUASLA, A.; WÓJTOWICZ, A.; ZIDOUNE, M. N. Gluten-free precooked rice pasta enriched with legumes flours: Physical properties, texture, sensory attributes and microstructure. **LWT – Food Science and Technology**, v. 75, p. 569-577, 2017.

BOUREKOUA, H. *et al.* Developing gluten free bakery improvers by hydrothermal treatment of rice and corn flours. **LWT – Food Science and Technology**, v. 73, p. 342-350, 2016.

CHO, S.-H.; LEE, B.-H.; EUN, J. B. Physicochemical properties of dry- and semi-wet-milled rice flours after fermentation by *Lactobacillus amylovorus*. **Journal of Cereal Science**, v. 85, p. 15-19, 2019.

DAS NEVES, F. M. *et al.* Expansion of rice flour treated with lactic acid and sodium bisulphite. **LWT – Food Science and Technology**, v. 43, p. 326-330, 2010.

DEMIRKESEN, I. *et al.* A study on staling characteristics of gluten-free breads prepared with chestnut and rice flours. **Food and Bioprocess Technology**, v. 7, p. 806-820, 2013.

DEMIRKESEN, I. *et al.* Rheological properties of gluten-free bread formulations. **Journal of Food Engineering**, v. 96, n. 2, p. 295-303, 2010.

DIAS, A. B. *et al.* Biodegradable films based on rice starch and rice flour. **Journal of Cereal Science**, v. 51, n. 2, p. 213-219, 2010.

DI CAIRANO, M. *et al.* Focus on gluten free biscuits: Ingredients and issues. **Trends in Food Science and Technology**, v. 81, p. 203-212, 2018.

EL KHOURY, D.; BALFOUR-DUCHARME, S.; JOYE, I. J. A review on the gluten-free diet: technological and nutritional challenges. **Nutrients**, v. 10, n. 10, p. 1-27, 2018.

EVANGELHO, J. A. *et al.* Propriedades tecnológicas e nutricionais de pães preparados com diferentes proporções de farinha de arroz e farinha de arroz extrusada. **Revista Brasileira de Agrociência**, v. 18, n. 4, p. 264-282, 2012.

FALADE, K. O.; CHRISTOPHER, A. S. Physical, functional, pasting and thermal properties of flours and starches of six Nigerian rice cultivars. **Food Hydrocolloids**, v. 44, p. 478-490, 2015.

FAROOQ, A. M. *et al.* Particle size affects structural and in vitro digestion properties of cooked rice flours. **International Journal of Biological Macromolecules**, v. 118, part A, p. 160-167, 2018.

FERNG, L.-H. *et al.* Physicochemical property and glycemic response of chiffon cakes with different rice flours. **Food Hydrocolloids**, v. 53, p. 172-179, 2016.

GIUBERTI, G. *et al.* Gluten free rice cookies with resistant starch ingredients from modified waxy rice starches: nutritional aspects and textural characteristics. **Journal of Cereal Science**, v. 76, p. 157-164, 2017.

HAMADA, S., AOKI, N.; SUZUKI, Y. Effects of water soaking on bread-making quality of brown rice flour. **Food Science and Technology Research**, v. 18, n. 1, p. 25-30, 2012.

JOY, E.-E.; LEDOGO, N. The effect of variety and processing methods on the functional and chemical properties of rice flour. **International Journal of Nutrition and Food Sciences**, v. 5, n. 1, p. 80-84, 2016.

JU, Z. Y.; HETTIARACHCHY, N. S.; RATH, N. Extraction, denaturation and hydrophobic properties of rice flour proteins. **Journal of Food Science**, v. 66, n. 2, p. 229-232, 2001.

KIM, J.-M.; SHIN, M. Effects of particle size distributions of rice flour on the quality of gluten-free rice cupcakes. **LWT – Food Science and Technology**, v. 59, n. 1, p. 526-532, 2014.

KIM, M. H. Review on rice flour manufacturing and utilization. **Journal of Biosystems Engineering**, v. 38, p. 103-112, 2013.

KLUNKLIN, W.; SAVAGE, G. Biscuits: a substitution of wheat flour with purple rice flour. **Advances in Food Science and Engineering**, v. 2, n. 3, p. 81-97, 2018.

KRINGEL, D. H.; FILIPINI, G. S.; SALAS-MELLADO, M. L. M. Influence of phosphorylated rice flour on the quality of gluten-free bread. **International Journal of Food Science and Technology**, v. 52, n. 5, p. 1291-1298, 2017.

LEEWATCHARARONGJAROEN, J.; ANUNTAGOOL, J. Effects of dry-milling and wet-milling on chemical, physical and gelatinization properties of rice flour. **Rice Science**, v. 23, n. 5, p. 274-281, 2016.

LI, Z. *et al.* Impact of protein content on processing and texture properties of waxy rice flour and glutinous dumpling. **Journal of Cereal Science**, v. 81, p. 30-36, 2018.

MANCEBO, C. M.; RODRIGUEZ, P.; GÓMEZ, M. Assessing rice flour-starch-protein mixtures to produce gluten free sugar-snap cookies. **LWT – Food Science and Technology**, v. 67, p. 127-132, 2016.

MARCO, C.; ROSELL, C. M. Breadmaking performance of protein enriched gluten-free breads. **European Food Research and Technology**, v. 227, n. 4, p. 1205-1213, 2008a.

MARCO, C.; ROSELL, C. M. Effect of different protein isolates and transglutaminase on rice flour properties. **Journal of Food Engineering**, v. 84, n. 1, p. 132-139, 2008b.

MAU, J.-L. *et al.* Physicochemical, antioxidant and sensory characteristics of chiffon cake prepared with black rice as replacement for wheat flour. **LWT – Food Science and Technology**, v. 75, p. 434-439, 2017.

MIR, S. A.; DON BOSCO, S. J.; SHAH, M. A. Technological and nutritional properties of gluten-free snacks based on brown rice and chestnut flour. **Journal of the Saudi Society of Agricultural Sciences**, v. 18, n. 1, p. 89-94, 2017. Disponível em: http://dx.doi.org/10.1016/j.jssas.2017.02.002. Acesso em: 12 jun. 2020.

MOHAMMADI, M. *et al.* Development of gluten-free flat bread using hydrocolloids: xanthan and CMC. **Journal of Industrial and Engineering Chemistry**, v. 20, n. 4, p. 1812-1818, 2014.

MORE, K. D.; GHODKE, S. V.; CHAVAN, D. H. Preparation of gluten free rice flour biscuits. **Food Science Research Journal**, v. 4, n. 2, p. 111-115, 2013.

ORMENESE, R. C. S. C.; CHANG, Y. K. Rice pasta formulation for a conventional pasta manufacturing process. *In*: CAUVAIN, S. P.; SALMON, S. S.; YOUNG, L. S. (org.). **Using Cereal Science and Technology for the Benefit of Consumers**. Cambridge: Woodhead Publishing, 2005. p. 504-510.

PHILIPP, C. *et al.* Instrumental and sensory properties of pea protein-fortified extruded rice snacks. **Food Research International**, v. 102, p. 658-665, 2017.

PHONGTHAI, S. *et al.* Effects of protein enrichment on the properties of rice flour based gluten-free pasta. **LWT – Food Science and Technology**, v. 80, p. 378-385, 2017.

QIAN, H.; ZHANG, H. Rice flour and related products. *In*: BHANDARI, B. *et al.* (org.). **Handbook of food powders**: processes and properties. Oxford: Woodhead Publishing, 2013. p. 553-575.

QIU, C. *et al.* Combined speed and duration of milling affect the physicochemical properties of rice flour. **Food Hydrocolloids**, v. 89, p. 188-195, 2019.

RIEMSDIJ, L. E. *et al.* Preparation of gluten-free bread using a meso-structured whey protein particle system. **Journal of Cereal Science**, v. 53, n. 3, p. 355-361, 2011.

ROSELL, C. M.; MARCO, C. Rice. *In*: ARENDT, E. K.; DAL BELLO, F. (org.). **Gluten-free cereal products and beverages**. [*S. l.*]: Academic Press, 2008. p. 81-111.

ROSNIYANA, A.; HAZILA, A. K.; ABDULLAH, S. N. S. Characteristics of local rice flour (MR 220) produced by wet and dry milling methods. **Journal of Tropical Agriculture and Food Science**, v. 44, n. 1, p. 147-155, 2016.

SCHAMNE, C.; DUTCOSKY, S. D.; DEMIATE, I. M. Obtention and characterization of gluten-free baked products. **Ciência e Tecnologia de Alimentos**, v. 30, n. 3, p. 741-750, 2010.

SEREEWAT, P. *et al.* Cooking properties and sensory acceptability of spaghetti made from rice flour and defatted soy flour. **LWT – Food Science and Technology**, v. 60, n. 2, part 1, p. 1061-1067, 2015.

SOO, P. Y.; SARBON, N. M. Preparation and characterization of edible chicken skin gelatin film incorporated with rice flour. **Food Packaging and Shelf Life**, v. 15, p. 1-8, 2018.

STORCK, C. R. *et al.* Características tecnológicas de pães elaborados com farinha de arroz e transglutaminase. **Brazilian Journal of Food Technology**, v. 12, p. 71-77, 2009.

STORCK, C. R. *et al.* Protein enrichment and its effects on gluten-free bread characteristics. **LWT – Food Science and Technology**, v. 53, n. 1, p. 346-354, 2013.

SUMCZYNSKI, D. *et al.* Rice flakes produced from commercial wild rice: chemical compositions, vitamin B compounds, mineral and trace element contents and their dietary intake evaluation. **Food Chemistry**, v. 264, p. 386-392, 2018.

TAVARES, A. C. K. *et al.* The effects of acid and oxidative modification on the expansion properties of rice flours with varying levels of amylose. **LWT – Food Science and Technology**, v. 43, n. 8, p. 1213-1219, 2010.

TONG, L.-T. *et al.* Effects of semidry flour milling on the quality attributes of rice flour and rice noodles in China. **Journal of Cereal Science**, v. 62, p. 45-49, 2015.

TORBICA, A.; HADNAĐEV, M.; HADNAĐEV, T. D. Rice and buckwheat flour characterization and its relation to cookie quality. **Food Research International**, v. 48, n. 1, p. 277-283, 2012.

TURABI, E.; SUMNU, G.; SAHIN, S. Quantitative analysis of macro and micro-structure of gluten-free rice cakes containing different types of gums baked in different ovens. **Food Hydrocolloids**, v. 24, n. 8, p. 755-762, 2010.

VARGAS, C. G. *et al.* Comparative study on the properties of films based on red rice (*Oryza glaberrima*) flour and starch. **Food Hydrocolloids**, v. 65, p. 96-106, 2016.

VIEIRA, C. R. *et al.* Extração enzimática das proteínas da farinha de arroz. **Food Science and Technology**, v. 28, n. 3, p. 599-606, 2008.

WANYO, P.; CHOMNAWANG, C.; SIRIAMORNPUN, C. Substitution of wheat flour with rice flour and rice bran in flake products: effects on chemical, physical and antioxidant properties. **World Applied Sciences Journal**, v. 7, n. 1, p. 49-56, 2009.

YU, S. *et al.* Physicochemical properties of starch and flour from different rice cultivars. **Food and Bioprocess Technology**, v. 5, n. 2, p. 626-437, 2012.

CAPÍTULO 10
FORTIFICAÇÃO, BIOFORTIFICAÇÃO E ADITIVOS

Lázaro da costa Corrêa Cañizares
Jessie Tuani Caetano Cardoso
Cristiano Dietrich Ferreira
Maurício de Oliveira

De grande importância para a alimentação humana, os grãos de arroz são consumidos pela maioria das pessoas em diversos países do mundo, principalmente nos países em desenvolvimento e subdesenvolvidos. Em sua forma integral, possui alto valor energético, é rico em micronutrientes, fibras e vitaminas do complexo B (tiamina, riboflavina e niacina). No entanto, o consumo desses grãos pela população acontece preferencialmente na forma de arroz branco polido.

No processo de beneficiamento do arroz, ocorre uma etapa denominada polimento, em que há a remoção da camada periférica dos grãos, reduzindo drasticamente a concentração de vitaminas, fibras e minerais e diminuindo seu valor nutricional (Tabela 10.1).

O consumo inadequado e a baixa diversificação alimentar ocasiona uma deficiência de micronutrientes em aproximadamente 2 bilhões de pessoas em todo mundo (DE PEE, 2014). Existem diferentes processos com o objetivo de enriquecer nutricionalmente o arroz, como fortificação, biofortificação e aditivos.

10.1 FORTIFICAÇÃO

O processo de fortificação consiste basicamente em adicionar nutrientes desejáveis durante o processamento dos alimentos, visando aumentar a concentração desses nutrientes ou restaurar aqueles perdidos em outros processos aos quais os alimentos foram submetidos (PICCOLI *et al.* 2012). Reconhecido como um processo eficaz para evitar deficiência de nutrientes (ALLEN *et al.*, 2006), a fortificação em arroz é uma alternativa para restaurar os nutrientes perdidos na etapa de remoção do pericarpo (polimento).

Tabela 10.1 – Composição centesimal média de arroz integral e arroz branco polido (% na matéria seca)

Constituinte	Arroz integral	Arroz branco polido
Amido total	74,12	87,58
Proteínas (N × 5,95)	10,46	8,94
Lipídios	2,52	0,36
Cinzas	1,15	0,3
Fibras total	11,76	2,87
Fibras insolúvel	8,93	1,05
Fibras solúvel	2,82	1,82

Fonte: adaptada de Storck (2004).

Os grãos de arroz são considerados um ótimo veículo para a fortificação, pois seu consumo é grande e previsível e sua disponibilidade no mercado é alta e contínua durante o ano. Para o arroz fortificado possuir uma boa aceitabilidade dos consumidores, devem ser saborosos, ter um longo prazo de validade, possuir as mesmas características de cocção e ser indistinguível do arroz não fortificado (DE PEE, 2014).

Em alguns estudos já realizados, comparou-se o arroz fortificado com o arroz tradicional, e o fortificado obteve uma boa aceitabilidade dos consumidores, sendo em alguns casos preferido ao arroz tradicional (BURJA *et al.*, 2010; REYES; ALVARADO, 2010). Outros estudos devem ser realizados sobre o processo de fortificação de arroz, como segurança, estabilidade, biodisponibilidade, avaliação sensorial, retenção de nutrientes, homogeneidade da mistura e método de fortificação adequado.

Instituições como a Organização das Nações Unidas para a Alimentação e a Agricultura (FAO, 2004) promovem a fortificação nos grãos de arroz, visando melhorar a ingestão diária de nutrientes essenciais. O objetivo é diminuir a desnutrição da população mundial.

10.1.1 PROCESSOS

O processo de fortificação em arroz ainda é um desafio, pois a adesão dos nutrientes aos grãos é menor em comparação com outros alimentos fortificados, como farinha de trigo e de milho. Isso ocorre pela diferença de granulometria dos grãos de arroz para as finas partículas de nutrientes que se deseja incorporar neles.

Existem basicamente três processos de fortificação utilizados em arroz: fortificação por pulverização, por revestimento e por extrusão. Após o processo de fortificação, os grãos fortificados são misturados a grãos de arroz normais, em uma proporção entre 1:50 e 1:200, para posterior disponibilização para os consumidores.

10.1.1.1 Pulverização

A fortificação por pulverização é o processo mais simples e menos eficiente em grãos de arroz. Consiste basicamente em misturar os nutrientes desejáveis na forma de partículas finas com os grãos de arroz, e a aderência ocorre por meio de uma força eletrostática entre a superfície do arroz e as partículas de nutrientes.

A grande desvantagem da fortificação por pulverização é a perda desses nutrientes quando os grãos de arroz são submetidos a lavagem antes da cocção ou quando a cocção é realizada em tempo prolongado (ALAVI *et al.*, 2008).

10.1.1.2 Revestimento

O processo de fortificação por revestimento foi criado como uma alternativa ao processo de pulverização, com o objetivo de diminuir as perdas de nutrientes por consequência da lavagem dos grãos de arroz antes da cocção. O diferencial desse processo, comparado com a pulverização, é que os nutrientes são misturados com ceras ou gomas comestíveis (aditivo) antes de serem incorporados aos grãos de arroz, garantindo uma maior aderência desses nutrientes na camada periférica dos grãos e diminuindo significativamente a perda na lavagem dos grãos de arroz (ALAVI *et al.*, 2008).

Uma das desvantagens desse processo é a alteração da cor dos grãos, pois, ao contrário do processo por extrusão em que os nutrientes estão incorporados nos grânulos de arroz, no processo de revestimento os nutrientes estão concentrados na camada periférica do grão, tornando-se altamente visível, diminuindo a aceitabilidade dos consumidores.

10.1.1.3 Extrusão

Na fortificação por extrusão, os grãos de arroz são submetidos ao processo de moagem, a farinha obtida nesse processo é misturada com nutrientes e água. Posteriormente, é realizada a reconstituição desses grãos por uma extrusora. O processo de extrusão pode ser classificado como extrusão a quente ou a frio.

Na extrusão a frio, a massa obtida da mistura da farinha de arroz, fortificante e água é submetida a uma prensa de massa simples, obtendo grânulos de arroz fortificado. Esse processo utiliza temperaturas relativamente baixas (< 70 °C) e necessita de um composto ligante para que ocorra a formação dos grânulos. Os grãos formados na extrusão a frio são opacos, facilmente diferenciados dos grãos normais (Figura 10.1). Os grânulos fortificados obtidos na extrusão a frio são tratados com agentes de fixação ou reticulados para manter sua forma; depois, são secos.

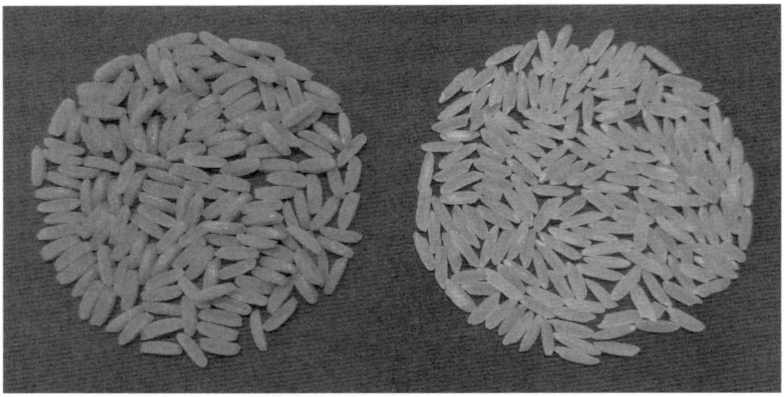

Figura 10.1 – Grânulos fortificados por extrusão (esquerda) e grãos de arroz polido (direita).

Já na extrusão a quente, a mistura de farinha de arroz, fortificante, água e vapor é submetida a uma extrusora de parafuso simples (Figura 10.2) ou duplo, utilizando temperaturas entre 70 °C e 110 °C. São obtidos grãos de arroz com aparência semelhante à do arroz normal (PICCOLI *et al.*, 2012).

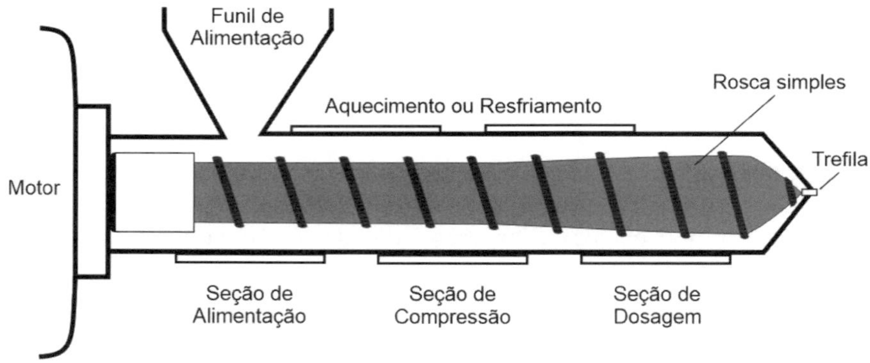

Figura 10.2 – Extrusora de rosca simples.

Além dos nutrientes, também são adicionados alguns aditivos, como emulsificantes, agente de barreira à umidade, aglutinantes, entre outros. Após o processo de extrusão, os grãos fortificados geralmente são cozidos e secos, sendo misturados com os grãos normais e posteriormente comercializados.

O processo de fortificação por extrusão é mais complexo (Figura 10.3) e necessita de equipamentos específicos. Entretanto, a retenção de nutrientes nos grânulos de arroz é superior e mais eficiente que a dos processos descritos anteriormente.

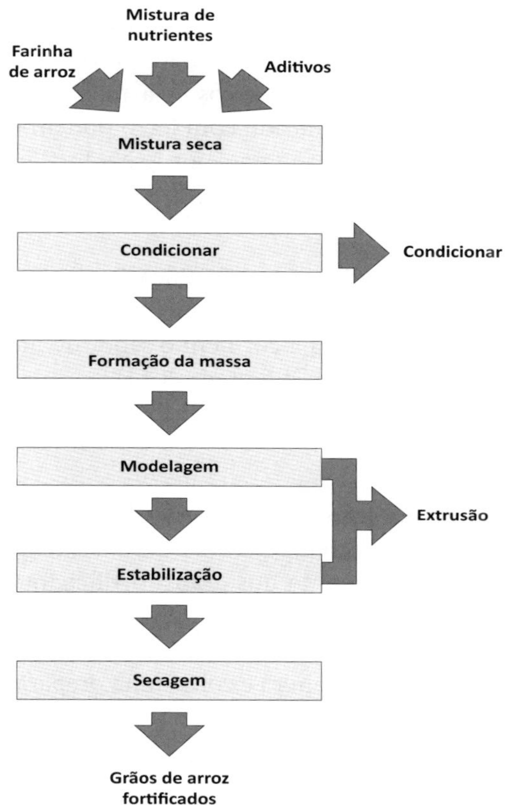

Figura 10.3 – Etapas do processo de extrusão para fortificação de arroz. Fonte: adaptada de Steiger *et al.* (2014).

10.1.2 FINALIDADE

O processo de fortificação em arroz tem por objetivo fornecer um adicional de vitaminas e minerais à dieta da população, principalmente onde a deficiência dessas vitaminas e minerais é elevada, como em países em desenvolvimento e subdesenvolvidos.

O grão de arroz, por ser um dos principais veículos para fortificação, por conta de alto consumo, disponibilidade e aceitabilidade ao redor do mundo, é fortificado com diversos micronutrientes e vitaminas. Os mais utilizados para a fortificação são ferro, zinco, ácido fólico, vitamina A, vitaminas do complexo B e vitamina E.

10.1.2.1 Minerais

O ferro é um dos micronutrientes mais limitantes na dieta da população, principalmente a de pessoas que consomem apenas arroz polido. Por esse motivo, o ferro é muito utilizado na fortificação de grãos de arroz. O modo de preparo e os alimentos consumidos com o arroz fortificado com ferro podem interferir positiva ou negativamente na biodisponibilidade do ferro, por isso a fortificação desse mineral no arroz é indicada, caso não tenha outro veículo adequado para a fortificação (STEIGER *et al.*, 2014).

Outro mineral muito utilizado na fortificação de grãos de arroz, por sua deficiência na dieta da população em geral, é o zinco. O óxido de zinco tem um baixo custo, boa biodisponibilidade e não afeta a cor nem o sabor do arroz, tendo uma boa aceitabilidade dos consumidores (STEIGER *et al.*, 2014).

10.1.2.2 Vitaminas

Entre as vitaminas utilizadas no processo de fortificação, a vitamina A é a mais instável, por ser sensível a luz, temperaturas elevadas, oxigênio e pH baixo, ocasionando perdas desde o armazenamento dos grãos fortificados até o processamento deles. O palmitato de vitamina A é a forma mais utilizada na fortificação de grãos (STEIGER *et al.*, 2014). Diferentemente da vitamina A, a vitamina E é muito estável, podendo ser utilizada em sua forma oleosa pura e como uma preparação na fortificação de grãos de arroz. Sua vantagem é ser um produto branco e inodor (STEIGER *et al.*, 2014).

O ácido fólico (vitamina B9) é importante para o processo de multiplicação celular, formação de proteínas estruturais e hemoglobina, o que ajuda a prevenir defeitos do tubo neural (DTN) em fetos ainda em gestação. Esse é o principal motivo para sua utilização na fortificação de arroz. Outras vitaminas do complexo B, como B3, B6 e B12, são altamente estáveis ao armazenamento e ao processamento. A forma mais indicada de fortificação da vitamina B3 é a niacinadina e da B6 é cloridrato de piridoxina.

A vitamina C (ácido ascórbico) também é utilizada para fortificação em arroz, mas altera a cor dos grãos para laranja e pode ser perdida de 30% a 50% no processamento e armazenamento.

10.2 BIOFORTIFICAÇÃO

A biofortificação consiste em melhorar a composição nutricional dos grãos de arroz em etapas anteriores ao armazenamento e beneficiamento. Pode ser realizada via manejo específico da cultura no campo de cultivo, por melhoramento genético ou ainda com o auxílio de engenharia genética.

Diferentemente do processo de fortificação, o qual possui inúmeras limitações, a biofortificação permite melhorar a qualidade nutricional dos grãos de arroz a longo prazo, diminuindo as perdas dos nutrientes no processo de armazenamento e beneficiamento. Outro ponto positivo é a diminuição de custo na etapa de beneficiamento, visto que a utilização desse processo permite a obtenção de grãos com alta concentração de nutrientes direto do campo de cultivo, não sendo necessária a utilização de equipamentos e processos específicos na pós-colheita.

O investimento na etapa de melhoramento ou engenharia genética é grande, mas, após ser implementado, o sistema de cultivo é altamente sustentável, não sendo necessário mais investimentos em nenhuma etapa da cadeira produtiva. Obtém-se um produto mais acessível para a população de baixa renda que, na maioria das vezes, é a que mais necessita consumir produtos com alta concentração de nutrientes específicos.

Para que o processo de biofortificação tenha sucesso, é importante que a pesquisa, principalmente o melhoramento e a engenharia genética, estabeleça ligações diretas com o setor de saúde e nutrição humana (BOUIS, 2003).

10.2.1 PROCESSOS

Os processos mais eficientes para a biofortificação em grãos de arroz são a engenharia genética e o melhoramento genético. Os dois processos objetivam criar linhagens de plantas com características nutricionais superiores: o melhoramento busca esse resultado por cruzamento e seleção das linhagens ao longo das gerações; já a engenharia genética utiliza técnicas de biotecnologia para inserir genes específicos nas linhagens de arroz.

Outro processo de biofortificação utilizado há muitos anos é o manejo no campo de cultivo, que, embora pareça simples, é de grande importância para a obtenção de grãos de arroz com qualidade nutricional superior, apesar de, na grande maioria das vezes, ser realizado de maneira ineficiente.

10.2.1.1 Manejo no campo de cultivo

A utilização de fertilizantes no campo de cultivo de arroz é uma técnica de centenas de anos, porém em muitos casos não é feita com precisão ou é realizada sem conhecimento prévio dos nutrientes em deficiência no solo. Quando a fertilização dos campos é realizada corretamente, pode impulsionar a biossíntese de alguns nutrientes específicos e uma maior concentração nos grãos de arroz após a colheita.

A principal desvantagem da biofortificação por fertilização é o custo elevado dos fertilizantes, que devem ser aplicados regularmente no campo de cultivo e o impacto ambiental que causam.

Outro método de biofortificar os grãos de arroz no campo de cultivo é submeter as plantas a determinados estresses, com o objetivo de aumentar a biossíntese de compostos nutricionais específicos. O estresse hídrico é o mais utilizado para a biofortificação em grãos de arroz. O aminoácido prolina possui uma função protetora. Quando as plantas de arroz são submetidas ao estresse hídrico, a biossíntese do aminoácido prolina é ativada e seu metabolismo é reprimido, com o intuito de proteger a integridade das membranas, evitando a desnaturação proteica (CHOUDHARY *et al.*, 2005).

10.2.1.2 Engenharia genética

A engenharia genética utiliza técnicas avançadas de biotecnologia para introduzir genes específicos ao material que se deseja biofortificar, podendo esses genes ser de diversas origens, incluindo animais e micróbios. Tais genes são incorporados ao material genético da planta com o objetivo de melhorar algumas características específicas, como a eficiência com que alguns minerais são absorvidos pelas raízes das plantas, a eficiência do transporte desses minerais das raízes para o armazenamento nos grãos, o aumento da biodisponibilidade dos minerais para os humanos, a redução dos níveis de compostos antinutricionais ou até mesmo a incorporação de nutrientes que a planta não biosintetizava (BAUER; BERECZKY, 2003; GHANDILYAN; VREUGDENHIL; AARTS, 2006; ZHU *et al.*, 2007).

A principal vantagem da utilização da engenharia genética para a biofortificação de plantas é a possibilidade de incorporar características nutricionais de diferentes vitaminas e minerais na mesma planta, obtendo um alimento mais completo.

10.2.2 FINALIDADE

10.2.2.1 Minerais

O processo mais simples para biofortificar os grãos de arroz com minerais específicos é a utilização de fertilização no campo de cultivo. Usar fertilizantes enriquecidos com ferro, zinco, selênio, iodo entre outros nutrientes é uma maneira de biofortificar as plantar de arroz, fazendo com que ocorra um aumento da concentração desses minerais nos grãos.

A fertilização folhar de zinco, na forma de iodeto de potássio (KI) ou iodato de potássio (KIO_3), é uma forma eficiente de aumentar a concentração desse nutriente nos grãos de arroz (CAKMAK *et al.*, 2017).

A engenharia genética possibilita uma resposta mais eficaz, sem ser necessária a utilização de manejos específicos no campo de cultivo para que ocorra a biofortificação nos grãos.

O ferro III presente no solo não é absorvido pelas plantas, acarretando um baixo acúmulo desse mineral nos grãos de arroz (GÓMEZ-GALERA *et al.*, 2009), mas com o uso da engenharia genética a proteína ferritina, que absorve e armazena o ferro em forma biodisponível, pode ser expressa em plantas, aumentando a concentração desse nutriente nos grãos (HONG-XIA *et al.*, 2008). Além do ferro, o processo de engenharia genética vem desenvolvendo tecnologias para melhorar a absorção e a biodisponibilidade de outros minerais, cálcio.

10.2.2.2 *Golden rice*

Golden rice é o nome genérico dado ao arroz geneticamente modificado (biofortificação) que produz b-caroteno em seu endosperma, que é convertido em vitamina A quando metabolizado no corpo humano. Seus grãos possuem a coloração amarelada após o polimento, decorrente da concentração dos carotenoides (Figura 10.4).

Figura 10.4 – Arroz branco polido e arroz biofortificado com carotenoides (*golden rice*). Fonte: Golden Rice Humanitarian Board (2020).

O objetivo principal do desenvolvimento dessa tecnologia é minimizar a deficiência de vitamina A, que acarreta grande problema na saúde global. A utilização de engenharia genética é o único processo biofortificante que possibilita a obtenção de arroz com carotenoides, visto que não existe germoplasma de arroz que os sintetize.

10.2.2.3 Amido resistente

O amido é um polissacarídeo de armazenamento de grande abundância nos alimentos, constituído principalmente de moléculas de glicose unidas por ligações glicosídicas. Os grãos de arroz são ricos em amido, possuindo altos níveis de amido rapidamente digeríveis, os quais são convertidos em moléculas de glicoses, aumentando o índice glicêmico e se tornando prejudicial à saúde humana.

O amido resistente é considerado a fração de amido que não é absorvido e digerido no intestino delgado, sendo fermentado no intestino grosso. No processo de fermentação, ocorre a formação de ácidos graxos de cadeias curtas, que são benéficos à saúde (RAIGOND; EZEKIEL; RAIGOND, 2014).

O amido é constituído de amilose e amilopectina. A amilose é formada por cadeias lineares de glicose, já a amilopectina possui muitas ramificações. A resistência do amido é influenciada principalmente pela proporção de amilose e amilopectina e pela interação do amido com as proteínas. A amilopectina é o constituinte em maior proporção do amido e, por possuir um grande número de ramificações, é facilmente digerível, já a amilose possui uma estrutura mais rígida, sendo mais resistente (RAIGOND; EZEKIEL; RAIGOND, 2014).

A biofortificação por meio do melhoramento genético é uma ferramenta importante para obtenção de cultivares de arroz com alto teor de amilose, aumentando a proporção de amido resistente e, por consequência, diminuindo o índice glicêmico, trazendo grandes benefícios para a saúde.

10.3 ADITIVOS

Os aditivos alimentares são substâncias adicionadas intencionalmente em diversos alimentos, podendo ser diretamente na matéria-prima ou em alguma etapa de processamento. Os aditivos são adicionados com o objetivo de melhorar alguns atributos, como a durabilidade do alimento e suas propriedades organolépticas.

A classificação dos aditivos é realizada de acordo com a ação que exerce no alimento, podendo ser acidulante, antioxidante, antimectante, aromatizante, conservadora, corante, edulcorante, espessante, estabilizante e umectante. A utilização de aditivos em alimentos no Brasil é regulada pelo decreto n. 55.871, de 26 de março de 1965 (BRASIL, 1965)

10.3.1 PROCESSOS

10.3.1.1 Inibidores do escurecimento na parboilização

A cada ano que passa, aumenta a exigência dos consumidores por alimentos com alta qualidade sensorial. Um dos principais pontos avaliados no momento de decidir qual produto comprar é a aparência.

Alguns aditivos alimentares têm a função de inibir o escurecimento dos alimentos. Esses aditivos podem ser usados no processo de parboilização de arroz, melhorando as características de sabor e aparência dos grãos (VANIER *et al.* 2015). Durante o processo de parboilização, na etapa de encharcamento, a umidade dos grãos pode atingir 30%, ocorrendo a ativação das enzimas localizadas na camada de aleurona. As enzimas amilolítica rompem as ligações dos grânulos de amido, liberando açúcares de baixo peso molecular, que posteriormente são convertidos em açúcares redutores, os quais reagem com aminoácidos desencadeando as reações de Maillard, responsável pelo escurecimento não enzimático (AMATO; CARVALHO; SILVEIRA FILHO, 2002).

Estudos demostraram que aminoácidos, como a glicina e a glutationa reduzida, utilizados como aditivos na etapa de encharcamento promovem um aumento no valor de brancura dos grãos parboilizados (VILLANOVA, 2017). Outro aditivo que pode promover um aumento no valor de brancura nos grãos parboilizados é o bissulfito de sódio (VANIER *et al.*, 2015).

10.3.1.2 Reguladores de pH na parboilização

Os acidulantes, quando utilizados como aditivos, promovem um aumento da acidez nos alimentos. Esses aditivos são muito utilizados em alimentos enlatados, para garantir sua conservação (ABBATEMARCO; RAMASWAMY, 1994).

Outro benefício obtido pela utilização de acidulantes como reguladores de pH é o desenvolvimento de sabores e aromas característicos nos alimentos (GÖEBEL, 2015), prevenção do escurecimento enzimático por sua ação antioxidante (SAPERS; MILLER, 1998) e melhoria das propriedades tecnológicas dos grãos, promovendo uma maior palatabilidade e digestibilidade, pois mascara gostos indesejáveis (RODRIGUES, 2006).

10.4 CONSIDERAÇÕES FINAIS

A maioria da população mundial possui deficiência de alguns nutrientes, principalmente em países em desenvolvimento e subdesenvolvidos. A utilização das tecnologias que foram apresentadas neste capítulo é de grande importância para tentar reduzir essas deficiências.

Os grãos de arroz possuem um alto consumo *per capita*, tornando-se o alimento ideal para ser submetido aos processos de fortificação e biofortificação. Já a utilização de aditivos no processamento dos grãos, além de melhorar alguns aspectos nutricionais, aumentam a qualidade sensorial dos grãos de arroz, fazendo com que mais pessoas optem pelo seu consumo.

Com o passar dos anos, a pesquisa evoluiu bastante no quesito de melhoria da qualidade nutricional dos alimentos em geral, principalmente de alimentos básicos da alimentação humana. E um desses alimentos é o arroz. No entanto, ainda existem muitos obstáculos para serem vencidos para que ocorra uma redução significativa na deficiência nutricional da população mundial.

REFERÊNCIAS

ABBATEMARCO, C.; RAMASWAMY, H. S. End-over-end thermal processing of canned vegetables: effect on texture and color. **Food Research International**, v. 27, n. 4, p. 327-334, 1994.

ALAVI, S. *et al.* **Rice fortification in developing countries**: A critical review of the technical and economic feasibility. Washington: A2Z Project/Academy for Educational Development, 2008.

ALLEN, L.; DE BENOIST, B.; DARY, O.; HURRELL, R. **Guidelines on food fortification with micronutrients**. Genebra: World Health Organization/Food and Agriculture Organization of the United Nations, 2006.

AMATO, G. W.; CARVALHO, J. L. V.; SILVEIRA FILHO, S. **Arroz parboilizado**: tecnologia limpa, produto nobre. Porto Alegre: Ricardo Lenz, 2002.

BAUER, P.; BERECZKY, Z. Gene networks involved in iron acquisition strategies in plants. **Agronomie**, v. 23, p. 447-454, 2003.

BOUIS, H. E. Micronutrient fortification of plants through plant breeding: can it improve nutrition in man at low cost? **Proceedings of the Nutrition Society**, v. 62, n. 2, p. 403-411, 2003.

BRASIL. Decreto n. 55.871, de 26 de março de 1965. Institui o Código Civil. **Diário Oficial da União**, Brasília, DF, 1965. p. 3610, seção 1.

BURJA, K. *et al.* Acceptability of rice fortified with micronutrients in a WFP school meal program in Cambodia. **Public Health Nutrition**, v. 13, p. 53-54, 2010.

CAKMAK, I. *et al.* Iodine biofortification of wheat, rice and maize through fertilizer strategy. **Plant and Soil**, v. 418, p. 319-335, 2017.

CHOUDHARY, N. L.; SAIRAM, R. K.; TYAGI, A. Expression of Δ^1 -pyrroline-5-carboxylate synthetase gene during drought in rice (Oryza sativa L.). **Indian J Biochem Biophys**, v. 42, p. 366–370, 2005.

DE PEE, S. Proposing nutrients and nutrient levels for rice fortification. **Annals of the New York Academy of Sciences**, v. 1324, n. 1, p. 55-66, 2014.

FOOD AND AGRICULTURE ORGANIZATION OF THE UNITED NATIONS (FAO). International year of rice: 2004. [*S. l.*]: FAO, 2004.

GHANDILYAN, A.; VREUGDENHIL, D.; AARTS, M. G. M. Progress in the genetic understanding of plant iron and zinc nutrition. **Physiologia Plantarum**, v. 126, n. 3, p. 407-417, 2006.

GÖEBEL, J. T. S. **Efeitos de reguladores de pH da água de encharcamento na parboilização sobre propriedades tecnológicas dos grãos de arroz**. 2015. 72 f. Dissertação (Mestrado em Ciência e Tecnologia de Alimentos) – Faculdade de Agronomia Eliseu Maciel, Universidade Federal de Pelotas, Pelotas, 2015.

GOLDEN Rice Humanitarian Board. 2020. Disponível em: www.goldenrice.org. Acesso em: 15 jun. 2020

GÓMEZ-GALERA, S. *et al.* Critical evaluation of strategies for mineral fortification of staple food crops. **Transgenic Research**, v. 19, n. 2, p. 165-180, 2009.

HONG-XIA, Y. *et al.* Evaluation and Application of Two High-Iron Transgenic Rice Lines Expressing a Pea Ferritin Gene. **Rice Science**, v. 15, n. 1, p. 51-56, 2008.

PICCOLI, N. B. *et al.* Rice fortification: its potential for improving micronutrient intake and steps required for implementation at scale. **Food and Nutrition Bulletin**, v. 33, suppl. 4, p. S360-372, 2012.

RAIGOND, P.; EZEKIEL, R.; RAIGOND, B. Resistant starch in food: a review. **Journal of the Science of Food and Agriculture**, v. 95, n. 10, p. 1968-1978, 2014.

REYES, C. M.; ALVARADO, M. **Technology assessment of rice fortification in Nicaragua**. Nova York: Unicef, 2010.

RODRIGUES, S. A. **Efeito de acidulantes, espessantes e cultivares nas características físico-químicas e estruturais do topping de mirtilo**. 2006. 93 f. Dissertação (Mestrado em Ciência e Tecnologia Agroindustrial) – Faculdade de Agronomia Eliseu Maciel, Universidade Federal de Pelotas, Pelotas, 2006.

SAPERS, G. M.; MILLER, R. L. Browning inhibition in fresh-cut pears. **Journal of Food Science**, v. 63, n. 2, p. 342-346, 1998.

STEIGER, G.; MÜLLER-FISCHER, N.; CORI, H.; CONDE-PETIT, B. Fortification of rice: technologies and nutrients. **Annals of the New York Academy of Sciences**, v. 1324, n. 1, p. 29-39, 2014.

STORCK, C. R. **Variação na composição química em grãos de arroz submetidos a diferentes beneficiamentos**. 2004. 111 f. Dissertação (Mestrado em Ciência e Tecnologia de Alimentos) – Universidade Federal de Santa Maria, Santa Maria, 2004.

VANIER, N. L. *et al.* Thiamine content and technological quality properties of parboiled rice treated with sodium bisulfite: Benefits and food safety risk. **Journal of Food Composition and Analysis**, v. 41, p. 98-103, 2015.

VILLANOVA, F. A. **Uso de inibidores de escurecimento na parboilização de arroz**: efeitos nas propriedades químicas e tecnológicas dos grãos. 2017. 68 f. Dissertação (Mestra em Ciência e Tecnologia de Alimentos) – Universidade Federal de Pelotas, Pelotas, 2017.

YE, H. *et al.* Evaluation and application of two high-iron transgenic rice lines expressing a pea ferritin gene. **Rice Science**, v. 15, n. 1, p. 51-56, 2008.

ZHU, C. *et al.* Transgenic strategies for the nutritional enhancement of plants. **Trends in Plant Science**, v. 12, n. 12, p. 548-555, 2007.

CAPÍTULO 11
CONSUMO DE ARROZ: FORMAS E HÁBITOS

Jessica Fernanda Hoffmann
Cristiano Dietrich Ferreira

O arroz (*Oryza sativa L.)* é uma espécie de grande importância na alimentação da população mundial. Cultivado em todos os continentes, tem na Ásia a maior concentração de cultivo, com destaque para China, Índia, Indonésia, Vietnã e Tailândia (FAO, 2020). O Brasil é o nono maior cultivador mundial, com uma produção de aproximadamente 12 milhões de toneladas (FAO, 2020). O sul do país destaca-se entre as regiões produtoras, e os estados de Rio Grande do Sul e Santa Catarina são responsáveis por cerca de 73,5% da produção nacional, fato que é considerado um estabilizador para o mercado brasileiro. Uma característica marcante é o cultivo ser feito quase que exclusivamente na forma irrigada, o que leva a uma produtividade superior à do sequeiro (SOSBAI, 2018).

O mercado brasileiro de arroz é ainda pouco diversificado, priorizando o consumo de arroz branco polido, parboilizado e integral, e as variedades especiais ainda são pouco presentes. Esse fato indica que há espaço para crescimento de outras variedades, denominadas especiais, como o arroz aromático, o arroz pigmentado (preto, vermelho) e o arroz glutinoso. No Brasil, as variedades especiais de arroz são consumidas por nichos de mercado específicos, associados a tradições culturais de alguns povos ou mesmo oferecidos em restaurantes especializados. A produção dessas variedades de arroz ainda é pouco significativa no país, necessitando ser importada para atender a demanda do consumo. Nesse sentido, algumas instituições de pesquisa e universidades vêm conduzindo programas de melhoramento genético e prospecção visando selecionar genótipos adaptados às condições climáticas brasileiras.

A qualidade dos grãos de arroz, independentemente da forma como se apresenta, é afetada por diversos fatores, e isso envolve conhecimentos de características genotípicas dos grãos, efeitos de variáveis pré e pós-colheita e do entendimento de nichos de mercado; afinal, arroz com qualidade para brasileiros é muito diferente daquele percebido como de qualidade por asiáticos, europeus, africanos ou estadunidenses.

Cidadãos de Gana e Nigéria, por exemplo, preferem arroz parboilizado em seus pratos, enquanto os senegaleses preferem arroz quebrado. Na Europa o arroz arbóreo é o preferido para o preparo da *paella* na Espanha e de risoto na Itália; também o mercado de arroz longo e aromático (Basmati) está aumentando no norte da Europa (LANÇON *et al.*, 2011). No Brasil, os consumidores preferem arroz longo fino do subgrupo branco polido, seguido de arroz parboilizado (VANIER, 2017).

Comparações entre os países revelam diferenças na preferência do consumidor, bem como na disponibilidade de grãos e práticas tecnológicas utilizadas em cada local. Este capítulo vai abordar as formas de consumos e métodos de preparo de arroz.

11.1 FORMAS DE CONSUMO

O consumo de arroz ocorre principalmente na forma de grão inteiro, no entanto, há aumento na produção de produtos derivados (farinha, farelo, óleo, amido), conforme abordado nos capítulos anteriores. Na forma de grãos inteiros, no Brasil, o arroz é consumido principalmente como arroz integral, arroz polido, arroz parboilizado integral e arroz parboilizado polido, cada qual com propriedades nutricionais e culinárias distintas.

11.1.1 ARROZ INTEGRAL

É obtido após o descascamento dos grãos de arroz. Em termos nutricionais, apresenta maior teor de fibras, vitaminas e minerais quando comparado ao arroz branco polido; por outro lado, apresenta alta suscetibilidade à degradação devido ao alto teor de lipídios.

11.1.2 ARROZ POLIDO

É o subgrupo de arroz mais consumido no Brasil. Depois da retirada da casca, o grão passa por um processo de beneficiamento, em que é realizado o brunimento/polimento para remoção do pericarpo, camada de aleurona e embrião, conhecidos como farelo de arroz, restando o endosperma que basicamente contém amido. Para atender a demanda dos consumidores por um produto branco e translúcido, o percentual de remoção de farelo nas indústrias de beneficiamento de arroz varia entre 8% e 14%, dependendo do cultivar. O grau de polimento impacta diretamente na qualidade nutricional dos grãos de arroz, pois, quanto maior a remoção de farelo, maiores as perdas de nutrientes. A remoção de 8% de farelo resulta em uma redução de 72,2%, 41,6% e 65,2% no teor de ácido fólico, cinzas e lipídios, respectivamente, quando comparados ao arroz na forma integral (MONKS *et al.*, 2013).

O tempo de cocção do arroz pode ser afetado por fatores como o teor de umidade e a composição do grão (principalmente relacionada às características da amilose e proteína), o método de cozimento e as formas de processamento (YU *et al.*, 2017). Os grãos com tempos de cocção mais elevados são conhecidos como resultado de interações entre amilose-amilose, amilose-amilopectina e amido-proteína, que dificultam a capacidade de absorção de água do arroz e aumentam o tempo necessário para a gelatinização de amido.

11.1.3 ARROZ PARBOILIZADO

O arroz parboilizado é obtido pelo tratamento hidrotérmico do arroz em casca (Capítulo 3). O processo de parboilização consiste nas etapas de hidratação (imersão em temperatura acima de 58 °C), seguido de gelatinização total ou parcial do amido em autoclaves ou estufas e secagem. Posteriormente, o grão parboilizado é descascado, podendo ser comercializado na forma de arroz parboilizado integral ou parboilizado polido, sendo o segundo o mais consumido e aceito.

Embora a parboilização promova benefícios nutricionais e tecnológicos ao arroz comparado ao arroz branco polido, o produto parboilizado é mais escuro e amarelado, o que afeta negativamente a aceitabilidade pelos consumidores. Visando melhorar essas propriedades e a preferência do consumidor, Villanova *et al.* (2017) testaram o uso de agentes inibidores do escurecimento, como o ácido gálico, a glicina, a glutationa reduzida e a L-cisteína. Dessas moléculas, os autores sugerem que a glicina apresenta potencial como inibidor do escurecimento do arroz.

11.1.4 VARIEDADES ESPECIAIS

Nos últimos anos vem crescendo o consumo de grãos de arroz de variedades especiais, para nichos de mercado, como o arroz pigmentado (preto e vermelho), arroz carnaroli e arbóreo, arroz glutinoso (moti) e arroz aromático (jasmine, basmati) (MAGALHÃES JÚNIOR *et al.*, 2012).

O arroz pigmentado de coloração preta ou vermelha tem atraído a atenção dos consumidores que apreciam a alta gastronomia e novas experiências gastronômicas, como também aqueles que buscam uma alimentação saudável, ingerindo alimentos ricos em propriedades nutracêuticas, como atividades antioxidante, anticarcinogênica, antialérgica, anti-inflamatória e hipoglicêmica (PEIXOTO, 2019; SAMYOR; DAS; BEKA, 2017). A coloração característica do arroz pigmentado é dependente da composição dos compostos fenólicos presentes na camada de aleurona, sendo as antocianinas, especialmente cianidina-3-glicosídeo e peonidina-3-glicosídeo, as responsáveis pela coloração do arroz preto, enquanto as proantocianidinas colorem o arroz vermelho (SAMYOR; DAS; DEKA, 2017). Dessa forma, os grãos de arroz pigmentados são consumidos na forma integral, pois, se submetidos ao polimento, perdem sua coloração e consequentemente, os benefícios nutricionais (PAIVA *et al.*, 2016).

O arroz Carnaroli e o Arbóreo são destinados à culinária italiana. Por conterem um centro branco e poroso, absorvem bem o molho, e o amido liberado durante a cocção deixa o arroz bem cremoso. Tal prato é conhecido como risoto, e para sua preparação é importante utilizar o arroz especial Arbóreo, ingrediente básico, sem o qual não existe verdadeiramente esse prato italiano (MAGALHÃES JÚNIOR *et al.*, 2012).

O arroz glutinoso, com baixo teor de amilose (até 12%) e, por consequência, alta capacidade de agregação dos grãos entre si, é muito utilizado na culinária oriental, principalmente a japonesa, para o preparo de pratos típicos (MAGALHÃES JÚNIOR *et al.*, 2012).

Nas variedades de arroz denominadas aromáticas (Jasmine, Basmati), há síntese de componentes químicos voláteis aromáticos em concentrações maiores comparados com variedades não aromáticas que passam a ser perceptíveis tanto nos grãos como nos tecidos foliares. Mais de trezentos compostos voláteis já foram identificados em arroz (KUSANO *et al.*, 2015), mas o 2-acetil-1-pirrolina (2-AP) é considerado o composto que mais influência no aroma (BUTTERY *et al.*, 1983; CHAMPAGNE, 2008). Esse composto confere aos grãos dessas variedades de arroz aroma de pipoca e apresenta baixo valor de *threshold* (< 0,1 ppb em água). Em relação ao consumo, o consumidor brasileiro, em sua expressiva maioria, ainda não conhece arroz aromático. Na Ásia, em países como Filipinas, Camboja e Vietnã, onde o consumo de arroz é muito alto, a preferência pelo arroz aromático é de, respectivamente, 71%, 65% e 51% (VANIER, 2017).

11.2 MÉTODOS DE PREPARO DE ARROZ

A forma de preparo e o método de cocção dos consumidores está relacionada à cultura. Algumas culturas deixam o arroz de molho (hidratando) para absorver água antes do cozimento, enquanto outras cozinham diretamente o arroz, fervendo-o em excesso de água ou até completa evaporação da água.

Os métodos mais utilizados para cocção de arroz incluem lavagem e imersão, cozimento em excesso de água, cozimento por absorção e pressão, seguido de processos de pós-cozimento que incluem resfriamento, congelamento, enlatamento, secagem e armazenamento. O método de cozimento tem um impacto direto no comportamento dos grãos de arroz durante o cozimento e na qualidade final do produto. No consumo doméstico na Ásia, os consumidores costumam manter os grãos aquecidos em temperaturas próximas de 70 °C por várias horas antes do consumo (MESTRES; BRIFAZZ; VALENTIN, 2019; YU *et al.*, 2017). No geral, existem dois tipos principais de métodos de cozimento: fervura em excesso de água, amplamente utilizado nos países ocidentais e em escala industrial, e absorção combinada com o uso de panelas de arroz elétricas.

11.2.1 MÉTODOS DE PREPARO PRÉ-COCÇÃO

11.2.1.1 Lavagem

A lavagem dos grãos de arroz crus com água antes da cocção é uma prática comum para remoção de partículas de pó, oriundas da operação de polimento, ou ainda pedaços de casca e farelo restantes. Nesse processo, geralmente são empregadas de duas a cinco lavagens que variam com o genótipo de arroz e/ou método de cozimento empregado (CHAMPAGNE *et al.*, 2010). Genótipos de arroz como Basmati, com alto teor de amilose, do Paquistão, Índia ou Irã, são lavados de três a cinco vezes antes de serem cozidos em excesso de água, enquanto o arroz com teor médio de amilose da Tailândia, China, Filipinas, Japão ou Austrália são lavados de duas a três vezes e cozido em uma panela de arroz com o método de absorção (CHAMPAGNE *et al.*, 2010).

Quando os grãos são lavados por três vezes, as perdas de sabor e cor após cozimento e armazenamento por até 24 horas são maiores que as de grãos submetidos a apenas uma lavagem (FUKAI; TUKADA, 2006). Isso ocorre porque de 60% a 80% dos lipídios superficiais totais são removidos em uma etapa de lavagem de 5 ou 10 minutos, com uma redução de ácidos graxos livres e dienos conjugados, em relação a amostras de controle não lavadas (MONSOOR; PROCTOR, 2002).

Os grãos possuem lipídios em sua superfície, que são compostos principalmente de glicerídeos de farelo de arroz residual. Podem ser hidrolisados a ácidos graxos livres por ação de lipases, e quando oxidados, resultam em sabor rançoso (TAKANO, 1989). A lavagem pode ser um meio prático de reduzir os ácidos graxos livres e o desenvolvimento de sabores estranhos e indesejáveis no arroz cozido (MONSOOR; PROCTOR, 2002).

O procedimento de lavagem também remove o amido livre produzido pelo processo de moagem, podendo alterar a textura do arroz e modificar a aderência entre os grãos e sua superfície, de maneira semelhante à lixiviação de amido/amilose. Essa hipótese, entretanto, exige maior investigação (MESTRES; BRIFAZZ; VALENTIN, 2019).

11.2.1.2 Imersão

A imersão do arroz em água antes de cozinhar é uma prática tradicional no Japão, na Coreia e em outros países asiáticos. Geralmente é realizada em uma temperatura abaixo da temperatura de gelatinização. Os grãos de arroz são hidratados até um teor final de água de 0,4-0,5 g (base seca), de forma que a água se distribui uniformemente no grão de arroz polido ou integral em 60 minutos (BRIFFAZ *et al.*, 2014; DAS *et al.*, 2006). Grãos hidratados cozinham mais rápido e a dureza deles na mastigação diminui, especialmente quando integrais (HAN; LIM, 2009).

A imersão de arroz pré-cocção sob várias condições também é um pré-tratamento comum para vários produtos de arroz de conveniência, como arroz congelado ou arroz de cozimento rápido, pois distribui a água uniformemente dentro do grão, levando a uma redução no tempo e no consumo de energia para o preparo (CHAKKARAVARTHI *et al.*, 2008; DAS *et al.*, 2006).

De forma geral, é uma operação a ser considerada pelas agroindústrias de arroz. Se o arroz menos pegajoso é desejado, recomenda-se lavar e mergulhar por até 30 minutos antes de cozinhar para remover o excesso de amido e ácidos graxos livres na superfície do grão. Os tempos de imersão podem ser reduzidos por meio de temperatura mais alta, processamento de alta pressão (HP) ou processo de vácuo (MESTRES; BRIFAZZ; VALENTIN, 2019).

11.2.2 MÉTODOS DE COCÇÃO

Dependendo do contexto cultural, da culinária e do genótipo de arroz, a cocção do arroz em casa é realizada principalmente por um destes dois métodos: cozimento por absorção, com uma quantidade pré-determinada de água, e cozimento em excesso de água, empregando temperaturas acima da de gelatinização para cada genótipo (SON *et al.*, 2013). O processo de cozimento com preende dois mecanismos: um é a absorção gradual da água da superfície até o núcleo do grão e o outro são as mudanças estruturais dos componentes do arroz pelo aquecimento com água (SUZUKI *et al.*, 1976).

11.2.2.1 Método de cozimento por absorção de água

Este método, também conhecido como Pilaf, engloba o uso de panelas convencionais ou elétricas. Várias razões de água para arroz são usadas para a melhoria da textura do arroz cozido, em função do genótipo e da preferência do consumidor. A proporção recomendada entre água e arroz geralmente aumenta com o teor de amilose do arroz. Por exemplo: para grãos de arroz ceroso é recomendada uma relação de 1:7, ao passo que para arroz com alto teor de amilose recomenda-se uma relação de 1:2 (MESTRES; BRIFAZZ; VALENTIN, 2019; YU *et al.*, 2017).

Vários autores avaliaram os efeitos da relação água-arroz no sabor e na textura do arroz cozido. Lee (1996) demonstrou em dez variedades diferentes que a dureza do arroz cozido diminui e que sua viscosidade e proporção de adesividade para dureza aumentam com uma elevação na proporção de água para arroz de 1,4 para 1,6 (volume/água). Srisawas e Jindal (2007) investigaram efeitos da relação água/arroz (A/A) variando de 1,3 a 2,5 (parte/parte) sobre as características sensoriais de genótipos de arroz tailandês cozido. Essa relação afetou principalmente a dureza dos grãos cozidos, que diminuiu com um aumento na relação A/A. O parâmetro aderência na análise sensorial apresentou comportamento inverso, porém em menor intensidade que a dureza. Não foram encontradas evidências de efeitos significativos de A/A no aroma.

A aceitabilidade global é negativamente correlacionada com o teor de amilose. No entanto, nenhuma correlação foi encontrada por Kim, Lee e Lee (1996) entre o teor de amilose do arroz e a relação A/A ótima em sete variedades de arroz coreano. A largura do grão de arroz, a relação de expansão e a viscosidade máxima do amilograma foram significativamente correlacionadas com a relação A/A.

Bett-Garber *et al.* (2007) testaram a quantidade de água adicionada durante o cozimento de quatro diferentes cultivares em atributos de sabor e textura, cujas intensidades foram avaliadas por um painel sensorial descritivo. A relação A/A não afetou significativamente os atributos de sabor em todos os cultivares, mas quantidade de água afetou onze dos catorze atributos de textura avaliados, por isso no momento do preparo o volume de água a ser utilizado deve ser criteriosamente observado. Desses onze, o revestimento inicial de amido, a maciez, a viscosidade e a coesão entre os grãos aumentam, quando são usados maiores volumes de água no cozimento; já dureza, aderência aos lábios, elasticidade e mastigabilidade diminuem.

Crowhurst e Creed (2001) compararam a qualidade sensorial de quatro genótipos de arroz polido cozido com o excesso (método ocidental) e o método Pilaf (método de absorção). Os resultados do estudo demonstraram que o método Pilaf resultou em produtos de arroz mais aderentes, firmes e secos, com um sabor mais aceitável. A aceitabilidade global e preferência pelo método Pilaf foi maior, exceto no caso do arroz Basmati. Parece natural que os consumidores ocidentais que procuram arroz cozido seco e inteiro prefiram cozinhar arroz com o método de excesso, enquanto os consumidores asiáticos que procuram por propriedades "brilhantes" e glutinosas optem pelo método Pilaf.

11.2.2.2 Método do cozimento em excesso de água

Quando preparado pelo método do cozimento em excesso de água, o arroz é adicionado à água fervente e mantido por um período específico. Esse método é utilizado em ambiente doméstico e industrial. A razão água:arroz geralmente utilizada é de 10:1 ou 20:1. O desaparecimento de um núcleo branco é frequentemente usado para determinar o tempo ótimo de cozimento (RANGHINO, 1966), mas um tempo de cozimento fixo, uma relação A/A fixa e uma taxa de inchamento também podem ser usados (JULIANO *et al.*, 1981).

Embora o desaparecimento do núcleo branco corresponda à quase completa gelatinização do amido (VIDAL *et al.*, 2007), o tempo de cocção não produz necessariamente a textura mais desejável (YU *et al.*, 2017). Assim, Mestres *et al.* (2011) demonstraram que a firmeza diminui e a viscosidade aumenta com o aumento do tempo.

Billiris *et al.* (2012) compararam o tempo de cozimento de arroz não parboilizado e parboilizado polido usando três métodos: gelatinização (desaparecimento do núcleo branco), comportamento de intumescimento (a duração do cozimento é o ponto de inflexão da absorção de água) e comportamento textural (ponto de força de pico medido com um texturômetro). No caso do arroz polido, os tempos de cozimento para os métodos de gelatinização e pico de força foram semelhantes, e os painelistas que provaram os produtos não puderam distinguir entre as durezas obtidas com os tempos de cozimento diferentes.

11.2.2.3 Método de cozimento sob pressão

Um dos principais problemas enfrentados pelas empresas processadoras de arroz de conveniência é que tanto o sabor como a textura do arroz de conveniência são considerados inferiores aos do arroz recém-cozido (SABULARSE *et al.*, 1991). No Japão, os pacotes de arroz com tratamento de alta pressão foram lançados com sucesso. Quando o cozimento usa uma combinação de alta temperatura (140 °C) e pressão de até 0,5 MPa, os grãos se tornam mais curtos, mais macios, mais pegajosos e de cor mais clara (branca) que quando cozidos em condição ambiente (LEELAYUTHSOONTORN; THIPAYARAT, 2006). A análise microestrutural revelou que a textura mais macia dos grãos quando cozidos em temperaturas mais altas pode estar relacionada ao aumento do tamanho dos poros e da espessura da camada interna do endosperma (LEELAYUTHSOONTORN; THIPAYARAT, 2006).

11.2.2.4 Métodos pós-cocção

Os processos de pós-cozimento são tipicamente conduzidos na indústria para suprimir o crescimento microbiológico e prolongar a vida útil do arroz cozido. São divididos em três categorias: (1) tratamentos de baixa temperatura, como resfriamento ou congelamento; (2) tratamentos de alta temperatura, como *retorting*, conservas, secagem; e (3) condições de armazenamento, durante as quais as propriedades texturais do arroz cozido mudam, devido a mudanças estruturais no amido, movimento da água para o interior ou para o exterior dos grãos e perda e/ou alteração dos componentes de sabor. A aplicação de um ou a combinação desses processos de pós-cozimento pode ser eficaz para prevenção ou retardamento das alterações indesejáveis nas propriedades sensoriais (YU *et al.*, 2017).

11.3 CONSIDERAÇÕES FINAIS

A diversificação do mercado de arroz pode ser observada pelo lançamento de cultivares que apresentam opções para cultivo de arroz preto, arroz vermelho, arroz aromático e arroz para culinária japonesa e italiana. Esses produtos especiais são opções de diversificação e agregação de valor ao arroz e buscam atender a mercados emergentes, seja com foco em grãos que melhoram a saúde dos consumidores, seja pensando em propiciar características sensoriais diferenciadas.

Além das opções de diferentes cultivares, a indústria de alimentos também pode explorar e auxiliar com produtos de conveniência, como arroz de cocção rápida e pré-misturas para preparos culinários. Deve ser observada a demanda de consumidores que visam saudabilidade e bem-estar; nesse caso, a germinação pode ser realizada para aumentar o valor nutricional do arroz, principalmente o teor de ácido γ-aminobutírico (GABA), e buscar a biofortificação com vitaminas e minerais.

REFERÊNCIAS

BETT-GARBER, K. L. *et al.* Influence of water-to-rice ratio on cooked rice flavor and texture. **Cereal chemistry**, v. 84, n. 6, p. 614-619, 2007.

BILLIRIS, M. A. *et al.* Rice degree of milling effects on hydration, texture, sensory and energy characteristics. Part 1. Cooking using excess water. **Journal of Food Engineering**, v. 113, n. 4, p. 559-568, 2012.

BRIFFAZ, A. *et al.* Modelling of water transport and swelling associated with starch gelatinization during rice cooking. **Journal of food engineering**, v. 121, p. 143-151, 2014.

BUTTERY, R. G. *et al.* Cooked rice aroma and 2-acetyl-1-pyrroline. **Journal of Agricultural and Food Chemistry**, v. 31, p. 823-826, 1983.

CHAKKARAVARTHI, A. *et al.* Kinetics of cooking unsoaked and presoaked rice. **Journal of food engineering**, v. 84, n. 2, p. 181-186, 2008.

CHAMPAGNE, E. T. Rice aroma and flavor: A literature review. **Cereal Chemistry**, v. 85, n. 4, p. 445-454, 2008.

CHAMPAGNE, E. T. *et al.* Important sensory properties differentiating premium rice varieties. **Rice**, v. 3, p. 270-281, 2010.

CROWHURST, D. G.; CREED, P. G. Effect of cooking method and variety on the sensory quality of rice. **Food Service Technology**, v. 1, n. 3, p. 133-140, 2001.

DAS, T. *et al.* Energy conservation in domestic rice cooking. **Journal of Food Engineering**, v. 75, n. 2, p. 156-166, 2006.

FOOD AND AGRICULTURE ORGANIZATION (FAO). **Food and Agriculture Organization of the United Nations. 2020**. Disponível em: http://www.fao.org/home/en. Acesso em: 12 jun. 2020.

FUKAI, Y.; TUKADA, K. Influence of pre-washing on quality of cooked rice maintained at a constant temperature (Influence of cooking conditions on quality of cooked rice, 1). **Journal of the Japanese Society for Food Science and Technology**, v. 53, n. 11, p. 587-591, 2006.

HAN, J. A.; LIM, S. T. Effect of presoaking on textural, thermal, and digestive properties of cooked brown rice. **Cereal chemistry**, v. 86, n. 1, p. 100-105, 2009.

JULIANO, B. V. O. *et al.* International cooperative comparison of instrument methods for cooked rice texture. **Journal of Texture Studies**, v. 12, n. 1, p. 17-38, 1981.

KIM, H. Y; LEE, H. D.; LEE, C. H. Studies on the physicochemical factors influencing the optimum amount of added water for cooking in the preparation of Korean cooked rice. **Korean Journal of Food Science and Technology**, v. 28, n. 4, p. 644-649, 1996.

KUSANO, M. *et al.* Using Metabolomic Approaches to Explore Chemical Diversity in Rice. **Molecular plant**, v. 8, n.1, p. 58-67, 2015.

LANÇON, F. *et al.* Soaring world cereal prices. A boon for African farmers? **Perspective**, v. 9, p. 1-4, 2011.

LEE, S. J. Water addition ratio affected texture properties of cooked rice. **Journal of the Korean Society of Food Science and Nutrition**, v. 25, p. 810-816, 1996.

LEELAYUTHSOONTORN, P.; THIPAYARAT, A. Textural and morphological changes of Jasmine rice under various elevated cooking conditions. **Food Chemistry**, v. 96, n. 4, p. 606-613, 2006.

MAGALHÃES JÚNIOR, A. M. *et al.* **Indicação de tipos especiais de arroz para diversificação de cultivo**. Brasília, DF, 2012. (Circular técnica).

MESTRES, C.; BRIFFAZ, A.; VALENTIN, D. Rice cooking and sensory quality. *In*: BAO, J. **Rice**: chemistry and technology. Duxford: Woodhead Publishing/AACC International, 2019. p. 385-426.

MESTRES, C. *et al.* Sensory texture of cooked rice is rather linked to chemical than to physical characteristics of raw grain. **Journal of Cereal Science**, v. 53, n. 1, p. 81-89, 2011.

MONKS, J. L. F. *et al.* Effects of milling on proximate composition, folic acid, fatty acids and technological properties of rice. **Journal of Food Composition and Analysis**, v. 30, n. 2, p. 73-79, 2013.

MONSOOR, M. A.; PROCTOR, A. Effect of water washing on the reduction of surface total lipids and FFA on milled rice. **Journal of the American Oil Chemists' Society**, v. 79, n. 9, p. 867-870, 2002.

PAIVA, F. F. *et al.* Polishing and parboiling effect on the nutritional and technological properties of pigmented rice. **Food chemistry**, v. 191, p. 105-112, 2016.

PEIXOTO, R. Estudo indica cultivares de arroz vermelho e preto com maior atividade antioxidante. **Embrapa**, Brasília, DF, 12 fev. 2019. Disponível em: https://www.embrapa.br/busca-de-noticias/-/noticia/41197731/estudo-indica-cultivares-de-arroz-vermelho-e-preto-com-maior-atividade-antioxidante. Acesso em: 12 jun. 2020.

RANGHINO, F. Evaluation of the resistance of rice to cooking as a function of time of gelatinization of the grains. **Rice**, v. 15, p. 117-127, 1966.

SABULARSE, V. *et al.* Cooking quality of brown rice as influenced by gamma irradiation, variety and storage. **Journal of Food Science**, v. 56, n. 1, p. 96-98, 1991.

SAMYOR, D.; DAS, A. B.; DEKA, S. C. Pigmented rice a potential source of bioactive compounds: a review. **International Journal of Food Science & Technology**, v. 52, n. 5, p. 1073-1081, 2017.

SOCIEDADE SUL-BRASILEIRA DE ARROZ IRRIGADO (SOSBAI). **Arroz irrigado**: recomendações técnicas da pesquisa para o Sul do Brasil. Cachoeirinha: Sosbai, 2018.

SON, J. S. *et al.* Consumers' attitude towards rice cooking processes in Korea, Japan, Thailand and France. **Food quality and Preference**, v. 29, n. 1, p. 65-75, 2013.

SRISAWAS, W.; JINDAL, V. K. Sensory evaluation of cooked rice in relation to water-to-rice ratio and physicochemical properties. **Journal of texture studies**, v. 38, n. 1, p. 21-41, 2007.

SUZUKI, U. *et al.* Kinetic studies on cooking of rice. **Journal of Food Science**, v. 41, n. 5, p. 1180-1183, 1976.

TAKANO, K. Studies on the mechanism of lipid-hydrolysing in rice bran. **Nippon Shokuhin Kogyo Gakkaishi**, v. 36, n. 6, p. 519-524, 1989.

VANIER, N. L. Qualidade de arroz e mercados emergentes. **Labgrãos Magazine**, v. 1, n. 1, p. 2-4, 2017.

VIDAL, V. *et al.* Cooking behavior of rice in relation to kernel physicochemical and structural properties. **Journal of Agricultural and Food Chemistry**, v. 55, n. 2, p. 336-346, 2007.

VILLANOVA, F. A. *et al.* Improvement of the quality of parboiled rice by using anti-browning agents during parboiling process. **Food Chemistry**, v. 235, p. 51-57, 2017.

YU, L. *et al.* Review of the effects of different processing technologies on cooked and convenience rice quality. **Trends in Food Science & Technology**, v. 59, p. 124-138, 2017.

CAPÍTULO 12
ASPECTOS NUTRICIONAIS DO ARROZ E SEUS EFEITOS BENÉFICOS PARA A SAÚDE

Chirle de Oliveira Raphaelli
Elisa dos Santos Pereira

O arroz (*Oryza sativa L.)* é uma das principais culturas alimentares e a que mais cresce no mundo. Representa a principal fonte de ingestão de calorias e de carboidratos em muitos países do mundo: em torno de 60% da população mundial inclui arroz em sua dieta básica (CIULU; CÁDIZ-GURREA; SEGURA-CARRETERO, 2018). Esse alimento é composto principalmente de carboidratos e fibras, mas também é uma importante fonte proteica, rico em aminoácidos de cadeia ramificada, como leucina, isoleucina e valina, e contém lipídios de alto valor nutricional, como ômega 6 (SHOBANA *et al.*, 2011).

Além dos nutrientes produzidos pelo metabolismo primário da planta, o arroz tem inúmeros compostos bioativos do metabolismo especializado, como compostos fenólicos e antocianinas, especialmente nos cultivares coloridos. O arroz preto, *Oryza sativa*, que é consumido há séculos em países asiáticos, atualmente é considerado um alimento funcional devido a seu alto conteúdo de antocianinas, fenólicos e terpenoides (DIAS *et al.*, 2017).

É importante salientar que existem grandes diferenças na quantidade de cada composto bioativo conforme o cultivar e a cor do grão; ademais, o teor de seu processamento e outros diferentes fatores afetam a composição antioxidante do arroz. Dentre os inúmeros benefícios nutricionais do arroz apresentados a seguir, cada composto bioativo apresenta uma biodisponibilidade diferente, então torna-se difícil extrapolar resultados *in vitro* e *in vivo* para a população em geral. Em contrapartida, já existem estudos populacionais que avaliam consumo de diferentes cultivares de arroz ou inserem compostos específicos na dieta com bons resultados.

O arroz selvagem chinês (*Zizania latifolia*) é um tipo de grão integral com alto valor nutritivo, apresentando macronutrientes, fibra dietética em abundância, amido resistente, polifenóis, flavonoides, saponinas e antocianinas; também é rico em compostos bioativos (JIANG *et al.*, 2016; YAN *et al.*, 2018), especialmente ácido ferúlico, glicosídeos flavonoides e flavan-3-ols – catequina, epicatequina e procianidina oligomérica (ZAWISTOWSKI; KOPEC; KITTS, 2009). Contém ainda boas quantidades de vitaminas B1, B2 e E, que exercem efeitos benéficos na saúde humana, principalmente antocianinas, clorofila, flavonoides, saponinas e fitosteróis (YAN *et al.*, 2018).

A bioatividade e os benefícios para a saúde do arroz selvagem podem ser atribuídos aos efeitos sinérgicos de seus componentes funcionais. Notavelmente, os efeitos inibitórios dos polifenóis da dieta contra α-glucosidases, α-amilases e aldose redutases têm atraído interesse entre os pesquisadores (XIAO *et al.*, 2013). Revisão de estudos *in vitro* e *in vivo* descreveram efeitos benéficos de arroz negro no metabolismo da glicose, na redução da adipogênese e na melhora da digestão intestinal de nutrientes (DIAS *et al.*, 2017).

Yan *et al.* (2018) apresentaram os efeitos benéficos do arroz selvagem no metabolismo das dislipidemias e do diabetes. Verificaram melhora no metabolismo anormal da glicose, suprimindo a resistência à insulina induzida pela dieta e prevenção de aumento do peso corporal; no metabolismo lipídico, reduziu a deposição de gordura, os níveis séricos de colesterol total, triglicérides, lipídios sanguíneos, fatores de necrose tumoral, proteína C-reativa e ácidos graxos livres. Além disso, foram observados diversos efeitos antiateroscleróticos do arroz selvagem.

O objetivo deste capítulo é identificar os efeitos benéficos do arroz *Oryza sativa L.* e do arroz selvagem (*Zizania latifolia*), nas doenças crônicas não transmissíveis, apontados por pesquisas *in vitro, in vivo* e populacionais.

12.1 OS BENEFÍCIOS DO CONSUMO DE ARROZ PARA A SAÚDE

Além de pesquisas experimentais, já estão disponíveis estudos principalmente voltados para prevenção e/ou recuperação de doenças crônicas não transmissíveis a partir da alimentação. A refeição típica do brasileiro ainda é o arroz com feijão, atualmente considerado como parte de uma alimentação saudável pelo *Guia alimentar para a população brasileira* (BRASIL, 2014). Mesmo que a média de consumo de arroz pelos brasileiros seja de 160 g dia/pessoa, percebe-se ao longo dos anos uma redução na aquisição e na disponibilidade de arroz nas residências, bem como diminuição constante do consumo de arroz pela população brasileira, de maneira bastante preocupante (IBGE, 2010a; 2010b; 2011).

Existem algumas evidências de que o consumo de batata e arroz branco pode aumentar o risco de diabetes tipo 2, porém autores referem que ainda é um dado limitado e mais pesquisas são necessárias (FOROUHI *et al.*, 2018). Autores referem que o consumo de arroz branco provoca um aumento na glicemia pós-prandial e pode estar diretamente relacionado com aumento de peso e, consequentemente, com a obesidade (KOLAHDOUZAN *et al.*, 2013). Na população iraniana, foi investigada a associação entre ingestão de arroz branco e obesidade, porém, essa relação não foi verificada (KOLAHDOUZAN *et al.*, 2013). Trabalhadores japoneses com idade entre 19 e 60 anos foram investigados pelo consumo de arroz branco, integral e multigrãos no ganho de peso corporal durante um ano. O alto consumo de arroz branco foi significativamente associado ao aumento do risco de ganho de peso corporal, em média 3 kg, em comparação com o baixo consumo de arroz branco. Já o consumo de arroz integral ou multigrãos não interferiu no ganho de peso (SAWADA *et al.*, 2019).

Em estudo de corte, foi investigado se o consumo de arroz, macarrão e pão estava associado ao risco de diabetes tipo 2 em uma população de etnia chinesa. Durante um período de onze anos, 5.207 casos incidentes dessa morbidade foram documentados. A ingestão diária de arroz não foi associada a maior risco de diabetes, porém, ao substituir uma porção diária de arroz por macarrão, essa associação foi positiva. Ainda, a substituição do arroz por pão branco ou integral foi associada a menor risco de diabetes (SEAH *et al.*, 2018).

Hu *et al.*, (2012) também verificaram a relação do consumo de arroz branco com o risco de diabetes tipo 2. Os autores concluíram que um maior consumo de arroz branco está associado a um risco significativamente elevado de diabetes tipo 2, especialmente em populações asiáticas (chinesas e japonesas) e não tanto em ocidentais. Explicaram que essa relação pode acontecer, pois o arroz branco é grande contribuinte para a carga glicêmica da dieta, mas isso pode variar conforme o cultivar e os métodos de processamento do alimento. O arroz integral, por exemplo, possui teor mais elevado de nutrientes, incluindo fibra insolúvel, magnésio, vitaminas, lignanas, fitoestrogênios e ácido fítico, que são perdidos durante o processo de refino.

Uma meta-análise sugere que uma alta ingestão de grãos integrais, mas não de grãos refinados, está associada à redução do risco de diabetes tipo 2. Essa associação foi observada para subtipos e derivados, enquanto o arroz branco foi associado ao aumento do risco de morbidade (DELLA PEPA *et al.*, 2018).

A literatura revela considerável variação na resposta glicêmica ou insulínica ao arroz. Isso é largamente atribuível a características de amido, grau de processamento, pós-colheita e processamento do consumidor. As relações entre as características do arroz e os fatores de processamento, seus efeitos físico-químicos e impactos nas respostas glicêmicas são mostradas qualitativamente na dieta (BOERS; HOORN; MELA, 2015). Está bem estabelecido que os grãos refinados (como o arroz branco) contêm mais carboidratos disponíveis e menos fibra alimentar, levando a uma alta resposta glicêmica e maior demanda de insulina, aumentando o risco de diabetes tipo 2 (LIU, 2002).

Em um estudo populacional, usando dados de diversos adultos inscritos na pesquisa de saúde e nutrição da China, foi avaliada a relação entre a chance de ter diabetes e/ou dislipidemia e o consumo de arroz branco. Verificou-se uma associação inversa entre consumo de arroz e diabetes, assim como consumo de arroz e triglicerídeos elevados, LDL elevado e HDL baixa. A associação entre consumo de arroz branco, diabetes e marcadores de dislipidemia variou em todas as regiões da China, sugerindo um papel de outras exposições dietéticas e relacionadas à saúde (DONG *et al.*, 2015).

Em estudo randomizado duplo-cego controlado com 59 indivíduos hiperlipidêmicos, verificou-se que cozinhar com óleo de farelo de arroz (comparado com óleo de soja), contendo diferentes concentrações de gama-orizanol e rico em ácido graxo monoinsaturado, possibilitou a melhora dos perfis lipídicos, diminuiu os níveis de LDL e aumentou a capacidade antioxidante em indivíduos com hiperlipidemia, reduzindo, então, os fatores de risco para doenças cardiovasculares (BUMRUNGPERT *et al.*, 2019).

A análise do grupo de pesquisa do departamento de diabetes, endocrinologia e metabolismo da Fukushima Medical University, no Japão, observou clinicamente que a ingestão diária de arroz integral diminui a intolerância à glicose e melhora a resistência à insulina. Pesquisas experimentais mostraram que o γ-orizanol, uma mistura de éster de ácido ferúlico e vários tipos de fitoesteróis, melhora o estresse do retículo endoplasmático e protege as células β contra a apoptose nas ilhotas pancreáticas de camundongos diabéticos. Também atua na sinalização do receptor de dopamina no sistema de recompensa cerebral, melhorando o metabolismo do comportamento alimentar; este é um dado promissor para investigações em humanos (MASUZAKI *et al.*, 2019).

A ingestão de mingau de aveia fortificado com extrato de farelo de arroz e óleo de farelo de arroz aumentou significativamente as concentrações de ácido ferúlico no plasma, apresentando absorção e concentrações plasmáticas mais elevadas após a ingestão dos mingaus (CALVO-CASTRO *et al.*, 2018).

Revisão de ensaios clínicos controlados randomizados demonstrou que o consumo de arroz integral, comparado com o arroz branco, foi associado a uma redução significativa da glicose no sangue e aumento na insulina. Os autores sugeriram que isso acontece, possivelmente, porque a moagem do arroz resulta em um rompimento da estrutura do grão de arroz, aumentando a digestibilidade do amido. Parece também que a resposta da glicose no sangue e da insulina sanguínea ao arroz integral pré-germinado ou não germinado é melhor em comparação com grãos refinados (MUSA-VELOSO *et al.*, 2018).

A *National Health and Nutrition Examination Survey* (NHANES) é uma pesquisa que avalia a saúde de adultos e crianças nos Estados Unidos. Os pesquisadores investigaram recentemente se o consumo de arroz branco, arroz integral e farinha de arroz tinha associação com medidas selecionadas de ingestão dietética e estado nutricional. A maioria (96%) de todos os adultos com 20 anos ou mais não consumiu arroz integral no dia anterior à entrevista. Pessoas que consumiram arroz foram significativamente mais propensas a ter um peso normal em comparação com não consumidores, independentemente do tipo de grão. Também foram considerados como menos propensos a serem classificados com sobrepeso ou como obesos (KENNEDY; LUO, 2015).

Quando as informações sobre consumo de diferentes tipos de arroz são baseadas em estudos de revisão sistemática e/ou de meta-análise, é possível obter julgamentos sobre um conjunto de evidências científicas, pois fornecem um alto nível de evidência sobre a eficácia das intervenções de saúde nos indivíduos.

Assim, com base nos resultados de uma revisão de literatura sistemática com meta-análise, verificou-se que o consumo de arroz branco não se mostrou diretamente associado ao aumento do risco de doença coronariana, acidente vascular cerebral e diabetes melito. Entretanto, ficou evidente que consumir arroz branco pode estar associado ao aumento do risco de síndrome metabólica em determinadas populações (KRITTANAWONG *et al.*, 2017). Em outra revisão sistemática, foi encontrada uma associação positiva entre a ingestão de arroz branco e fatores de risco de doenças cardiovasculares (DCV), incluindo síndrome metabólica e diabetes tipo 2, porém essa correlação não foi significativa entre o consumo de arroz branco e a incidência de DCV (IZADI; AZADBAKHT, 2015).

Uma revisão sistemática de todos os estudos de coorte publicados examinou o consumo de arroz branco em relação à incidência de doenças crônicas (obesidade, hipertensão arterial, síndrome metabólica, diabetes, doença cardiovascular e cânceres) ou risco de mortalidade. Os autores demonstraram que, embora o consumo de arroz branco não tenha sido associado a condições crônicas individuais, há uma associação positiva entre a ingestão e o risco de todas as doenças crônicas em geral nas mulheres (SANEEI; LARIJANI; ESMAILLZADEH, 2016).

12.2 COMPOSIÇÃO QUÍMICA DE INTERESSE PARA A SAÚDE

12.2.1 FIBRA ALIMENTAR

Durante o processamento do arroz para produção de arroz polido, a maior parte dos grãos é processada e refinada. Durante esse processo, o farelo (rico em fibras, vitaminas e minerais) e o germe (rico em lipídios e proteínas) são removidos e apenas o endosperma com amido e proteínas permanece no arroz branco. Assim, quando o arroz se mantém na forma integral, com retirada somente da casca, contém maiores proporções de fibra dietética, polifenóis, γ-orizanol, vitaminas do complexo B e minerais (DINESH *et al.*, 2009).

A fibra alimentar presente no arroz integral exerce diferentes funções no organismo humano. Sua capacidade de retenção de água auxilia na prevenção de constipação e, por não ser digerida, torna-se disponível para fermentação pela microflora no intestino grosso, com diferentes efeitos benéficos. O maior consumo de fibra na dieta tem sido associado à redução na pressão arterial, na concentração de colesterol total, colesterol LDL e triglicerídeos, bem como ao controle da glicose sanguínea, auxiliando na prevenção e no controle de algumas doenças crônicas, como diabetes e doenças cardiovasculares (WALTER; MARCHEZAN; AVILA, 2008).

O farelo de arroz, cobertura externa do grão de arroz, contém um perfil único de fitoquímicos com propriedades medicinais e nutricionais que são benéficas para a saúde humana (ZAREI *et al.*, 2017). Algumas foram alvo de desenvolvimento nutracêutico para o combate ao câncer (HENDERSON *et al.* 2012). Em estudos com humanos e com modelos animais, o farelo tem mostrado proteção contra as principais doenças crônicas, como obesidade, diabetes, doenças cardiovasculares e câncer, especialmente devido à presença de fitoquímicos bioativos. Cheng *et al.* (2010) demonstraram que o farelo de arroz previne diabetes melito do tipo 2, já Shibata *et al.* (2016) mostraram melhora na regulação do metabolismo lipídico, e Ham, Sung e Lee (2015) indicaram redução de peso na obesidade.

12.2.2 COMPOSTOS FITOQUÍMICOS

No arroz, altos níveis de compostos fenólicos existem nas camadas de germes e farelos (ADOM; SORRELLS; LIU, 2005) e os fenólicos são encontrados em três formas distintas: formas livres, conjugadas solúveis e ligadas. A forma ligada é a principal entre as três (ADOM; LIU, 2002).

O arroz integral possui a maior composição fitoquímica. Além das vitaminas B, os fitoquímicos encontrados incluem fibra alimentar, lipídios funcionais, aminoácidos essenciais, fitoesteróis, ácidos fenólicos, flavonoides, antocianinas, proantocianinas, tocoferóis, tocotrienóis, minerais, ácido gama-aminobutírico (GABA), γ-orizanol (OKARTER; LIU, 2010; CHO; LIM, 2016) e altos níveis de ácido fítico (DINESH BABU *et al.*, 2009).

Cultivares de arroz pigmentado, por exemplo, vermelho, roxo-claro e roxo-escuro, contêm uma variedade de flavonas, taninos, fenólicos, esteróis, tocóis, γ-orizanóis, aminoácidos e óleos essenciais. As antocianinas, especialmente cianidina 3-glicosídeo, cianidina 3-galactosídeo, cianidina 3-rutinosídeo, cianidina 3,5-diglucosídeo, malvidina 3-galactosídeo, peonidina 3-glicosídeo e pelargonidina 3,5-diglucosídeo, parecem exercer efeitos claramente bioativos. Entre eles estão atividades antioxidantes e sequestradoras de radicais livres, antitumorais, antiateroscleróticas, hipoglicemiantes e antialérgicas (DENG *et al.*, 2013). Estudos mostram que as antocianinas e proantocianidinas encontradas em arrozes roxo e vermelho possuem capacidades antioxidantes potenciais de promoção da saúde (ABDEL-AAL; YOUNG; RABALSKI, 2006; OKI *et al.*, 2002).

O farelo de arroz é a parte que contém teores mais elevados de compostos bioativos. Por exemplo, no arroz preto os principais constituintes fenólicos do farelo são as antocianinas, como cianidina 3-glicosídeo e peonidina 3-glicosídeo (MIN *et al.*, 2012); no arroz vermelho, proantocianidinas ou taninos condensados são os mais proeminentes compostos (GUNARATNE *et al.*, 2013). Outro estudo demonstrou que em farelo de grãos vermelhos e pretos o principal composto fenólico foi o ácido ferúlico (VARGAS *et al.*, 2018).

Apesar de o arroz integral possuir maior parte dos compostos nutricionais, incluindo os antioxidantes, ainda é menos consumido que o arroz branco. Isso se deve principalmente por sua aparência, tempo de cozimento e baixa apreciação do valor nutricional (ADEBAMOWO *et al.*, 2017).

12.3 ATIVIDADES BIOLÓGICAS

12.3.1 AÇÃO ANTIOXIDANTE

Dados promissores sobre oxidação celular e prevenção de doenças crônicas não transmissíveis (DCNT) também são amplamente investigados com compostos extraídos de arroz. O estresse oxidativo tem sido implicado como desencadeador de muitas doenças crônicas, como cardiovasculares, renais crônicas, neurodegenerativas, respiratórias crônicas, diabetes melito e neoplasias. O estresse oxidativo acontece, especialmente, pelo desequilíbrio *redox* entre produção de radicais livres no organismo, consumo e produção de antioxidantes para remoção, neutralização e eliminação deles do ambiente celular (LIGUORI *et al.*, 2018).

Muitos estudos relatam que os antioxidantes do arroz podem reduzir potencialmente a carga de doenças crônicas associadas a estresse oxidativo (GOUFO; TRINDADE, 2015). Autores sugerem diversos efeitos aditivos ou sinérgicos dos compostos bioativos do arroz responsáveis por benefícios para a saúde, especialmente nessas morbidades. Ácidos fenólicos, flavonoides, antocianinas, proantocianidinas, tocotrienóis, tocoferóis, λ-orizanol e ácido fítico apresentam importante e elevada atividade antioxidante em estudos *in vitro* e são fundamentais no organismo humano (GOUFO; TRINDADE, 2015).

Dados relacionados à prevenção de doenças cardiovasculares por meio de antioxidantes do arroz também são largamente avaliados na literatura. As lipoproteínas de baixa densidade (LDL) são proteínas plasmáticas que carregam colesterol e triglicerídeos e são particularmente suscetíveis à oxidação por radicais livres. Há evidências de que os antioxidantes do arroz desempenham um papel na redução de lipídios oxidados no plasma e na urina. Por exemplo, um extrato rico em antocianina do arroz melhorou o perfil lipídico em ratos dislipidêmicos (YANG *et al.*, 2011).

Compostos bioativos de arroz e do farelo de arroz impedem significativamente a oxidação lipídica. Oxidação do LDL isolada e membranas celulares (plasma, mitocondrial e endomembrana) são comumente estimadas pela medição dos níveis de substância reativa ao ácido tiobarbitúrico (TBARS). Extratos de arroz ricos em γ-oryzanol antocianinas, tocotrienóis, ácido fítico e cianidina-3-O-glicosídeo reduziram significativamente s níveis de TBARS no plasma e no fígado usando camundongos (KANG *et al.*, 2012). Frações e extratos de farelo de arroz preto e vermelho mostraram efeito protetor de até 94% em células humanas de neuroblastoma (SH-SY5Y) contra H_2O_2 (VARGAS *et al.*, 2018). Extratos de γ-orizanol de arroz roxo mostraram potente efeito anti-inflamatório *in vitro*, o que melhoraria o estado *redox* em diversas doenças crônicas. No estudo de Saenjum *et al.* (2012), o elevado efeito inibitório aconteceu sobre produção de óxido nítrico em células de macrófagos de ratos ativados com lipopolissacarídeo-IFN-α.

12.3.2 ATIVIDADE ANTIDISLIPIDÊMICA

A eficácia de um arroz pigmentado com antocianina (especialmente arroz negro) foi avaliada na redução de hipercolesterolemia em dietas aterogênicas de ratos. A inclusão do extrato padronizado de arroz preto nas dietas dos ratos diminuiu o nível de triglicerídeos, LDL colesterol e triacilglicerol, quando comparados aos controles (ZAWISTOWSKI; KOPEC; KITTS, 2009). As capacidades antioxidantes da antocianina do farelo de arroz preto foram avaliadas utilizando um sistema de emulsão contendo colesterol (1 mg/ml) ou óleo de peixe (10 mg/ml) e retardaram a oxidação do colesterol, prevenindo a oxidação lipídica e reduzindo a inflamação associada a doenças crônicas (ZHANG *et al.*, 2013).

A influência do farelo de arroz e do ácido fítico em camundongos alimentados com alto teor de gordura demonstrou efeitos anti-hiperlipidêmicos e capacidade de melhoria do *status* antioxidante. A adição de farelo de arroz e ácido fítico na dieta neutralizou essa hiperlipidemia e o estresse oxidativo induzidos por gordura, principalmente pelo aumento da excreção de lipídios fecais e regulação das atividades das enzimas antioxidantes e lipogênicas (KANG *et al.*, 2012). Além disso, a suplementação com extratos de arroz negro reduziu a esteatose hepática em camundongos alimentados com dieta rica em gordura (JANG *et al.*, 2012).

12.3.3 ATIVIDADE ANTIDIABÉTICA

A dieta promove estresse oxidativo no diabetes e é um desafio para prevenir o estresse oxidativo induzido pela dieta (REBOLLEDO; ACTIS DATO, 2005). O arroz branco tem um alto índice glicêmico e pode resultar em alto estresse oxidativo, aumentando o risco de diabetes tipo 2 (SUN *et al.*, 2010). O estresse oxidativo está implicado na patogênese também das complicações diabéticas e pode ser aumentado, e muito, pelo consumo habitual de arroz branco (STUMVOLL; GOLDSTEIN; HAEFTEN, 2005).

Estudos experimentais compararam as diferenças no uso de arroz integral e branco. Foram verificados efeitos do arroz integral germinado em ratos com diabetes tipo 2, induzidos com dieta hiperlipídica e injeção de estreptozotocina, e efeitos de arroz integral germinado, arroz branco e arroz integral nos genes catalase e superóxido dismutase. Arroz integral e arroz integral germinado melhoraram as atividades de eliminação de radicais glicêmicos e hidroxilas nos rins e preveniram a deterioração do estado antioxidante total em ratos com diabetes tipo 2, melhorando níveis glicêmicos. Da mesma forma, o arroz integral germinado preservou as enzimas hepáticas e a creatinina sérica. O uso de arroz branco piorou o *status* antioxidante, ao contrário do integral. Durante o polimento, a remoção da camada de farelo significa que os efeitos benéficos do integral são perdidos com o farelo, especialmente os efeitos antioxidantes (STUMVOLL; GOLDSTEIN; HAEFTEN, 2005).

Extratos de arroz rico em tocotrienóis foram relacionados com a inibição do aumento nos níveis de óxido nítrico total no soro e na urina de camundongos com diabetes do tipo 2, comparados com o grupo controle (SIDDIQUI; RASHID KHAN; SIDDIQUI, 2010). Também foi documentado que a fração de fibra insolúvel do arroz integral pré-germinado reduziu a concentração de glicose pós-prandial em ratos *Wistar* (SEKI *et al.*, 2005), auxiliando na melhora do quadro da doença. Já extratos ricos em γ-orizanol atenuaram significativamente os níveis de nitrito nos tecidos do nervo ciático de ratos com diabetes tratados, evitando complicações diabéticas, como disfunção endotelial (GHATAK; PANCHAL, 2012). O γ-orizanol é uma mistura de ésteres de ácido ferúlico de álcoois triterpênicos e esteróis encontrados no arroz; tem sido associado à melhora da atividade hipocolesterolêmica, antiaterosclerótica, anti-hiperglicemica e antioxidante (SHOBANA *et al.*, 2011).

Em estudo experimental, os animais que consumiram a dieta rica em lipídios e em açúcares refinados tiveram ganho de peso, aumento de insulina, de glicose plasmática e de triglicérides séricos, em comparação com o grupo controle. Já o grupo que consumiu a mesma dieta rica em lipídios e açúcares simples, porém com adição de γ-orizanol, preveniu o ganho de peso corporal dos ratos, apresentando menores alterações em insulina, glicemia e triglicerídeos sanguíneos, em comparação com o grupo com somente dieta hiperlipídica e hiperglicêmica (FRANCISQUETI *et al.*, 2017). Outro estudo recente que inseriu γ- orizanol a longo prazo na dieta de camundongos também verificou diminuição de lipídios sanguíneos (KOBAYASHI *et al.*, 2019).

Mais evidências em experimentos *in vivo* são descritas na literatura. A suplementação de adenosina, um componente ativo do farelo de arroz, melhorou a síndrome metabólica em ratos hipertensos propensos a acidente vascular cerebral (ARDIANSYAH *et al.*, 2009). A suplementação de ácido ferúlico, outro composto ativo do farelo, melhorou a pressão arterial e o perfil lipídico (ARDIANSYAH *et al.*, 2008).

O farelo de arroz pode proteger contra a síndrome metabólica atenuando a hipertensão, a dislipidemia e a resistência à insulina, especialmente porque previne o estresse oxidativo em animais (JUSTO *et al.*, 2013; CANDIRACCI *et al.*, 2014). Além disso, em um modelo de ratos com hipertensão, peptídeos derivados de hidrolisados de proteína de farelo apresentaram efeitos vasodilatadores e anti-hipertensivos (BOONLA *et al.*, 2015).

O arroz pigmentado, que contém antocianinas e proantocianidinas concentradas na camada de farelo, estimula a captação de glicose pelos adipócitos 3T3-L1 – uma função-chave na homeostase da glicose. Especificamente, a captação basal de glicose é aumentada de duas a três vezes, enquanto os níveis de mRNA de ambos GLUT1 e GLUT4 são regulados (BOUE *et al.*, 2016).

Evidências científicas sugerem enormes benefícios para indivíduos diabéticos se fizerem a substituição do arroz branco pelo arroz integral (IMAM *et al.*, 2012).

12.3.4 ATIVIDADE ANTICANCERÍGENA

O câncer se desenvolve quando há um desequilíbrio entre a multiplicação celular e a morte celular programada (apoptose), levando à proliferação rápida e descontrolada de células dentro de um tecido (COOPER, 2000). Extratos de arroz preto rico em antocianinas foram capazes de inibir danos no DNA induzidos por peróxido de hidrogênio em leucócitos mononucleares humanos *in vitro* (SANGKITIKOMOL; TENCOMNAO; ROCEJANASAROJ, 2010).

A metástase é a principal razão para a mortalidade resultante de pacientes com câncer. As últimas décadas testemunharam um progresso notável na compreensão da base molecular e celular desse processo letal (MARTIN *et al.*, 2000-2013). Alguns antioxidantes do arroz podem modificar as vias de transdução de sinal e a expressão gênica de enzimas envolvidas na cascata metastática de células cancerosas. O mecanismo do efeito anticancerígeno é sugerido em parte pela potencialização de compostos bioativos, como vitamina E, ácido fítico, ácido γ-aminobutírico (GABA), γ-oryzanol e fenólicos (TAN; NORHAIZAN, 2017).

Por exemplo, Chen *et al.* (2012) usaram diferentes linhagens de células de câncer para estudar a atividade inibidora de células em resposta ao extrato de farelo de arroz vermelho e demonstraram que ele exibia fortes efeitos inibitórios contra leucemia, cânceres de colo do útero e do estômago. Já os peptídeos hidrolisados de farelo de arroz desengordurado suprimiram a proliferação de células cancerígenas de adenocarcinoma epitelial colorretal heterogêneo e de câncer de fígado (CHEN *et al.*, 2012). O farelo de arroz vermelho, rico em proantocianidinas, tem forte inibição de células de câncer de leucemia, câncer cervical e de estômago (CHEN *et al.*, 2012).

Em revisão de literatura, foi possível confirmar que, quando o arroz não é polido, consegue inibir o desenvolvimento e a progressão de câncer colorretal, especialmente por suas propriedades antioxidantes e anti-inflamatórias (SUWANNALERT; PAYUHAKRIT; KOOMSANG, 2016). Sete variedades de arroz foram testadas em células de câncer colorretal e apresentaram até 99% de inibição de crescimento celular. Essas variedades apresentavam cores de farelo castanho, vermelho e roxo, e aquelas com mais conteúdo de fenólicos totais e tocotrienóis obtiveram maior inibição de crescimento celular cancerígeno (FORSTER *et al.*, 2013). O δ-tocotrienol (δ-T3) também atua como agente anticancerígeno contra células de adenocarcinoma colorretal humano, inibindo significativamente o crescimento tumoral em camundongos (SHIBATA *et al.*, 2015).

Extratos metanólicos das variedades de arroz pigmentados – Ilpum (marrom--claro), Heugjinju (preto), Jeogjinju (vermelho) e WD-3 (roxo) – exibiram maior quantidade de antioxidantes que arroz integral. O extrato de farelo dessas variedades obtiveram atividade anticarcinogência em células humanas de câncer de mama, oral e melanoma, porém os extratos da casca demonstraram maior citotoxicidade. Isso se deveu à apoptose, baseada no aparecimento de encolhimento celular, fragmentação de DNA e condensação nuclear (BAEK *et al.*, 2015).

O ácido fítico extraído de farelo de arroz apresentou atividade anticancerígena em células de carcinoma hepatocelular (HepG2), aumentando atividade apoptótica do ciclo celular (expressão de p53, Bcl-2, Bax, caspases-3 e caspases-9) (AL-FATLAWI *et al.*, 2014).

A suplementação a longo prazo tem um impacto positivo na sobrevivência, cognição e função mitocondrial cerebral de ratos. Foi associado ao retardo de acometimento da doença de Alzheimer (HAGL *et al.*, 2016).

12.4 CONSIDERAÇÕES FINAIS

O arroz é considerado como a principal fonte de ingestão de calorias e de carboidratos em muitos países, possuindo compostos com elevado valor nutricional em sua composição, incluindo micronutrientes e antioxidantes. Principalmente no arroz integral e nos coloridos, são encontrados grande quantidade de fibras, lipídios, aminoácidos essenciais e compostos fitoquímicos, como fitoesteróis, ácidos fenólicos, flavonoides, antocianinas, proantocianinas, tocoferóis, tocotrienóis, minerais, ácido gama-aminobutírico (GABA) e γ-orizanol, além do ácido fítico.

O arroz integral é visto como potencial protetor contra diversas doenças, como diabetes, obesidade, câncer e doenças cardiovasculares. O consumo de arroz integral e seus derivados, como o farelo, deve ser estimulado, visto os benefícios proporcionados à saúde.

REFERÊNCIAS

ABDEL-AAL, E.-S. M.; YOUNG, J. C.; RABALSKI, I. Anthocyanin composition in black, blue, pink, purple, and red cereal grains. **Journal of Agricultural and Food Chemistry**, v. 54, p. 4696-4704, 2006.

ADEBAMOWO, S. N. *et al.* A mixed-methods study on acceptability, tolerability, and substitution of brown rice for white rice to lower blood glucose levels among Nigerian adults. **Frontiers in Nutrition**, v. 4, p. 33, 2017.

ADOM, K. K.; LIU, R. H. Antioxidant activity of grains. **Journal Agricultural of Food Chemistry**, v. 50, n. 21, p. 6182-6187, 2002.

ADOM, K. K.; SORRELLS, M. E.; LIU, R. H. Phytochemicals and antioxidant activity of milled fractions of different wheat varieties. **Journal of Agricultural of Food Chemistry**, v. 53, n. 6, p. 2297-2306, 2005.

AL-FATLAWI, A. A. *et al.* Rice bran phytic acid induced apoptosis through regulation of Bcl-2/Bax and p53 genes in HepG2 human hepatocellular carcinoma cells. **Asian Pacific Journal of Cancer Prevention**, v. 15, n. 8, p. 3731-3736, 2014.

ARDIANSYAH *et al.* Adenosine, an identified active component from the driselase-treated fraction of rice bran, is effective at improving metabolic syndrome in stroke-prone spontaneously hypertensive rats. **Journal of Agricultural of Food Chemistry**, v. 57, n. 6, p. 2558-2564, 2009.

ARDIANSYAH *et al.* Novel effects of a single administration of ferulic acid on the regulation of blood pressure and the hepatic lipid metabolic profile in stroke-prone spontaneously hypertensive rats. **Journal of Agricultural of Food Chemistry**, v. 56, n. 8, p. 2825-2830, 2008.

BAEK, J. A. *et al.* Hull extracts from pigmented rice exert antioxidant effects associated with total flavonoid contents and induce apoptosis in human cancer cells. **Food Science and Biotechnology**, v. 24, n. 1, p. 241-247, 2015.

BOERS, H. M.; HOORN, J. S. T.; MELA, D. J. A systematic review of the influence of rice characteristics and processing methods on postprandial glycemic and insulinemic responses. **British Journal of Nutrition**, v. 114, n. 7, p. 1035-1045, 2015.

BOONLA, O. *et al.* Peptides-derived from Thai rice bran improves endothelial function in 2K-1C renovascular hypertensive rats. **Nutrients**, v. 7, n. 7, p. 5783-5799, 2015.

BOUE, S. M. *et al.* Antidiabetic potential of purple and red rice (*Oryza sativa* L.) bran extracts. **Journal of Agricultural and Food Chemistry**, v. 64, n. 26, p. 5345-5353, 2016.

BRASIL. Ministério da Saúde. Secretaria de Atenção à Saúde. **Guia alimentar para a população brasileira**. Brasília: Ministério da Saúde, 2014.

BUMRUNGPERT, A. *et al.* Rice bran oil containing gamma-oryzanol improves lipid profiles and antioxidant status in hyperlipidemic subjects: a randomized double-blind controlled trial. **Journal of Alternative and Complementary Medicine**, v. 25, n. 3, p. 353-358, 2019.

CALVO-CASTRO, L. A. *et al.* Pharmacokinetics of vitamin E, γ-oryzanol, and ferulic acid in healthy humans after the ingestion of a rice bran-enriched porridge prepared with water or with milk. **European Journal of Nutrition**, v. 58, n. 5, p. 2099-2110, 2018.

CANDIRACCI, M. *et al.* Rice bran enzymatic extract-supplemented diets modulate adipose tissue inflammation markers in Zucker rats. **Nutrition**, v. 30, n. 4, p. 466-472, 2014.

CASTANHO, A. *et al.* Exploiting the bioactive properties of γ-oryzanol from bran of different exotic rice varieties. **Food & Function**, v. 10, n. 5, p. 2382-2389, 2019.

CHEN, M.-H. *et al.* Growth-inhibitory effects of pigmented rice bran extracts and three red bran fractions against human cancer cells: relationships with composition and antioxidative activities. **Journal of Agricultural and Food Chemistry**, v. 60, n. 36, p. 9151-9161, 2012.

CHENG, H. H. *et al.* Ameliorative effects of stabilized rice bran on type 2 diabetes patients. **Annals of Nutrition and Metabolism**, v. 56, n. 1, p. 45-51, 2010.

CHO, D. H.; LIM, S. T. Germinated brown rice and its bio-functional compounds. **Food Chemistry**, v. 196, p. 259-271, 2016.

CIULU, M.; CÁDIZ-GURREA, M. L.; SEGURA-CARRETERO, A. Extraction and analysis of phenolic compounds in rice: a review. **Molecules**, v. 23, n. 11, p. 2890, 2018.

COOPER, G. M. **The cell**: a molecular approach. Sunderland: Sinauer Associates; 2000. Disponível em: https://www.ncbi.nlm.nih.gov/books/NBK9963/. Acesso em: 12 jun. 2020.

DELLA PEPA, G. *et al.* Wholegrain intake and risk of type 2 diabetes: evidence from epidemiological and intervention studies. **Nutrients**, v. 10, n. 9, p. 1288, 2018.

DENG, G.-F. *et al.* Phenolic compounds and bioactivities of pigmented rice. **Critical Reviews in Food Science and Nutrition**, v. 53, n. 3, p. 296-306, 2013.

DIAS, A. L. S. *et al.* Recent advances on bioactivities of black rice. **Current Opinion in Clinical Nutrition & Metabolic Care**, v. 20, n. 6, p. 470-476, 2017.

DINESH BABU, P. *et al.* Brown rice-beyond the color reviving a lost health food: a review. **American-Eurasian Journal of Agronomy**, v. 2, n. 2, p. 67-72, 2009.

DONG, F. *et al.* White rice intake varies in its association with metabolic markers of diabetes and dyslipidemia across region among Chinese adults. **Annals of Nutrition & Metabolism**, v. 66, n. 4, p. 209-218, 2015.

ESLAMI, S. *et al.* Effects of gamma oryzanol supplementation on anthropometric measurements & muscular strength in healthy males following chronic resistance training. **The Indian Journal of Medical Research**, v. 139, n. 6, p. 857-863, 2014.

FOROUHI, N. G. *et al.* Dietary and nutritional approaches for prevention and management of type 2 diabetes. **BMJ**, v. 361, p. k2234, 2018.

FORSTER, G. M. *et al.* Rice varietal differences in bioactive bran components for inhibition of colorectal cancer cell growth. **Food Chemistry**, v. 141, n. 2, p. 1545-1552, 2013.

FRANCISQUETI, F. V. *et al.* Effect of gamma-oryzanol as therapeutic agent to prevent cardiorenal metabolic syndrome in animals submitted to high sugar-fat diet. **Nutrients**, v. 9, n. 12, p. 1299, 2017.

GHATAK, S. B.; PANCHAL, S. J. Protective effect of oryzanol isolated from crude rice bran oil in experimental model of diabetic neuropathy. **Revista Brasileira de Farmacognosia**, v. 22, n. 5, p. 1092-1103, 2012.

GOFFMAN, F. D.; BERGMAN, C. J. Rice kernel phenolic content and its relationship with antiradical efficiency. **Journal of the Science of Food and Agriculture**, v. 84, p. 1235-1240, 2004.

GOUFO, P.; TRINDADE, H. Factors influencing antioxidant compounds in rice. **Critical Reviews in Food Science and Nutrition**, v. 57, n. 5, p. 893-922, 2015.

GUNARATNE, A. *et al.* Antioxidant activity and nutritional quality of traditional red-grained rice varieties containing proanthocyanidins. **Food Chemistry**, v. 138, n. 2-3, p. 1153-1161, 2013.

HAGL, S. *et al.* Effects of long-term rice bran extract supplementation on survival, cognition and brain mitochondrial function in aged NMRI mice. **Neuromolecular Medicine**, v. 18, n. 3, p. 347-363, 2016.

HAM, H.; SUNG, J.; LEE, J. Effect of rice bran unsaponifiables on high-fat diet-induced obesity in mice. **Journal of Food Biochemistry**, v. 39, n. 6, p. 673-681, 2015.

HENDERSON, A. J. *et al.* Chemopreventive properties of dietary rice bran: current status and future prospects. **Advances in Nutrition**, v. 3, n. 5, p. 643-653, 2012.

HU, E. A. *et al.* White rice consumption and risk of type 2 diabetes: meta-analysis and systematic review. **BMJ**, v. 344, p. e1454, 2012.

IMAM, M. U. *et al.* Antidiabetic properties of germinated brown rice: a systematic review. **Evidence-based Complementary and Alternative Medicine**, v. 2012, p. 1-12, 2012.

INSTITUTO BRASILEIRO DE GEOGRAFIA E ESTATÍSTICA (IBGE). **Pesquisa de orçamentos familiares 2008-2009**: análise do consumo alimentar pessoal no Brasil. Rio de Janeiro: IBGE, 2011.

INSTITUTO BRASILEIRO DE GEOGRAFIA E ESTATÍSTICA (IBGE). **Pesquisa de orçamentos familiares 2008-2009**: aquisição alimentar domiciliar *per capita* Brasil e Grandes Regiões. Rio de Janeiro: IBGE, 2010a.

INSTITUTO BRASILEIRO DE GEOGRAFIA E ESTATÍSTICA (IBGE). **Pesquisa de orçamentos familiares 2008-2009**: Avaliação nutricional da disponibilidade domiciliar de alimentos no Brasil. Rio de Janeiro: IBGE, 2010b.

IZADI, V.; AZADBAKHT, L. Is there any association between rice consumption and some of the cardiovascular diseases risk factors? A systematic review. **ARYA Atherosclerosis**, v. 11 (suppl 1), p. 109-115, 2015.

JANG, H.-H. *et al.* Black rice (*Oryza sativa* L.) extract attenuates hepatic steatosis in C57BL/6 J mice fed a high-fat diet via fatty acid oxidation. **Nutrition and Metabolism**, v. 9, n. 1, p. 27, 2012.

JARIWALLA, R. J. Rice-bran products: phytonutrients with potential applications in preventive and clinical medicine. **Drugs under Experimental and Clinical Research**, v. 27, n. 1, p. 17-26, 2001.

JIANG, M. X. *et al.* Analysis of active components and proteomics of Chinese wild rice (Zizania latifolia (Griseb) Turcz) and Indica Rice (Nagina22). **Journal of Medicinal Food**, v. 19, p. 798-804, 2016.

JUSTO, M. L. *et al.* Rice bran enzymatic extract restores endothelial function and vascular contractility in obese rats by reducing vascular inflammation and oxidative stress. **The Journal of Nutritional Biochemistry**, v. 24, n. 8, p. 1453-1461, 2013.

KANG, M. Y. *et al.* Hypolipidemic and antioxidative effects of rice bran and phytic acid in high fat-fed mice. **Food Science and Biotechnology**, v. 21, p. 123-128, 2012.

KENNEDY, E.; LUO, H. Association between rice consumption and selected indicators of dietary and nutritional status using national health and nutrition examination survey 2007-2008. **Ecology of Food and Nutrition**, v. 54, n. 3, p. 224-239, 2015.

KOBAYASHI, E. *et al.* Evaluation of γ-oryzanol accumulation and lipid metabolism in the body of mice following long-term administration of γ-oryzanol. **Nutrients**, v. 11, n. 1, p. 104, 2019.

KOLAHDOUZAN, M. *et al.* The association between dietary intake of white rice and central obesity in obese adults. **ARYA Atherosclerosis**, v. 9, n. 2, p. 140-144, 2013.

KRITTANAWONG, C. *et al.* Is white rice consumption a risk for metabolic and cardiovascular outcomes? A systematic review and meta-analysis. **Heart Asia**, v. 9, n. 2, p. e010909, 2017.

LIGUORI, I. *et al.* Oxidative stress, aging, and diseases. **Clinical Interventions in Aging**, v. 13, p. 757-772, 2018.

LIU, S. Intake of refined carbohydrates and whole grain foods in relation to risk of type 2 diabetes mellitus and coronary heart disease. **Journal of the American College of Nutrition**, v. 21, n. 4, p. 298-306, 2002.

MARTIN, T. A. *et al.* Cancer invasion and metastasis: molecular and cellular perspective. *In*: **Madame Curie Bioscience Database** [Internet]. Austin: Landes Bioscience, 2000-2013. Disponível em: https://www.ncbi.nlm.nih.gov/books/NBK164700/. Acesso em: 12 jun. 2020.

MASUZAKI, H. *et al.* Brown rice-specific γ-oryzanol as a promising prophylactic avenue to protect against diabetes mellitus and obesity in humans. **Journal of Diabetes Investigation**, v. 10, n. 1, p. 18-25, 2019.

MIN, B. *et al.* Free and bound total phenolic concentrations, antioxidant capacities, and profiles of proanthocyanins and anthocyanins in whole grain rice (*Oryza sativa* L.) of different bran colours. **Food Chemistry**, v. 133, n. 3, p. 715-722, 2012.

MIN, B.; MCCLUNG, A.; CHEN, M.-H. Effects of hydrothermal processes on antioxidants in brown, purple and red bran whole grain rice (*Oryza sativa* L.). **Food Chemistry**, v. 159, p. 106-115, 2014.

MISRA, A. *et al.* Nutrition transition in India: secular trends in dietary intake and their relationship to diet-related non- communicable diseases. **Journal Diabetes**, v. 3, n. 4, p. 278-292, 2011.

MURAKI, I. *et al.* Rice consumption and risk of cardiovascular disease: results from a pooled analysis of 3 U.S. cohorts. **The American Journal of Clinical Nutrition**, v. 101, n. 1, p. 164-172, 2015.

MUSA-VELOSO, K. *et al.* The effects of whole-grain compared with refined wheat, rice, and rye on the postprandial blood glucose response: a systematic review and meta-analysis of randomized controlled trials. **The American Journal of Clinical Nutrition**, v. 108, n. 4, p. 759-774, 2018.

NANNAPANENI, R. Human colon and liver cancer cell proliferation inhibition by peptide hydrolysates derived from heat-stabilized defatted rice bran. **Journal of Agricultural and Food Chemistry**, v. 56, n. 24, p. 11643-11647, 2008.

OKARTER, N.; LIU, R. H. Health benefits of whole grain phytochemicals. **Critical Reviews in Food Science and Nutrition**, v. 50, n. 3, p. 193-208, 2010.

OKI, T. *et al.* Polymeric procyanidins as radical-scavenging components in red-hulled rice. **Journal of Agricultural and Food Chemistry**, v. 50, n. 26, p. 7524-7529, 2002.

REBOLLEDO, O. R.; ACTIS DATO, S. M. Postprandial hyperglycemia and hyperlipidemia-generated glycoxidative stress: its contribution to the pathogenesis of diabetes complications. **European Review for Medical and Pharmacological Sciences**, v. 9, n. 4, p. 191-208, 2005.

SAENJUM, C. *et al.* Antioxidant and anti-inflammatory activities of gamma-oryzanol rich extracts from Thai purple rice bran. **Journal of Medicinal Plants Research**, v. 6, n. 6, p. 1070-1077, 2012.

SANEEI, P.; LARIJANI, B.; ESMAILLZADEH, A. Rice consumption, incidence of chronic diseases and risk of mortality: meta-analysis of cohort studies. **Public Health Nutrition**, v. 20, n. 2, p. 233-244, 2016.

SANGKITIKOMOL, W.; TENCOMNAO, T.; ROCEJANASAROJ, A. Antioxidant effects of anthocyanins-rich extract from black sticky rice on human erythrocytes and mononuclear leukocytes. **African Journal of Biotechnology**, v. 9, n. 48, p. 8222-8229, 2010.

SAWADA, K. *et al.* Relationship between rice consumption and body weight gain in Japanese workers: white versus brown rice/multigrain rice. **Applied Physiology, Nutrition, and Metabolism**, v. 44, n. 5, p. 528-532, 2019.

SEAH, J. Y. H. *et al.* Rice intake and risk of type 2 diabetes: the Singapore Chinese health study. **European Journal Nutrition**, n. 58, n. 8, p. 3349-3360, 2018.

SEKI, T. *et al.* Insoluble fiber is a major constituent responsible for lowering the post-prandial blood glucose concentration in the pre-germinated brown rice. **Biological and Pharmaceutical Bulletin**, v. 28, n. 8, p. 1539-1541, 2005.

SHIBATA, A. *et al.* δ-tocotrienol treatment is more effective against hypoxic tumor cells than normoxic cells: potential implications for cancer therapy. **Journal of Nutritional Biochemistry**, v. 26, n. 8, p. 832-840, 2015.

SHIBATA, A. *et al.* α-tocopherol attenuates the triglyceride- and cholesterol-lowering effects of rice bran tocotrienol in rats fed a Western diet. **Journal of Agricultural Food Chemistry**. v. 64, n. 26, p. 5361-5366, 2016.

SHOBANA, S. *et al.* Nutritional and sensory profile of two Indian rice varieties with different degrees of polishing. **International Journal of Food Sciences and Nutrition**, v. 62, n. 8, p. 800-810, 2011.

SIDDIQUI, S.; RASHID KHAN, M.; SIDDIQUI, W. A. Comparative hypoglycemic and nephroprotective effects of tocotrienol rich fraction (TRF) from palm oil and rice bran oil against hyperglycemia induced nephropathy in type 1 diabetic rats. **Chemico-Biological Interactions**, v. 188, n. 3, p. 651-658, 2010.

SOLÀ, R. *et al.* Effects of poly-bioactive compounds on lipid profile and body weight in a moderately hypercholesterolemic population with low cardiovascular disease risk: a multicenter randomized trial. **PLoS One**, v. 9, n. 8, p. e101978, 2014.

SOUZA, A. de M. *et al.* Alimentos mais consumidos no Brasil: inquérito nacional de alimentação 2008-2009. **Revista de Saúde Pública**, v. 47, supl. 1, p. 190s-199s, 2013.

STUMVOLL, M.; GOLDSTEIN, B. J.; HAEFTEN, T. W. V. Type 2 diabetes: principles of pathogenesis and therapy. **Lancet**, v. 365, n. 9467, p. 1333-1346, 2005.

SUN, Q. *et al.* White rice, brown rice, and riskof type 2 diabetes in US men and women. **JAMA Internal Medicine**, v. 170, n. 11, p. 961-969, 2010.

SUWANNALERT, P.; PAYUHAKRIT, W.; KOOMSANG, T. Antioxidant, pro-oxidant and anti-inflammatory effects of unpolished rice relevant to colorectal cancer. **Asian Pacific Journal of Cancer Prevention**, v. 17, n. 12, p. 5047-5056, 2016.

TAN, B. L.; NORHAIZAN, M. E. Scientific evidence of rice by-products for cancer prevention: chemopreventive properties of waste products from rice milling on carcinogenesis *in vitro* and *in vivo*. **BioMed Research International**, v. 2017, p. 9017902, 2017.

UMAR, I. M. *et al.* Antidiabetic properties of germinated brown rice: a systematic review. **Evidence-Based Complementary and Alternative Medicine**, v. 2012, p. 1-12, 2012.

VARGAS, C. G. *et al.* Bioactive compounds and protective effect of red and black rice brans extracts in human neuron-like cells (SH-SY5Y). **Food Research International**, v. 113, p. 57-64, 2018.

WALTER, M.; MARCHEZAN, E.; AVILA, L. A. Arroz: composição e características nutricionais. **Ciência Rural**, v. 38, n. 4, p. 1184-1192, 2008.

XIAO, J. *et al.* Advance in dietary polyphenols as α-glucosidases inhibitors: a review on structure-activity relationship aspect. **Critical Reviews in Food Science and Nutrition**, v. 53, n. 8, p. 818-836, 2013.

YAN, N. *et al.* Morphological characteristics, nutrients, and bioactive compounds of *Zizania latifolia*, and health benefits of its seeds. **Molecules**, v. 23, n. 7, p. 1561, 2018.

YANG, Y. *et al.* Anthocyanin extract from black rice significantly ameliorates platelet hyperactivity and hypertriglyceridemia in dyslipidemic rats induced by high fat diets. **Journal of Agricultural of Food Chemistry**, v. 59, n. 12, p. 6759-6764, 2011.

ZAREI, I. *et al.* Rice bran metabolome contains amino acids, vitamins & cofactors, and phytochemicals with medicinal and nutritional properties. **Rice**, v. 10, n. 1, p. 24, 2017.

ZAWISTOWSKI, J.; KOPEC, A.; KITTS, D. D. Effects of a black rice extract (*Oryza sativa* L. *indica*) on cholesterol levels and plasma lipid parameters in Wistar Kyoto rat. **Journal of Functional Foods**, v. 1, n. 1, p. 50-56, 2009.

ZHANG, X. *et al.* Comparison of the activities of hydrophilic anthocyanins and lipophilic tocols in black rice bran against lipid oxidation. **Food Chemistry**, v. 141, n. 1, p. 111-116, 2013.

CAPÍTULO 13
USO DE ARROZ NA FABRICAÇÃO DE CERVEJAS

Maurício de Oliveira
Lázaro da Costa Corrêa Cañizares
Chirle de Oliveira Raphaelli
Adriano Hirsch Ramos

13.1 INTRODUÇÃO

Alimento básico amplamente consumido no mundo, o arroz não contém proteínas semelhantes ao glúten, conforme abordamos nos capítulos 7 e 8, por isso é particularmente adequado para consumo por indivíduos com doença celíaca (COMINO *et al.*, 2013). Pode ainda ser uma matéria-prima útil para a produção de bebidas, como a cerveja, porém sem glúten.

A cerveja é uma das bebidas mais populares do mundo. De forma geral, é uma bebida alcoólica obtida a partir da mistura de água, malte e lúpulo e fermentada por leveduras, mas outros cereais também podem ser usados como matéria-prima ou adjuvante. Geralmente, o ingrediente básico para a produção de cervejas é o malte de cevada ou de trigo, porém, para indivíduos que sofrem da doença celíaca, isso pode ser problemático, uma vez que essas pessoas possuem intolerância às proteínas do glúten encontradas na cevada e no trigo e devem seguir uma dieta que exclui alimentos como a cerveja (COMINO *et al.*, 2013; MAYER *et al.*, 2016). O arroz pode ser útil para substituir ingredientes convencionais por ser um cereal sem glúten e facilmente disponível. Soma-se a esse fato a possibilidade de ser uma alternativa nos países onde a cevada não é cultivada ou é pouco disponível.

Nas indústrias cervejeiras de hoje, o arroz é usado principalmente como um adjunto em combinação com o malte de cevada. Como adjunto, o arroz branco polido confere à cerveja sabor e aroma muito neutros e, quando adequadamente usado, produz uma cerveja leve e de sabor limpo.

O interesse no uso de malte para a fabricação de cerveja com origem totalmente do arroz é crescente e tem despertado interesse. O malte é o produto obtido da maceração, germinação e secagem de cereais e seu objetivo é desenvolver enzimas necessárias para o processo de mosturação. Algumas variedades de arroz mostraram boa aptidão para serem submetidas à malteação, devido a seu bom conteúdo de energia germinativa e proteínas. Mesmo quando utilizado na forma de malte de arroz, alguns autores como Taylor, Dlamini e Kruger (2013) recomendam a suplementação com enzimas de degradação da parede celular exógena, especialmente (1–3,1–4) -β-D-glucanase, uma vez que o malte de arroz contém baixas quantidades (0,0-0,1U/g) dessas enzimas em comparação com o malte de cevada, que contém de 100U/g a 135U/g.

13.2 VARIEDADES DE ARROZ PARA FABRICAÇÃO DE CERVEJA

O arroz Oryza, assim como a cevada, o trigo e o milheto, pertence à família Poaceae ou Graminae. As duas principais espécies cultivadas com sucesso são a de origem africana *Oryza glaberrima L.* e a de origem asiática *Oryza sativa L.*, das quais são conhecidas 120 mil variedades.

Ao longo de sua extensa história de cultivo, o arroz passou por consideráveis diferenciações, e milhares de genótipos evoluíram em resposta à ampla gama de condições ambientais em que foi introduzido. Esses genótipos se enquadram em três grupos, com características diferentes: (a) forma japônica de grão curto, adaptada a climas relativamente amenos; (b) forma índica de grãos longos e (c) forma javânica de granulação ampla, que prospera em condições mais tropicais (MEUSSDOERFFER; ZARNKOW, 2009).

O grão curto tem maior teor de amido e menor teor de amilose, fato que o torna o arroz mais pegajoso, ao passo que o grão longo é mais leve e tende a permanecer separado quando cozido, pois contém maior teor de amilose e menor teor de amido e é extremamente viscoso antes da liquefação. As propriedades do grão médio estão entre as dos outros dois tipos (OLIVEIRA, 2021; PERRETTI, 2016).

Os três grupos também apresentam temperaturas de gelatinização diferentes, ou seja, a temperatura na qual as ligações intermoleculares das moléculas de amido se rompem na presença de água variam, por isso é uma característica fundamental para mosturação e fermentação. As temperaturas de gelatinização típicas são entre 65 °C e 68 °C para grãos de arroz curto e entre 71 °C e 74 °C para os grãos de arroz. Tal fato torna as variedades de grãos curtos mais apropriadas para a produção cervejeira (BRIGGS, 1998).

Alguns estudos, como os conduzidos por Stewart (2017), mostram que genótipos de grãos curtos, como Mochi, Somi e Cahose, se liquefazem melhor que genótipos de grãos médios. Além da temperatura de gelatinização, outros parâmetros de qualidade são importantes para a avaliação da adequação dos diversos genótipos de arroz para malteação e fermentação, como peso de mil grãos, energia germinativa, sensibilidade a água e proteína total. Outros estudos, como o de Mayer *et al.* (2016), mostram que não há diferenciação clara entre variedades japônica e índica, porém apenas alguns cultivares podem ser sacarificados, evidenciando que nem todas as variedades são adequadas para a produção de cerveja, tornando a seleção cuidadosa da variedade essencial.

13.3 PROPRIEDADES DOS GRÃOS DE ARROZ PARA A FABRICAÇÃO DE CERVEJA

A propriedades químicas e nutricionais do arroz tornam esse cereal particularmente adequado para a nutrição humana. A composição química dos grãos é amplamente variável, dependendo do ambiente e solo de cultivo, da variedade, das práticas de cultivo, das condições de armazenamento e beneficiamento, entre outras (OLIVEIRA, 2021). Em média, a matéria seca de um grão de arroz é composta de cerca de 70% de amido, 5%-8% de proteína, 0,2%-2,2% de óleo e pequenas quantidades de substâncias inorgânicas.

Essa composição, sobretudo o alto teor de amido, torna o arroz derivado da indústria de beneficiamento comestível perfeitamente adequado para a fabricação de cerveja (BRIGGS, 1998). Conforme abordado nos capítulos 2, 3 e 4, as cascas são removidas no beneficiamento industrial; o arroz descascado é, então, polido para remover o farelo, que é composto de pericarpo, aleurona e gérmen. O polimento objetiva remover completamente essas frações de forma a causar o mínimo de danos ao endosperma amiláceo, resultando em grãos inteiros para consumo doméstico e em grãos quebrados que são separados e vendidos a cervejarias a um menor custo.

O arroz é preferido por alguns cervejeiros como adjuvante em razão de seu menor teor de óleo em comparação com grãos de milho. Possui aroma e sabor muito neutros e, quando devidamente utilizado, resulta em uma cerveja leve, seca, de sabor limpo e potável.

A qualidade do arroz para uso cervejeiro pode ser avaliada por fatores como limpeza, temperatura de gelatinização, viscosidade e aroma do mosto, umidade, óleo, cinzas e teor de proteína. Os grãos de arroz contêm mais amido com base na porcentagem do peso seco do que a cevada ou o trigo e apresentam níveis mais baixos de fibra, lipídio e proteína, possuindo assim algumas propriedades inerentemente úteis para o cervejeiro.

Embora seja uma monocotiledônea como cevada, o endosperma do arroz possui paredes celulares mais semelhantes às das plantas dicotiledôneas, contendo principalmente pectina e xiloglucano, enquanto em outros cereais, como trigo, cevada, aveia e centeio, os dois componentes da parede celular primária são (1–3,1–4) -β-D-glucano e arabinoxilano misturados e ligados (MAYER *et al.*, 2014; TAYLOR; DLAMINI; KRUGER, 2013).

O amido do arroz possui uma estrutura mais granular do que a da cevada ou do trigo. Por ser de grão pequeno, o arroz é de menor rendimento, em termos de extrato de cerveja (CABRERA *et al.*, 1995). Em relação às proteínas, seu conteúdo varia de 6,6% a 10,4% para o arroz integral, de 6,2% a 8,9% para o arroz beneficiado e em média 9,4% para o arroz parboilizado (OLIVEIRA *et al.*, 2020). O teor médio de proteínas do arroz (6%-10%) é menor do que o da cevada (cerca de 11,5%) e do malte de cevada (cerca de 10,5%).

Em grãos de cevada, as proteínas principais são as do grupo das prolaminas, que são típicas do endosperma. No arroz, exclusivamente, as proteínas de armazenamento do tipo glutelina, com uma sequência de aminoácidos do tipo globulina, são as proteínas características. Existem também algumas evidências de que as proteínas de armazenamento do endosperma do arroz cozido são muito resistentes à hidrólise (ZHOU *et al.*, 2002). É importante lembrar ainda que apenas uma pequena parte do nitrogênio que compõe o conteúdo proteico é solubilizado durante a maltagem. Sabendo-se que o nitrogênio amino livre (FAN) necessário para a levedura deve ser fornecido pelo malte, o emprego de malte FAN de alto rendimento pode ser importante para equilibrar essa diferença (MAYER *et al.*, 2014).

Quanto aos lipídios, o teor é de cerca de 2,2%, pouco superior ao da cevada (1,8%). Os lipídios de cereais constituem um grupo quimicamente diverso: lipídios neutros, glicolipídios e fosfolipídios (MANO *et al.*, 1999). A proporção dessas classes lipídicas não difere entre o arroz japônica e o índica, mas sua distribuição dentro do grão não é uniforme e os lipídios do endosperma contêm maior proporção de lipídios polares (FINNIE; BETTGE; MORRIS, 2006). A fração lipídica do arroz está concentrada especialmente na fração do farelo, contribuindo com até 20% em massa (base seca), especificamente na forma de corpos de lipídios ou esferossomos com tamanhos de 0,1-1μm. O teor de óleo bruto no arroz integral é de cerca de 2,9%, dos quais 51% são encontrados no gérmen, 32% no farelo e apenas 17% no endosperma (ZHOU *et al.*, 2002). Um alto teor lipídico pode causar redução da estabilidade da espuma, dificuldades de gelatinização, aumento do crescimento da levedura e redução da formação de éster durante a fermentação, por isso é recomendado que o arroz ou derivado usado para a fabricação de cerveja contenha um teor lipídico menor que 1,5%. Com teores abaixo desses percentuais, os lipídios não afetam a qualidade da cerveja, a menos que venham a rancificar por processos de degradação lipídica (oxidação ou hidrólise), podendo conferir odores de ranço. Operações de beneficiamento, como o polimento ou a lavagem dos grãos, podem diminuir o teor lipídico (OLIVEIRA *et al.*, 2020; MONKS *et al.*, 2013). O menor conteúdo lipídico resulta em uma diminuição dos metabólitos derivados de lipídios como γ-nonalactona e 1-hexanol, defeitos específicos do sabor, que se tornam perceptíveis somente após a fermentação.

13.4 ELABORAÇÃO DO MALTE

A maltagem ou malteação é um processo que envolve maceração, germinação e secagem do grão do cereal para a obtenção do malte (Figura 13.1). Geralmente, a produção de malte de cevada é o primeiro passo na produção de cerveja, mas é possível obter malte de outros cereais, como centeio, sorgo, trigo, quinoa, amaranto ou arroz (DE MEO *et al.*, 2012). A maltagem objetiva sintetizar enzimas não encontradas ou presentes em baixa concentração no grão de arroz não germinado, além de modificar seus constituintes químicos.

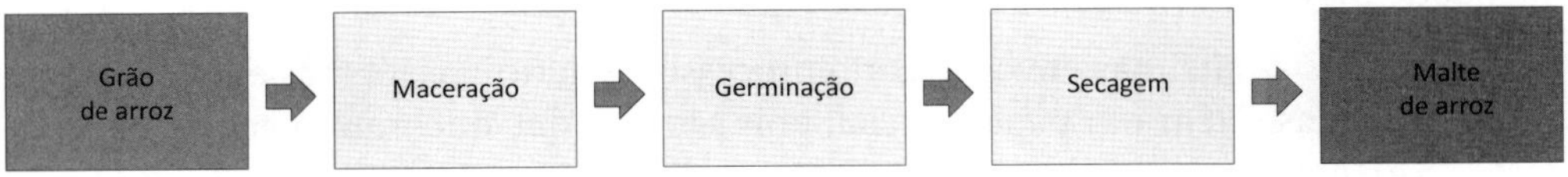

Figura 13.1 Etapas de obtenção do malte de arroz.

13.4.1 MACERAÇÃO

A primeira das etapas de produção de malte (maltagem) é a maceração. Independentemente do cereal a ser malteado, nessa etapa os grãos são hidratados por absorção de água até alcançarem 40%-48% de umidade, de forma a possibilitar a germinação. O suprimento de água para a aleurona possibilita a liberação de hormônios (ácido giberélico e giberelina A3) que estimulam a síntese de enzimas necessárias para a disponibilização de reservas nutritivas do endosperma para que o processo de germinação inicie. Das enzimas sintetizadas, as principais são as hidrolíticas, como hemicelulases, proteolíticas, amilases e fosfatases, além das citolíticas, como betaglucanases e pentanases. Além de possibilitar a síntese, a água serve de veículo para as enzimas da camada periférica da aleurona para o endosperma. Essa etapa geralmente leva de três a cinco dias, dependendo das condições de umidade e temperatura (geralmente de 10 °C-12 °C).

13.4.2 GERMINAÇÃO

A germinação é a segunda etapa da obtenção do malte. No âmbito industrial, ocorre em grandes tanques ou câmaras onde a temperatura e a umidade são controladas; tipicamente começa 12 horas após a maceração. Ocorre quando as enzimas amilolíticas, sintetizadas na camada de aleurona, ocasionam alterações na camada do endosperma. Nesse processo a formação de enzimas é um dos principais requisitos da maltagem, pois essas enzimas são absolutamente essenciais para os processos de degradação que ocorrem durante a mosturação no processo cervejeiro, solubilizando e transformando substâncias insolúveis, tornando-as solúveis. Os grãos germinados e úmidos são denominados "malte verde". Para a germinação adequada geralmente são necessárias temperatura de 14 °C a 18 °C.

13.4.3 SECAGEM E TORREFAÇÃO

A etapa final da maltagem é a secagem e a torrefação do malte, o que é feito pelo emprego de altas temperaturas. A temperatura de torrefação depende do tipo de malte a ser produzido e varia de 82 °C para um malte Pilsner a 220 °C para um malte Chocolate. Durante a secagem, o grau de umidade é reduzido de 40%-48% para cerca de 5%, a germinação é interrompida, mas as enzimas são preservadas e os compostos de cor e sabor são formados. Uma vez que o arroz e a cevada são fisiológica e quimicamente diferentes, o processo de malte comumente usado para a cevada não é adequado para o arroz.

São muitas as enzimas envolvidas no processo de germinação, mas entre essas enzimas as amilases têm um papel crucial, pois são elas que quebram o amido em açúcares fermentáveis. No malte de cevada, um atributo importante para a atividade das enzimas degradadoras do amido é o poder diastático, que mede a atividade combinada das α- e β-amilases, por isso sempre é levado em consideração na avaliação do malte. O malte de arroz, entretanto, apresenta valores de poder diastático mais baixos e, por essa razão, parece menos adequado para a fabricação de cerveja (OWUSU-MENSAH; ODURO; SARFO, 2011). No entanto, o malte de arroz contém outras enzimas amilolíticas que podem agir sinergicamente com α- e β-amilases (JANE *et al.*, 1999; TAYLOR; DLAMINI; KRUGER, 2013). Uma dessas enzimas amilolíticas é a dextrinase limite, uma enzima de desramificação que catalisa a hidrólise das ligações α-1,6-glucosídicas do amido e oligossacarídeos relacionados e exibe níveis de atividade várias vezes mais elevados do que no malte de cevada (USANSA *et al.*, 2011).

Outra enzima que mostra alta atividade é α-glucosidase. É possível ainda perceber que no malte de arroz ela têm uma temperatura ótima de 55 °C, enquanto no malte de cevada sua atividade é baixa e a temperatura ótima é de 35 °C a 40 °C, mas em temperatura acima de 50 °C, a enzima é inativada rapidamente (KEßLER *et al.*, 2005). Evidentemente, ela pode ter características diferentes em cereais diferentes.

Com a notável exceção da β-amilase, o malte de arroz tem todas as enzimas necessárias para a produção de um mosto bem fermentável. No entanto, devido à constituição diferenciada da parede celular, alguns autores sugerem que a suplementação com enzimas exógenas de degradação da parede celular (β-1,3-1,4 -d-glucanase) beneficiaria a fabricação de cerveja, uma vez que o malte de arroz carece de concentração dessas enzimas em comparação com a cevada. A degradação das paredes celulares no endosperma do malte de arroz é uma etapa importante durante o processo de maltagem e maceração, pois expõe os grânulos de amido às enzimas amilolíticas. As paredes celulares do endosperma do arroz contêm principalmente pectina e xiloglucano. Bunzel e Steinhart (2003) defendem, no entanto, que a pectina pode ser simplesmente eliminada pelo uso de altas temperaturas.

A etapa de maceração é um estágio crítico na produção do malte, uma vez que a síntese de enzimas nos grãos depende do período de maceração. O tempo e a temperatura dessa operação influenciam na absorção de água e, quanto mais quente a água, mais rápido ocorre a absorção (USANSA *et al.*, 2011). Geralmente um menor tempo de maceração é preferível, pois o aumento desse período eleva diretamente as perdas e o desenvolvimento de fungos, porém em alguns casos um maior tempo é recomendado. O período de maceração ideal para grãos de arroz deve ter equilíbrio entre tempo, temperatura e perdas.

Algumas condições têm sido testadas para elaboração de maltes de arroz com bons resultados: (a) germinação por quatro a oito dias a 20 °C ou 30 °C, obtendo teor de estrato de 42%; (b) para arroz preto, temperatura de germinação de 30 °C por oito dias, obtendo um teor de extrato de 60% (p/p); e (c) germinação por cinco a sete dias a 20 °C. Conforme relatado na literatura, bons valores de extrato para malte de cevada são maiores que 82% e valores fracos são menores que 79%, mas o maior extrato de malte de arroz é geralmente em torno de 70% (CEPPI; BRENNA, 2010; MAYER *et al.*, 2014).

O método analítico oficial do European Brewing Congress (EBC – a temperatura de tostagem do malte de arroz não é superior a 70 °C, a fim de preservar as enzimas endógenas) determina o teor de extrato do malte de cevada, mas foi demonstrado que a quantidade de enzimas endógenas do malte de arroz é alta o suficiente para sacarificar o amido do malte de arroz. De qualquer forma, as condições ideais de temperatura e pH das enzimas do malte de arroz são diferentes daquelas do malte de cevada.

A mosturação convencional para o malte de arroz deve ser alterada por diferentes temperaturas de repouso e, com a adição de $CaCl_2$ e ácido lático, a sacarificação completa do amido do malte de arroz é alcançada (MAYER *et al.*, 2014). As condições de mosturação recomendadas geralmente são 30 minutos a 45 °C, 30 minutos a 64 °C e 30 minutos a 74 °C. O aumento da temperatura do repouso final se deve ao fato de a temperatura de 70 °C nem sempre permitir a gelatinização completa. Assim como nos maltes de cevada, a etapa de tostagem influencia o aroma e a cor do malte de arroz e geralmente não é superior a 70 °C, a fim de preservar as enzimas endógenas. A cor dos maltes de arroz é de cerca de duas unidades EBC, derivadas da absorbância a 430 nm, enquanto o malte Pilsner é de 2,5-4,5 unidades EBC, ou seja, um pouco mais escuro.

13.5 PRODUÇÃO DE CERVEJA E USO DE ARROZ

De forma resumida, o processo de produção cervejeira consiste nas etapas de moagem, mosturação (mistura do malte moído com água, para obter a conversão do amido em açúcar, formando o mosto), filtração do mosto, fervura (objetiva a inativação das enzimas, concentração e formação de cor e sabor), clarificação, resfriamento, fermentação (feita por adição e ação da levedura, é a etapa em que há produção do álcool), maturação e carbonatação. As cervejas resultantes podem variar em função de matérias-primas, temperaturas e tempos utilizados para a produção do mosto, tipo de fermento e temperaturas de fermentação.

Na maioria das cervejarias convencionais, os grãos maltados utilizados são principalmente cevada e trigo. Em grande parte das vezes, outros grãos são usados como adjuvantes como fonte de carboidratos para a produção de álcool, para adicionar corpo ou caráter espumante ao produto final e para atenuar os aspectos negativos do malte que podem ser mais evidentes em cervejas de estilo mais leve.

13.5.1 MOSTURAÇÃO

Uma vez moído, o malte é adicionado a um grande recipiente chamado tina de mosturação contendo água aquecida, que ativa as enzimas do malte e forma o mosto. Essas enzimas então convertem o amido dos grãos em açúcares fermentáveis.

Conforme abordado anteriormente, são muitas as enzimas do malte, com funções e temperaturas de atuação específicas.

A mosturação pode ser realizada por infusão ou decocção. No método de mosturação por decocção, uma parte do mosto é separada (uma, duas ou três vezes) e levada a altas temperaturas (podendo chegar a 88 °C) para gelatinizar o amido; essa parte do mosto é readicionada ao mosto principal, aumentando assim a temperatura da mosturação. Devido a maior temperatura de gelatinização do amido de arroz, esse procedimento pode ser útil na mosturação do malte de arroz. Já o processo de mosturação por infusão é mais simples do que o de decocção, pois todo o mosto é mantido sempre junto.

O rendimento da cervejaria é baseado no percentual da massa de grãos que está disponível como conteúdo de extrato no mosto e indica a eficiência de suas operações. Esse percentual é geralmente entre 75% e 80% (MARCONI *et al.*, 2017). Os rendimentos da cervejaria obtidos para a cerveja de malte de arroz são menores do que os normalmente obtidos com o malte de cevada, principalmente porque a uma sacarificação é incompleta, mais ocorrente quando a cerveja é produzida do malte de arroz.

13.5.2 FILTRAÇÃO

Após a mosturação, é realizada uma filtragem para a separação dos grãos do líquido açucarado do mosto, permitindo a recuperação do açúcar e a clarificação. As cascas do malte desempenham um papel importante no leito de filtração, permitindo o fluxo correto. Alguns problemas de lavagem ocorrem com malte de arroz se o resultado da sacarificação for incompleto e o amido formar uma pasta pegajosa.

13.5.3 FERVURA

A fervura do mosto é uma etapa para a concentração do mosto até o teor de açúcar desejado e a formação do aroma. A etapa pode durar de 60 a 90 minutos.

13.5.4 FERMENTAÇÃO

Neste processo, os açúcares fermentescíveis são convertidos em álcool e dióxido de carbono pela levedura (*Saccharomyces cerevisiae* ou *Saccharomyces pastorianus*). A fermentação pode ser conduzida em altas (18 °C-24 °C) ou baixas temperaturas (8 °C-13 °C), resultando em cerveja com fermentação superior ou inferior, respectivamente. Os mostos de cerveja de arroz em geral são fermentados a baixas temperaturas.

A cerveja de arroz tipicamente tem um teor alcoólico de 3,5% a 5,1% vol., similar ao encontrado em cervejas de malte de cevada.

13.6 ALGUMAS CARACTERÍSTICAS DA CERVEJA DE ARROZ

O pH das cervejas de arroz é comparável ao de uma cerveja de malte de cevada. A espuma com cor é um aspecto hedonista da cerveja muito apreciado pelo consumidor na maioria das vezes. A cor é formada pela interação de proteínas de peso molecular médio e dióxido de carbono. Na maior parte das vezes, o mosto de malte de arroz tem um conteúdo de nitrogênio um pouco abaixo do ótimo, o que leva a uma baixa estabilidade de espuma.

O sabor da cerveja é caracterizado pelos compostos voláteis que dependem diretamente do metabolismo da levedura. A baixa quantidade de nitrogênio aminado livre presente no mosto do malte de arroz promove uma superprodução de subprodutos da fermentação, como álcoois superiores (KUNZE, 2004).

As cervejas de malte de arroz geralmente apresentam tom amarelo pálido e uma espuma branca grossa de baixa estabilidade; em alguns casos, o sabor da baunilha está presente. De forma geral, a cerveja de malte de arroz pode ser produzida de uma maneira tradicional, resultando em cervejas bem fermentadas, sem sabores estranhos comparáveis aos da cerveja de malte de cevada de baixa fermentação.

13.7 ARROZ COMO ADJUNTO

O arroz é um dos cereais mais importantes usados como adjunto na produção de cerveja, trazendo algumas vantagens, como menor custo que os maltes, para suplementar o teor de açúcar do malte de cevada e trigo (GRUJIĆ, 1999) e possível melhoria na qualidade e caracterização do produto. De fato, o arroz tem um impacto decisivo em sabor, cor e estabilidade coloidal de uma *pale lager* americana. Tem sabor e aroma neutros e, quando devidamente usado na fermentação, origina uma cerveja leve e de sabor limpo.

Os principais tipos de adjuntos de arroz atualmente disponíveis para a indústria cervejeira são: farelo, quebrados, quirera, *gritz*, flocos, cozidos por extrusão e farinha/amido. Derivados de arroz com alto teor lipídico, como o farelo bruto, podem causar estabilidade reduzida da espuma, problemas de sabor e dificuldades de gelatinização, por isso devem ser empregados derivados de arroz com teores menores de 1,5% de lipídios. O arroz geralmente fornece pouco nitrogênio amino livre, que deve ser equilibrado com outras fontes.

É importante que o arroz ou derivado seja bem moído antes da fermentação, para evitar problemas de gelatinização. A fim de buscar uma boa gelatinização e liquefação do amido, deve-se buscar um meio-termo para que as α-amilases do malte sejam capazes de liquefazer a pasta e torná-la menos viscosa. As α-amilases são, no entanto, rapidamente inativadas a temperaturas de cerca de 80 °C e perdem de forma irreversível sua atividade (MARCONI *et al.*, 2017).

Em síntese, como abordamos neste capítulo, podemos dizer que o arroz na forma de malte e como um adjunto é uma matéria-prima importante e pode ser usado com sucesso na produção cervejeira. Entretanto, apresenta algumas particularidades, como temperatura de gelatinização, parede celular distinta, teor de aminoácidos e composição química e enzimática, que devem ser consideradas.

REFERÊNCIAS

BRIGGS, D. E. The principles of mashing. *In*: BRIGGS, D. E. **Malts and malting**. Londres: Blackie Academic & Professional, 1998. p. 229-244.

BUNZEL, M.; STEINHART, H. Ballaststoffe aus Pflanzenzellwänden: Chemische und strukturelle Merkmale. **Ernährungs-Umschau**, v. 50, p. 469-475, 2003.

CABRERA, H. M. *et al.* Changes in ferulic acid and lipid content in aphid-infested barley. **Phytochemistry**, v. 39, n. 5, p. 1023-1026, 1995.

CEPPI, E. L. M.; BRENNA, O. V. Experimental studies to obtain rice malt. **Journal of Agricultural and Food Chemistry**, v. 58, n. 13, p. 7701-7707, 2010.

COMINO, I. *et al.* The gluten-free diet: testing alternative cereals tolerated by celiac patients. **Nutrients**, v. 5, n. 10, p. 4250-4268, 2013.

DE MEO, B. *et al.* Behaviour of Malted Cereals and Pseudo-Cereals for Gluten-Free Beer Production. **Journal of the Institute of Brewing**, v. 117, n. 4, p. 541-546, 2012.

FINNIE, S. M.; BETTGE, A. D.; MORRIS, C. F. Influence of cultivar and environment on water-soluble and water-insoluble arabinoxylans in soft wheat. **Cereal Chemistry**, v. 83, n. 6, p. 617-623, 2006.

GRUJIĆ, O. Application of unconventional raw materials and procedures in wort production. **Journal of the Institute of Brewing**, v. 105, n. 5, p. 275-278, 1999.

JANE, J. *et al.* Effects of amylopectin branch chain length and amylose content on the gelatinization and pasting properties of starch. **Cereal Chemistry**, v. 76, n. 5, p. 629-637, 1999.

KEßLER, M. *et al.* Gelatinisation properties of different cereals and pseudocereals. **Monatsschrift für Brauwissenschaft**, v. 58, p. 82-88, 2005.

KUNZE, W. **Technology Brewing and malting**. 3. ed. Berlim: VLB, 2004.

MANO, Y. *et al.* Comparative composition of brown rice lipids (lipid fractions) of indica and japonica rices. **Bioscience, biotechnology, and biochemistry**, v. 63, n. 4, p. 619-626, 1999.

MARCONI, O. *et al.* The use of rice in brewing. *In*: LI, J. Q. (org.). **Advances in International rice research**. Londres: IntechOpen, 2017. p. 49-66.

MAYER, H. *et al.* Production of a saccharifying rice malt for brewing using different rice varieties and malting parameters. **Journal of Agricultural and Food Chemistry**, v. 62, n. 23, p. 5369-5377, 2014.

MAYER, H. *et al.* Development of an all rice malt beer: a gluten free alternative. **LWT – Food Science and Technology**, v. 67, p. 67-73, 2016.

MEUSSDOERFFER, F.; ZARNKOW, M. Starchy raw materials. **Handbook of Brewing: processes, technology, markets**, v. 42, p. 43-83, 2009.

MONKS, J. L. F. *et al.* Effects of milling on proximate composition, folic acid, fatty acids and technological properties of rice. **Journal of Food Composition and Analysis**, v. 30, n. 2, p. 73-79, 2013.

OLIVEIRA, M. de. **Arroz**: um alimento de verdade – fonte de nutrientes, aliado da saúde. Porto Alegre: [*s. n.*], 2021.

OLIVEIRA, M. de *et al.* Brown, white and parboiled rice. *In*: OLIVEIRA, A. C. de; PEGORARO, C.; EBELING VIANA, V. (org.). **The future of rice demand: quality beyond productivity**. Cham: Springer International Publishing, 2020. p. 25-45.

OWUSU-MENSAH, E.; ODURO, I.; SARFO, K. J. Steeping: a way of improving the malting of rice grain. **Journal of Food Biochemistry**, v. 35, n. 1, p. 80-91, 2011.

PERRETTI, G. The use of rice in brewing. **Intech**, n. tourism, p. 13, 2016.

STEWART, G. G. Adjuncts. *In*: STEWART, G. G.; RUSSELL, I.; ANSTRUTHER, A. (orgs.). **Handbook of brewing**. Boca Raton: CRC Press, 2017. p. (XX-XX).

TAYLOR, J. R. N.; DLAMINI, B. C.; KRUGER, J. 125th Anniversary Review: The science of the tropical cereals sorghum, maize and rice in relation to lager beer brewing. **Journal of the Institute of Brewing**, v. 119, n. 1-2, p. 1-14, 2013.

USANSA, U. *et al.* Optimization of malting conditions for two black rice varieties, black non-waxy rice and black waxy rice (*Oryza sativa* L. Indica). **Journal of the Institute of Brewing**, v. 117, n. 1, p. 39-46, 2011.

ZHOU, Z. *et al.* Composition and functional properties of rice. **International journal of food science & technology**, v. 37, n. 8, p. 849-868, 2002.

SOBRE OS AUTORES

ADRIANO HIRSCH RAMOS

Membro do Laboratório de Pós-Colheita, Industrialização e Qualidade de Grãos (Labgrãos), do Programa de Pós-Graduação em Ciência e Tecnologia de Alimentos, da Faculdade de Agronomia Eliseu Maciel, da Universidade Federal de Pelotas (UFPel), no Rio Grande do Sul.

ALVARO RENATO GUERRA DIAS

Professor e pesquisador do Programa de Pós-Graduação em Ciência e Tecnologia de Alimentos, da Faculdade de Agronomia Eliseu Maciel, da Universidade Federal de Pelotas (UFPel), no Rio Grande do Sul.

CHIRLE DE OLIVEIRA RAPHAELLI

Membro do Programa de Pós-Graduação em Ciência e Tecnologia de Alimentos, da Faculdade de Agronomia Eliseu Maciel, da Universidade Federal de Pelotas (UFPel), no Rio Grande do Sul.

CRISTIANO DIETRICH FERREIRA

Membro do Programa de Pós-Graduação em Nutrição e Alimentos, da Universidade do Vale do Rio dos Sinos, em São Leopoldo, no Rio Grande do Sul.

DIANINI HÜTTNER KRINGEL

Membro do Programa de Pós-Graduação em Ciência e Tecnologia de Alimentos, da Faculdade de Agronomia Eliseu Maciel, da Universidade Federal de Pelotas (UFPel), no Rio Grande do Sul.

ELESSANDRA DA ROSA ZAVAREZE

Membro do Programa de Pós-Graduação em Ciência e Tecnologia de Alimentos, da Faculdade de Agronomia Eliseu Maciel, da Universidade Federal de Pelotas (UFPel), no Rio Grande do Sul.

ELISA DOS SANTOS PEREIRA

Membro do Programa de Pós-Graduação em Ciência e Tecnologia de Alimentos, da Faculdade de Agronomia Eliseu Maciel, da Universidade Federal de Pelotas (UFPel), no Rio Grande do Sul.

GILBERTO WAGECK AMATO

Engenheiro químico (1972) pela Universidade Federal do Rio Grande do Sul (UFRGS) e mestre (1980) em Alta Especialización en Tecnología de Alimentos pelo Instituto de Agroquímica y Tecnología de Alimentos da Universidade de Valência. Na Fundação de Ciência e Tecnologia (Cientec), foi aluno-assistente (1969), pesquisador, diretor de pesquisa e presidente (1991). Em 1993, passou a Secretário de C&T do RS. É colaborador externo Laboratório de Pós-Colheita, Industrialização e Qualidade de Grãos (Labgrãos) da Universidade Federal de Pelotas (UFPel), *individual consultant* da Organização para a Alimentação e Agricultura (FAO) e assessor técnico do Instituto Rio Grandense do Arroz (Irga), instituição do governo do estado do Rio Grande do Sul. É autor de livros sobre pós-colheita e pioneiro da pesquisa do arroz parboilizado na América Latina.

GUSTAVO HEINRICH LANG

Membro do Laboratório de Pós-Colheita, Industrialização e Qualidade de Grãos (Labgrãos), do Programa de Pós-Graduação em Ciência e Tecnologia de Alimentos, da Faculdade de Agronomia Eliseu Maciel, da Universidade Federal de Pelotas (UFPel), no Rio Grande do Sul.

INAJARA BEATRIZ BROSE PIOTROWICZ

Membro do Laboratório de Pós-Colheita, Industrialização e Qualidade de Grãos (Labgrãos), do Programa de Pós-Graduação em Ciência e Tecnologia de Alimentos, da Faculdade de Agronomia Eliseu Maciel, da Universidade Federal de Pelotas (UFPel), no Rio Grande do Sul.

JESSICA FERNANDA HOFFMANN

Membro do Programa de Pós-Graduação em Nutrição e Alimentos, da Universidade do Vale do Rio dos Sinos, em São Leopoldo (RS).

JESSIE TUANI CAETANO CARDOSO

Membro do Laboratório de Pós-Colheita, Industrialização e Qualidade de Grãos (Labgrãos), do Programa de Pós-Graduação em Ciência e Tecnologia de Alimentos, da Faculdade de Agronomia Eliseu Maciel, da Universidade Federal de Pelotas (UFPel), no Rio Grande do Sul.

LÁZARO DA COSTA CORRÊA CAÑIZARES

Membro do Laboratório de Pós-Colheita, Industrialização e Qualidade de Grãos (Labgrãos), do Programa de Pós-Graduação em Ciência e Tecnologia de Alimentos, da Faculdade de Agronomia Eliseu Maciel, da Universidade Federal de Pelotas (UFPel), no Rio Grande do Sul.

MAURÍCIO DE OLIVEIRA

Engenheiro agrônomo (2005) pela Universidade Federal de Pelotas (UFPel), mestre (2008) e doutor (2011) em C&T Agroindustrial pela UFPel. Realizou pós-doutorado (2020) no Rothamsted Research, Reino Unido. É professor e pesquisador da Faculdade de Agronomia Eliseu Maciel (FAEM), do Laboratório de Pós-Colheita, Industrialização e Qualidade de Grãos (Labgrãos) e do Programa de Pós-Graduação em C&T de Alimentos da UFPel. *Visiting researcher* do Plant Science Department, do Rothamsted Research, em Harpenden (Reino Unido) e bolsista de produtividade do Conselho Nacional de Desenvolvimento Científico e Tecnológico (CNPq). Orientou mais de 100 alunos de pós-doutorado, doutorado, mestrado e graduação. É autor/organizador de 16 livros, possui mais de 60 capítulos em livros e mais de 70 artigos científicos publicados. É consultor em pós-colheita, industrialização e qualidade de grãos.

MOACIR CARDOSO ELIAS

Membro do Laboratório de Pós-Colheita, Industrialização e Qualidade de Grãos (Labgrãos), do Programa de Pós-Graduação em Ciência e Tecnologia de Alimentos, da Faculdade de Agronomia Eliseu Maciel, da Universidade Federal de Pelotas (UFPel), no Rio Grande do Sul.

NEWITON DA SILVA TIMM

Membro do Laboratório de Pós-Colheita, Industrialização e Qualidade de Grãos (Labgrãos), do Programa de Pós-Graduação em Ciência e Tecnologia de Alimentos, da Faculdade de Agronomia Eliseu Maciel, da Universidade Federal de Pelotas (UFPel), no Rio Grande do Sul.

GRÁFICA PAYM
Tel. [11] 4392-3344
paym@graficapaym.com.br